Méthodologie
LYCÉE

Ce cours a été rédigé par : Mme Rocca - Professeur de français et de méthodologie avec la contribution de Mr Dominique Capaldi professeur des Ecoles

Création Graphique : Thomas Jenkins
Illustration : Olivier Dumoutier

Cours Legendre - 2007

COURS ET ÉDITIONS LEGENDRE
Réussites scolaires depuis 1957

Méthodologie Lycée
Sommaire

I) Etre attentif, s'organiser et mémoriser — *p.3*

1) Optimiser le temps passé en cours
a) Venir avec son matériel
b) Etre attentif en cours
c) Prendre des notes

2) Organiser son travail
a) S'imposer un emploi du temps
b) Apprendre une leçon
c) Travailler en équipe

3) Ne pas se décourager
a) Se fixer un objectif
b) Garder le moral

II) Apprendre à faire des exercices — *p.23*

1) Lire et analyser les consignes
2) Trouver les informations et le matériel nécessaires
3) Se relire et se corriger
4) Travailler avec Internet

III) Apprendre à faire des fiches de révisions et à travailler dans chaque matière — *p.43*

1) Méthode globale des fiches de révision, le feed back

2)Méthode spécifique pour les matières littéraires
a) Français
b) Philosophie
c) Histoire Géographie
d) Sciences économiques
e) Les langues (+répertoire)

3) Méthode spécifique pour les matières scientifiques
a) Mathématiques
b) Sciences de la Vie et de la Terre
c) Physique Chimie

IV) Préparer un examen, méthodologie pour le bac — *p.75*

1) La copie
2) Avant un examen
3) Méthodologie du bac en français, en histoire géographie, en économie, en sciences, en langues
Réactiver les acquis
Refaire des exercices (exercices d'application, exercices non réussis ayant posé un problème…)
S'entraîner avec différents sujets (s'identifier au professeur ou à l'examinateur, qu'attendent-ils) de moi ? (Que dois-je être capable de faire ?...)
Se préparer psychologiquement et physiquement
Gérer son stress et son temps

4) Développer sa culture générale

Composition de la méthodologie

Cours (Leçons et exercices)

4 séries de travail composées de leçons et d'exercices d'application.
Les exercices sont auto correctifs.

Corrigés des exercices

Ce sont les corrigés des exercices des leçons.

Annexe

L'essentiel pour le baccalauréat

Comment étudier son cours ?

Etudier chaque série de travail en faisant les exercices afin de vérifier la maîtrise des notions expliquées.
Une fois cette étape réalisée, vous êtes en mesure de faire le devoir correspondant à la partie que vous venez d'étudier.

- 1ère série de conseils méthodologiques
  Exercices
- 2ème série de conseils méthodologiques
  Exercices
- 3ème série de conseils méthodologiques
  Exercices
- 4ème série de conseils méthodologiques
  Exercices

Introduction

Nous allons suivre une lycéenne de seconde, Charlotte, qui va découvrir à la fois la nouvelle méthodologie du lycée, les attentes de ses professeurs et les objectifs à atteindre. Puis, elle nous délivrera ses impressions et ses difficultés rencontrées.

L'année de seconde est une année importante.
De nouvelles matières sont enseignées, et toute matière est importante, rien n'est à négliger. L'emploi du temps est chargé ; les élèves sont encore trop scolaires ou manquent de rigueur. C'est pourquoi, il faut se mettre au travail dès le premier jour de la rentrée, acquérir une rigueur et une constance dans le travail.
Si les méthodes de travail sont bien ancrées dès l'année de seconde, l'élève abordera et vivra sereinement ses années de première et terminale quelle que soit la filière entreprise.
Notre élève de seconde, nous parlera aussi du vécu, des impressions de son ami Lucas qui est en terminale S.

Un support pédagogique adapté à chaque élève, et qui l'aidera à progresser.

Ce support pédagogique a comme objectif premier de vous donner un maximum d'outils facilitant votre travail au lycée et vous permettant de répondre aux différents types de sujets que vous aurez à traiter :

- s'organiser
- comprendre et mémoriser une leçon
- apprendre à faire des exercices
- apprendre à faire des fiches
- savoir maîtriser son stress
- réussir un examen

Par ailleurs, l'assimilation de ces méthodes nécessitant des entraînements, chaque leçon comprendra, donc, des exercices de la seconde à la terminale. Il est important que ces exercices soient diversifiés et abondants dans la scolarité de l'élève. Il pourra d'ailleurs s'exercer lui-même à partir de ses propres cours en suivant les conseils énoncés dans cet ouvrage.

L'un des objectifs principaux de ce manuel : faire prendre conscience à l'élève que l'apprentissage scolaire est une recherche perpétuelle de savoirs avec les méthodes adéquates pour les acquérir. Il nous a paru judicieux et ludique de « mettre en scène » une élève prénommée Charlotte pour que les élèves puissent s'identifier davantage.
Le dernier objectif de ce manuel est de rappeler que la motivation, puis la confiance en soi, sont les facteurs les plus importants dans la scolarité.

Notes :

Chapitre 1

Une étrange disparition

Une étrange disparition

Chapitre 1

Lundi matin, c'était un de ces matins où le réveil est dur et où, bien sûr, la matinée de cours est toujours interminable. Assise bien tranquillement au fond de ma chaise, je tentais de somnoler discrètement au quatrième rang de la salle 270 du lycée Notre Dame où Monsieur Delfino, notre professeur de physique nous exposait « sa » théorie de la réfraction de la lumière. Je voyais ses lèvres bouger, mais le son semblait coupé. Chaque année, il organisait méticuleusement un grand « défi physique » interclasse au lycée. Tous les élèves de Seconde devaient répondre à un questionnaire à choix multiple accompagné d'un problème des plus tordus, que les professeurs notaient. Le grand gagnant remporterait un agenda électronique. Après maintes et maintes recommandations, j'avais réussi à rendre un devoir « passable » écrit à l'encre bleue, ce qui n'avait pas été sans peine pour moi puisque cela m'avait valu un épisode de ma série préférée à la télé, et une après-midi avec un élève de Terminale S pour un coup de pouce, nommé Lucas, mais j'y étais arrivée. C'était le moment de rendre les autres devoirs faits à la maison et bien sûr je m'attendais à entendre encore une fois : « Lepic, encore un devoir oublié ! Mais un jour vous oublierez votre tête ! ».

Eh oui ! Impossible de le rendre puisque j'avais passé la soirée face à mon ordi à "chatter" avec la bande à Lucas. Bref, pas de chance. Le prof passait dans les rangs pour voir qui avait bien pu omettre de le faire, quand soudain on frappa à la porte. Etait-ce un sursis pour moi ?

La porte s'ouvrit et nous vîmes entrer Madame Laroche surveillante générale du lycée, plus communément appelée par la majorité des élèves : « Sergent chef », à la démarche toute militaire qu'elle avait dans les couloirs et à la façon dont elle interpellait ses « victimes ». Le front en sueur, elle haletait. Elle reprit son souffle et balbutia :

« Monsieur, c'est un désastre, il faut que vous veniez voir absolument, la salle des professeurs a été cambriolée hier soir. Certains casiers des professeurs ont été retournés, heureusement le vôtre semble avoir été épargné…. A première vue, toutes vos affaires sont là. Le mieux serait d'aller vérifier. »

Silence dans la classe. Monsieur Delfino décida donc d'aller voir dans la salle des profs qui se trouvait au bout du couloir.

Une étrange disparition

Chapitre 1

Lorsqu'il revint avec la « Sergent chef », nous comprîmes que quelque chose venait de se produire.

« Malheureusement pour vous, j'avais mis vos dossiers de « défi physique » dans mon casier vendredi soir et il ne reste plus rien. »

Un brouhaha retentit dans la classe. Je sentis que c'était le coup de la malchance et le summum pour moi. Mon cerveau réussirait-il encore l'exploit de répondre à ces questions tarabiscotées ? Pouvais-je encore sacrifier un épisode de plus ? Non, impossible. Il fallait les retrouver. Je décidai de m'en occuper. Oui, c'était la seule solution. Après tout, cette disparition me paraissait suspecte. Seuls nos devoirs avaient disparu. Etrange…

Moi, Charlotte Lepic, élève de la Seconde Z, j'allais m'en occuper et mener l'enquête à la manière du grand Sherlock Holmes. Je devais prévenir le plus discrètement possible mon Docteur Watson, le dénommé Lucas.

Je ne pouvais pas me permettre de perdre de temps. Je décidai d'établir un plan d'action pour me faufiler dans la salle des profs à l'abri des regards de tous. Il me fallait être méthodique et déployer une stratégie gagnante.

J'étais devenue « le petit enquêteur » avec tous mes outils (loupe, carnet de notes, chapeau, imperméable), bref j'avais tout le matériel. J'étais prête à passer à l'action lorsque j'entendis du bruit derrière, c'était quelqu'un qui devait arriver… J'avais peur, je commençais à transpirer, je me demandais ce qui allait m'arriver. La porte s'ouvrit et mon cœur s'est mis à battre comme jamais, c'était mon compère, mon Docteur Watson, vous l'avez reconnu, mon ami Lucas.

S'organiser et mémoriser
Chapitre 1

Il me fallait être méthodique...

Au collège, les consignes sont plus souples. Les professeurs tolèrent certaines choses : un travail de rédaction, de réflexion sans faire de brouillon au préalable, exposer ses idées sans les structurer avec l'aide d'un plan... C'est fini ce manque de rigueur, cet esprit brouillon. Il me faut à présent être méthodique pour trouver le coupable du cambriolage de la salle des professeurs. Pour ce faire, je dois acquérir les bonnes habitudes pour bien organiser mon enquête. Je dois trouver une liste de coupables, qui ne peuvent se trouver que dans le lycée.
Suivre en cours, faire des exercices d'application, apprendre une leçon, c'est comme mener une enquête ! Il faut procéder par étapes, acquérir de bonnes habitudes, adopter une bonne organisation, écouter attentivement le professeur pour comprendre le cours, faire les exercices (refaire ceux qui ont posé problème pour chercher à comprendre l'erreur, pour ne plus la commettre).
Comme Charlotte, il vous faut à présent trouver l'organisation, la méthode qui vous convient le mieux ! Voici quelques conseils pour bien comprendre comment vous organiser.

Etre attentif, s'organiser et mémoriser

Il faut s'organiser dès le début de l'année scolaire pour éviter tout débordement. Bien s'organiser, c'est prendre de bonnes habitudes. Il est impératif de ranger ses cours, les numéroter, préparer ses affaires scolaires la veille pour éviter tout oubli.

1) Optimiser le temps passé en cours

Il faut d'abord bien suivre en cours, c'est-à-dire être attentif pour écouter et regarder le cours. Un cours que vous avez bien suivi est toujours plus facile à apprendre, parce que votre mémoire commence déjà à le retenir.
Ecouter en classe, c'est être efficace : on ressent mieux quel est le problème à résoudre et cela donnera du sens à ce qui est fait, en mathématiques, en sciences... On découvre le raisonnement à suivre et la démarche qui permettent de répondre à ce qui est cherché : on comprendra les étapes nécessaires pour arriver aux notions essentielles. On est censé répondre aux questions en relation avec ce qui est cherché et demander tout de suite, et si l'on ne comprend pas, des explications supplémentaires : on aura plus de facilités à apprendre ce que l'on aura compris.

Ecouter permet de comprendre et gagner du temps pour le travail à la maison

Une étrange disparition

Pour cela, voici quelques règles de base qu'il convient de rappeler

a) Avoir tout son matériel

- Je vérifie ma trousse, mon sac, tout mon matériel et je veille à ce qu'il ne me manque rien.
- Je fais attention à ce que mon sac soit bien préparé la veille des cours, à l'aide de mon agenda et de mon emploi du temps.
- Quand je suis en classe, j'ai tous mes manuels ainsi que mes cahiers et classeurs. (Un élève qui n'a pas son matériel perd du temps en cours en voulant emprunter des affaires à son voisin. De plus, vous risquez de mettre votre professeur de mauvaise humeur et finir par recevoir une sanction).

b) Etre attentif et concentré en cours

Maintenant que je suis préparé pour suivre le cours, je dois être attentif, c'est-à-dire **écouter et regarder en étant actif.** Je dois participer au cours avec ces deux facultés.

Quelques règles à suivre :

Ecoute, attention et participation de l'élève seront appréciées des professeurs.

- Je **regarde** attentivement ce qu'écrit le professeur au tableau.
- **J'écoute** attentivement. Je ne me contente pas d'entendre, faculté innée qui ne nécessite pas d'effort de compréhension.
- Je ne dois pas me **laisser perturber**, ce qui veut dire que :
  - Je ne dois pas bavarder.
  - Je ne dois pas rêver ou dessiner en cours.
  - Je ne dois pas faire autre chose pendant le cours (par exemple terminer des exercices pour le cours suivant).
- Il ne faut pas que j'hésite à **poser des questions** au professeur et, surtout, je ne dois pas attendre trois semaines, en effet, le professeur estimera que le cours est compris et ne verra pas la nécessité d'y revenir.

Les professeurs sont très sensibles à la bonne volonté des élèves, qui, s'ils montrent une certaine motivation, même s'ils rencontrent des difficultés, seront mieux jugés et encouragés.

c) Prendre soigneusement des notes

Prendre des notes, ce n'est pas seulement écrire ce que le professeur dit, c'est marquer ce que je comprends du cours. Il ne s'agit pas de tout noter. Il faut savoir qu'un professeur aura tendance à reprendre ce qu'il dit, en formulant de façon différente ses arguments. Je peux noter ce que je comprends avec mes mots.

Méthode : dégager l'essentiel du cours, ne pas se perdre dans les détails

Ce que je dois noter :

- Le plan du cours que le professeur a noté sur le tableau, les idées principales par phrase.

- Les mots clés, les connecteurs logiques (mais, aussi, comme, puisque, cependant...) qui donnent la structure du texte.

- Les dates, les données chiffrées, les noms propres indispensables à une meilleure compréhension du contenu du cours.

- J'utilise des abréviations logiques et surtout j'utilise toujours les mêmes ; je ne change pas de système d'abréviation en fonction de la matière car cela compliquerait la relecture et l'apprentissage des cours.

Ce que je peux supprimer :

- Je supprime les articles, les adverbes et les adjectifs qui n'ont pas une grande importance.

Coups de pouce : *Présentation de votre cours*

- J'utilise de la couleur pour écrire les titres, les dates, les chiffres importants. Cela sera plus facile pour retenir. La mémoire peut être autant visuelle qu'auditive. Mettre des couleurs permet de retenir plus facilement.

- Un cours bien présenté est plus facile à retenir. Il faut respecter pour cela quelques règles de soin.
- J'écris avec un **stylo plume**, c'est plus propre et je peux effacer. Je n'utilise pas le blanc correcteur liquide et j'évite les ratures. Un cours qui n'est pas propre est difficile à retenir. Pour que tout soit clair dans ma tête, il faut que cela soit clair aussi sur le papier !

- Je n'hésite pas à **sauter des lignes** entre les titres, les sous-titres et les paragraphes.

- Je **souligne** les titres et les mots importants.

Conseil : Il est parfois difficile de prendre soigneusement son cours en classe. Nous vous recommandons donc de reprendre votre cours au propre chez vous, le plus vite possible. Cela vous permettra de l'apprendre en le recopiant.

Voici quelques exemples d'abréviations que vous pouvez utiliser !

Abréviation	Signification
+	plus
_	moins
+ -	plus ou moins
X	multiplie
:	divise
=	équivalent
<	inférieur
>	supérieur
↘	diminue
↗	augmente
cf	voir
gd	grand
qqch	quelque chose
éco	économie

Abréviation	Signification
tjs	toujours
pdt	pendant
qqn	quelqu'un
ns	nous
°	terminaison en ion
m̂	même
ds	dans
pr	pour
cpdt	cependant
lsq	lorsque
doc	document
intro	introduction
conclu	conclusion
socio	sociologie

Abréviation	Signification
ms	mais
hô	homme
fe	femme
fa	famille
sté	société
cie	compagnie
cô	comme
bcp	beaucoup
@	internet
pb	problème
tt	tout
chap	chapitre
ex	exemple
fr	France

A vous maintenant de trouver des abréviations. Vous pouvez les imaginer !

Abréviation	Signification	Abréviation	Signification	Abréviation	Signification

2) Organiser son travail

Tirer profit de votre journée, c'est pouvoir réinvestir les connaissances que vous avez acquises. Pour cela, il va falloir que vous vous fassiez un emploi du temps après les cours, de la même façon que vous en avez un pour le lycée.

La mémoire fait du sport

Pour apprendre ce que vous avez vu en cours dans la journée, vous avez besoin de respecter certaines étapes afin que vos connaissances se fixent dans votre mémoire.
On a vu que "bien noter" un cours et "bien l'écouter", c'est important pour commencer à le retenir. Faire travailler votre mémoire à la maison, c'est tout aussi important pour retenir une leçon.

En effet, apprendre une leçon c'est comme préparer une compétition pour un sportif ! Il va falloir vous entraîner à exercer votre mémoire pour retenir plus vite, ensuite. Il faut que vous travailliez régulièrement chez vous et que vous respectiez certains conseils. S'entraîner à mémoriser demande du temps et de la patience. Il faut renouveler l'effort tous les jours !

a) Se fixer un emploi du temps

Il faut que vous trouviez un rythme de travail, c'est-à-dire que vous vous donniez certains "rituels" en rentrant du lycée.

Je dois travailler régulièrement tous les soirs et le week-end, c'est-à-dire au minimum 1 heure 30 à 2 heures le soir, et 3 heures minimum le week-end.

Le soir

En rentrant, je me détends, je prends un en-cas avant de me remettre au travail. Je dois me ressourcer afin d'être dans les meilleures conditions de travail.

• Je fais en priorité tous les exercices et autres travaux écrits (recherches, rédactions...), et de préférence avant le dîner.

• Par contre, j'apprends mes leçons, je relis mes cours avant d'aller me coucher. Même si j'ai l'impression de ne rien "enregistrer", ce n'est qu'une impression, car pendant que je dors, mon cerveau classe les informations lues avant de dormir, et il les assimile ! Je serai capable de redonner les informations lors de l'interrogation ou du devoir sur table.

• Me lever plus tôt le lendemain matin ne sert à rien ; même si j'ai le sentiment que ma leçon est plus "fraîche" dans ma tête, c'est faux car les risques de confusion sont plus importants.

• Quand un professeur annonce qu'un contrôle aura lieu trois semaines plus tard, j'en profite pour commencer les révisions le plus tôt possible afin d'éviter de travailler dans l'urgence et de bachoter ! En effet, cela est très mauvais de travailler à la dernière minute. Si je travaille dans l'urgence, je serai stressé(e) et j'oublierai 75 à 85% de ce que j'ai appris : c'est donc un travail inutile.

• Si, un soir, je n'ai pas de devoirs, j'en profite pour m'avancer dans mon travail.
De même que le week-end, j'essaie de faire le travail le plus "lourd" (devoirs maison, recherches, fiches de lectures...) afin de gagner du temps les soirs de la semaine.

En vacances et les week-ends

- Je profite des vacances scolaires pour rattraper le travail en retard et pour refaire les exercices qui m'ont posé un problème. J'élabore également les fiches qui vont me faciliter l'apprentissage (voir chapitre 2 b)

- J'essaie d'établir un planning de mon travail tous les week-ends et je fais tout pour m'y tenir.

- Je fais la liste de tout ce qu'il y a à faire, puis quand j'ai fini une « tâche », je le la raye au fur et à mesure.

A ne pas oublier !

- J'inclus un temps de détente, il est important de s'octroyer des moments de loisirs afin d'éviter la saturation. Entre chaque phase d'apprentissage, je fais une pause ; il faut savoir que le cerveau peut se concentrer, en moyenne, 1 heure 30 à deux heures de suite pour l'apprentissage. Au-delà, il est nécessaire de faire un arrêt.

- Si je ne comprends pas un mot ou une notion dans une leçon, je dois le rechercher dans un dictionnaire, dans une encyclopédie, sur Internet.

- Pour chercher sur Internet, j'utilise des moteurs de recherche. Ce sont des outils qui, à partir de mots ou de phrases, retrouvent tous les sites ayant un rapport avec la recherche. En effet, Internet est une véritable mine d'informations pour qui sait chercher !

- Si j'ai du temps, je peux approfondir mes connaissances en faisant des recherches personnelles.

Où trouver également des informations ?

- A la télévision
- Dans la presse spécialisée
- Au CDI du lycée et à la bibliothèque de votre quartier qui sont à votre disposition.

Les documentalistes sont là pour vous aider et vous faciliter l'accès aux informations.

S'organiser et mémoriser

Chapitre 1

Exemple de planning à faire tous les week-ends : vous pouvez le garder sur une période et voir si vous arrivez à l'appliquer. N'hésitez pas à le changer s'il ne vous convient pas.

	Lundi	Mardi	Mercredi	Jeudi	Vendredi	Samedi	Dimanche
08:00	Cours	Cours	Cours				
09:00				Cours	Cours		
10:00						Réviser le contrôle de géographie	Travailler l'anglais
11:00							
12:00						Loisirs	Loisirs
13:30	Déjeuner	Déjeuner	Déjeuner	Déjeuner	Déjeuner	Déjeuner	Déjeuner
14:30	Cours	Cours	Loisirs	Cours	Cours	Loisirs	Loisirs
15:30							Travailler le contrôle de SVT
16:30				Faire le devoir de math à la maison			Faire des fiches de révisions
17:30	Faire exercices de math	Faire exercices de LV2	Finir fiche de lecture français		Faire la carte de géographie		
18:30	Faire exercices en anglais				ex. Phys.Chimie pour lundi		
19:30	Dîner	Dîner	Dîner	Dîner	Dîner	Dîner	Dîner
20:30	Réviser contrôle d'histoire			Réviser contrôle de grammaire			
21:30							

Il est conseillé de réaliser toutes les fins de semaine ce type de planning afin de le suivre, de le répartir de la meilleure façon possible pour mener à bien son travail, et de manière équilibrée !

A vous d'élaborer votre planning :

	Lundi	Mardi	Mercredi	Jeudi	Vendredi	Samedi	Dimanche
08:30							
09:30							
10:30							
11:30							
12:30							
13:30							
14:30							
15:30							
16:30							
17:30							
18:30							
19:30							
20:30							
21:30							

b) Apprendre une leçon

Comment mémoriser une leçon

1. Premier principe : **Comprendre avant d'apprendre**
Vous ne retiendrez que si vous comprenez votre leçon.

Apprendre ou **mémoriser** est **difficile.**

Vous devez vous concentrer afin de retenir ce que vous lisez.

2. Deuxième principe : **Relire la leçon** le jour où elle a été donnée car les informations sont encore présentes à l'esprit.

3. Troisième principe : **Savoir retenir.** Quand je suis chez moi, je peux retenir ma leçon de plusieurs façons :

- Je la relis plusieurs fois, puis je la récite si ma mémoire est auditive.
- Je la recopie plusieurs fois si ma mémoire est visuelle.
- Je fais des fiches qui résument la leçon (l'essentiel).
- Je l'enregistre sur un lecteur MP3, puis je l'écoute plusieurs fois.
- Je fais les exercices se rapportant à la leçon.
- Je récite ou j'explique la leçon à quelqu'un ; ou bien je la récite par écrit pour vérifier que les connaissances sont acquises. Si la leçon est mal acquise, je dois recommencer l'apprentissage.
- J'utilise mon manuel pour renforcer ma leçon

c) Travailler en équipe

Travailler à plusieurs, **c'est apprendre à demander de l'aide mais aussi à proposer son aide.** Il y a des choses auxquelles nous ne pensons pas mais qui nous sont insufflées par nos copains.

Ce n'est pas recopier les réponses d'un autre ni donner son devoir. Cela n'aide pas à comprendre. Ce serait inutile. Le but de l'exercice, c'est de répondre à des questions, à une démarche qui a été étudiée en cours et « s'entraîner ». On sait que les professeurs donneront de nouveau ce type d'exercice lors d'un devoir sur table. Tôt ou tard, il faudra savoir le faire tout seul.

Un copain ne réussit pas ses exercices : indiquez-lui la partie du cours concernée. Lisez cette leçon ensemble à haute voix. Essayez de voir ensemble ce qui peut poser problème.

Il est possible de réviser à plusieurs : quand on révise à plusieurs, on a moins tendance à se dire « on n'aura pas cela » et à faire l'impasse. Il ne faut pas apprendre « ensemble », mais seulement réviser. Sinon, c'est totalement inefficace. Car chacun apprend à un rythme différent. Et personne ne peut apprendre à votre place.

S'il s'agit d'exercices, chacun doit essayer de les faire de son côté. Ensuite, seulement, les mettre en commun. Si vous essayez, par exemple, de réaliser un exercice à deux, il n'y aura réellement qu'une personne sur les deux qui réfléchira pour trouver la solution. Pour la deuxième personne, ce sera « regarder un corrigé ». Donc pas très utile!

Il faut appliquer les points suivants quand on travaille en équipe :

- Se motiver, se fixer des objectifs et faire son possible pour les atteindre. Il faut éviter d'être plus de 5 personnes, savoir écouter les autres, ne pas toujours vouloir imposer ses idées, vaincre sa timidité et faire entendre son avis.

- Se donner confiance : on est tous capables de réussir mais il faut s'en donner les moyens.

- Se vérifier les uns les autres : vous pouvez corriger un devoir maison d'un copain avant de le rendre.
  Lui expliquer une leçon vous permet de vérifier que vous avez compris.
  Demandez-lui de repérer vos erreurs pour ne pas les recommencer.
  En vous vérifiant, vous êtes plus sûr de vous.

Attention au facteur temps ! Travailler ensemble se prépare. Impossible de faire un travail collectif à la dernière minute, tout comme un devoir à rendre ou un contrôle à préparer.

Il est important aussi de choisir avec qui travailler. Le groupe sera plus efficace si les différentes personnes sont complémentaires, c'est-à-dire si les points forts de chacun sont différents. Il est parfois difficile de travailler avec ses copains les plus proches : on est davantage tenté de s'amuser que de travailler ; il est plus dur de ne pas être d'accord avec ses copains et de leur faire savoir.

Réaliser un exposé en équipe :

Faire un plan en groupe, répartir les tâches en fonction des parties à développer ou des recherches de documents à faire (par thème ou par moyen de recherche comme la bibliothèque et Internet), de façon équitable et en tenant compte des forces et des faiblesses de chacun. Chacun apporte sa contribution. Il est impératif aussi d'informer l'équipe de l'avancement de sa partie de travail, des difficultés rencontrées, et d'écouter les suggestions des autres. Par ailleurs, il ne faut pas laisser la responsabilité de la rédaction à une seule personne : rédiger chacun une partie ; une personne peut éventuellement reprendre l'ensemble ; pour éviter de donner l'impression d'un collage de plusieurs parties, prévoir un texte de transition pour passer d'une partie à l'autre. Par ailleurs, il faut relire sa partie, puis échanger avec les autres pour que chaque partie soit relue avec un œil neuf sur le fond (contenu) et la forme (présentation et orthographe).
Se réunir pour une « répétition générale », choisir l'ordre de passage et un « leader ».
Le jour J, faire de bonnes respirations abdominales pour évacuer le stress et y aller sans aucune hésitation.

Préparer un oral :

À deux, l'un joue l'examinateur avec un chronomètre, l'autre s'entraîne.
Si l'élève a dépassé le temps imparti, son examinateur doit l'aider : vous avez perdu du temps, concentrez-vous plus où vous avez rencontré une difficulté, et essayez de la dépasser….
Utilisez la vidéo numérique, pour vous observer et vous corriger dans votre façon de faire.

Créer une « bourse » aux astuces. Echanger avec vos amis.
Une idée à essayer : pour réviser un cours, jouer à se coller avec des questions-réponses est très efficace. Quand une question pose un problème, une révision du point concerné s'impose.
Le jeu des questions-réponses est efficace car vous ou votre copain a sans doute insisté sur des points difficiles du cours. L'interrogation et le contrôle sont sous forme de questions. Votre mémoire stocke ainsi les informations du cours sous une forme différente. Cela facilitera le retour de ces « savoirs » pendant l'interrogation.

3) Ne pas se décourager

a) Se fixer un objectif

1) A court terme

Il s'agit de planifier son travail en prévoyant les tâches à faire de façon organisée :
- liste des devoirs et d'exercices à prévoir, leçons à apprendre.
- contrôles prévus ou contrôles « surprises » possibles.

2) A long terme

Cela rejoint la question-piège que l'on a tendance à toujours vous poser :

« Qu'est ce que vous voulez faire plus tard ? »

Rares sont ceux qui, dès la seconde, peuvent répondre à cette question. Il est cependant bon d'essayer de se fixer un but, même si celui- ci peut changer. Cet objectif sera source de motivation pour vous et vous aidera à garder le « moral ».

b) garder le moral

- L'entrée au lycée est un moment très difficile. On constate que bon nombre d'élèves perdent vite pied, souvent par manque d'organisation et de méthode dans le travail. Certains ont du mal à prendre le rythme et ont tendance à se décourager.

Conseil : adoptez les bonnes méthodes dès le début de l'année et travaillez régulièrement avec rigueur. Montrez de l'intérêt et de la motivation en classe.

- Les professeurs ne sont plus là pour vous prendre par la main. Vous êtes désormais seul face à vos responsabilités. Vous êtes l'acteur principal de votre « devenir ».

Conseil : réalisez que c'est pour vous que vous travaillez. Votre avenir vous attend et le lycée reste un cap important pour vos études supérieures et, déjà, dès la seconde !

- Evitez de vous comparer aux autres. Prenez votre rythme et travaillez régulièrement et rigoureusement. Votre travail ne peut que porter ses fruits !

Conseil : Ne vous polarisez pas sur une mauvaise note. Cela arrive au lycée, mais profitez plutôt de ces petites alertes pour « mettre les bouchées doubles » et reprendre vos cours.

A vous de jouer !

Chapitre 1

Prendre des notes, faire une synthèse, dégager les notions essentielles, élaborer un plan.

Exercice 1

Reprenez le texte ci-dessous et remplacez le maximum de mots par des abréviations :

Extrait du livre de Christian Combaz, *Éloge de l'âge*, Éditions Robert Laffont.

Quand j'avais dix ans, je posai ma main sur celle de mon grand-père. Je trouvai miraculeux que nous fussions si dissemblables et pourtant de la même espèce. C'était une chose si troublante qu'il m'arrivait d'enfiler la veste de son costume afin de voir si, par hasard, ma peau n'allait pas devenir grise et ressembler comme la sienne à celle des tortues, mais je restais lisse, blafard et songeur devant la glace, et je me disais qu'un jour, j'aurais moi aussi les cheveux blancs, des plis au coin de la bouche et un costume rayé.
Cette idée me causait une grande satisfaction. Atteindre la vieillesse représentait l'accomplissement d'une ambition. Ce n'était pas la chute, mais le sommet. Mon grand-père se plaignait bien un peu de la fatigue, mais je trouvais que c'était un prix modeste à payer pour la satisfaction de porter une canne et de jouir enfin du privilège d'être vieux, car je ne doutais pas que ce fût un privilège.
Nous étions même assez nombreux à le penser encore, à cette époque. Le hasard voulut que je naisse avant le temps de la télévision de masse. Je suis allé à l'école chez les bons pères. Ma famille n'était pas d'avant-garde. J'ai donc été élevé à l'abri de la modernité. A table, on n'interrompait pas les grandes personnes. Mon père n'interrompait pas mon grand-père. Dans les livres, on célébrait l'âge et l'expérience comme de grandes vertus. Les illustrations qui ornaient nos manuels d'histoire représentaient un tas de vieillards célèbres, et la sagesse avait pour moi la tête de Victor Hugo.

Exercice 2

Un exercice plus difficile : résumer un texte, c'est comme résumer un cours et prendre des notes ! Vous devez synthétiser ce texte (comme si c'était un cours et le rendre plus court en reprenant toutes les informations importantes).

Huguette O'Neil, *L'homme en cage*, La Presse du 16 octobre 1982

La cage conventionnelle où l'on enferme les animaux projette l'image d'une boîte dont quatre des six côtés sont composés de barreaux. Pour les êtres humains, le même appareil prend le nom de cellule. Un assemblage de plusieurs de ces boîtes à barreaux devient zoo ou prison selon qu'on les destine à des animaux ou à des hommes. Le propre de la cage ou de la cellule est d'être munie d'une porte qui se verrouille de l'extérieur.
La bête (ou la personne) à l'intérieur de la boîte y est enfermée et à la merci du gardien détenteur de la clé ouvrant la porte sur la liberté. On a vu des animaux, enfermés depuis une longue période, refuser de sortir de leur cage. On a vu des prisonniers, à peine leur sentence de cinq ou dix ans expirée, récidiver pour ne pas avoir à assumer les responsabilités de l'être libre. Ils ne savaient pas comment faire.
Habituellement, on met les animaux en cage parce qu'on (en) a peur et pour les empêcher de s'échapper. On veut les avoir à l'oeil parce qu'ils sont une menace. Un jeune chien vigoureux et enchaîné devient mauvais et, dès qu'on le détache, imprévisible. Les réserves d'énergies accumulées pendant l'immobilisation se déversent souvent en une explosion de violence.
Ordinairement, on met les individus en cellule, en majorité dans la vingtaine, parce qu'on (en) a peur et pour les empêcher de s'échapper. Les prisonniers, pour leur méfait, doivent recevoir une punition.

La société a délégué les juges pour se venger par le biais d'une condamnation plus ou moins longue. Ces derniers sont, d'une certaine façon, aussi prisonniers que les malfaiteurs.
Leur rôle dans les interventions de base est essentiellement négatif. Le prisonnier qui a matraqué

un passant pour le voler se fait à son tour matraquer par le juge. De matraquage en matraquage, le juge, pourtant considéré comme un être sain d'esprit et non violent, d'autorité officielle mutile psychologiquement un pourcentage important de jeunes hommes dans la fleur de l'âge. Culpabilisé, l'individu paralyse. Un mécanisme mental se déclenche et il ne peut plus agir. Non seulement mal agir mais aussi bien agir. Il devient dépendant, soumis, sans initiative ni autonomie. C'est un homme gelé, arrêté. Sous le coup de la sentence, un processus de destruction est enclenché.

La violence qui éclate dans les prisons prend sa source dans des stimulants extérieurs tels que gardiens tyranniques, drogues, alcool, etc. Une montée soudaine de chaleur atmosphérique peut aussi intensifier les pulsions sexuelles et dégénérer en violence.
L'homme en cage, laissé à lui-même et sous l'influence du milieu, est dans un état d'aliénation. Non seulement est-il privé de liberté de mouvement mais, encore plus, il est sans moyen pour se sortir de sa fixation mentale. Entendons, ici, quelqu'un qui pense mal, qui pense le mal, qui pense à mal.

Qu'est-ce qui fait la différence entre un honnête citoyen et un criminel ? C'est avant tout sa façon de penser. Les mauvaises pensées font mal agir et les bonnes pensées font bien agir.

Exercice 3

Triez et classez les informations du texte suivant, recherchez les mots compliqués dans le dictionnaire etc... :

LA NAISSANCE DU CHRISTIANISME
La Judée au Ier siècle :
La Judée (qui s'appelait Palestine) est devenue une province romaine en 63 av J.C. Elle est un protectorat dont la direction est assurée par des rois (parmi lesquels Hérode).
En 6 av J.C, la Judée passe sous l'administration directe de Rome par l'intermédiaire d'un procurateur (le plus connu Ponce Pilate est procurateur de 26 à 36 de notre ère).

Le judaïsme, religion monothéiste, assure l'identité et l'unité du peuple hébreu.
Au cours de cette période, 4 principales sectes dominent :
Les Sadducéens qui dirigent le Temple et qui « collaborent » avec les occupants Romains.
Les Pharisiens qui prônent un respect total de la Tradition et qui contestent la place des Sadducéens.
Les Esséniens qui vivent en communauté et à l'écart.
Les Zélotes, intégristes qui souhaitent renverser les Romains.

Jésus et son message :
Jésus est né entre - 4 et - 6 (4 et 6 avant JC), sous Hérode le Grand. Il passe sa jeunesse à Nazareth.
Sa vie publique démarre à l'âge de 30 ans.
Accompagné de disciples, il prêche la « bonne nouvelle », il va se heurter aux juifs traditionalistes qui voient en lui un usurpateur, un agitateur !
Vers 30 de notre ère, il arrive à Jérusalem quelques jours avant la Pâque juive ; ceci suscite de vives inquiétudes de la part des prêtres du Temple qui n'hésitent pas à le faire arrêter.
Il est crucifié la veille de Pâque, 2 jours plus tard son corps ayant disparu, on le considère comme ressuscité.

Jésus se présente comme l'envoyé de Dieu, c'est-à-dire le Messie (qui signifie Christ en grec). Il est venu annoncer la nouvelle Alliance entre Dieu et les hommes. Jésus s'adresse alors à tous les hommes, qu'ils soient nés libres ou esclaves, juifs ou « gentils » (c'est-à-dire païens, mot hébreux. C'étaient les étrangers pour les anciens Hébreux, puis les païens pour les premiers chrétiens).

A vous de jouer !

Chapitre 1

Les apôtres, qui au départ étaient tous Juifs, ont adhéré au christianisme en croyant en la résurrection de Jésus. Ils forment une communauté qui petit à petit va s'organiser autour des prêtres : le baptême est un sacrement essentiel.
La rupture avec les Juifs sera consommée en 66-67, lorsque les Juifs se révoltent contre les Romains, ce qui entraînera la destruction du Temple en 70 et la persécution des Juifs. Les Chrétiens ne participent pas à cette révolte.

L'apôtre Paul, citoyen romain converti au christianisme va tout entreprendre pour diffuser cette nouvelle religion en Syrie, en Asie mineure et en Grèce. Il est l'auteur des Epîtres qui déterminent les règles de la vie de la communauté ainsi que la doctrine.
Arrêté en 59, il est décapité en 67 à Rome.

Les apôtres Marc, Matthieu, Luc et Jean rédigent les Evangiles entre 65 et 100 de notre ère.

Bilan auto correctif

Chapitre 1

1. Quand je rentre des cours,

a) je me détends et je vais travailler.
b) je regarde la télévision jusqu'à la fin de la soirée.

2. En classe,

a) je note tout ce que le professeur dit.
b) je note l'essentiel de ce que j'ai compris.

3. **Si je n'ai pas compris quelque chose en cours,**

a) je demande au professeur.
b) j'aurai le temps de regarder dans mon manuel le soir.

4. Je sais que j'ai un contrôle dans deux semaines,

a) j'aurai le temps de travailler la veille, sinon je vais oublier ce que je vais apprendre.
b) je m'y prends bien à l'avance et je me fais un planning où je réviserai un peu tous les jours.

5. Pour le cours de géométrie, j'ai oublié mon compas,

a) ce n'est pas grave. Je ferai la figure à la maison.
b) je demande à l'un de mes camarades si je peux lui emprunter le sien pour pouvoir suivre le cours.

6. Il me manque un cours.

a) ce n'est pas grave. Je ne tomberai pas sur cette leçon au contrôle.
b) je demande à l'un de mes camarades de me le prêter.

7. Lire son cours avant d'aller se coucher,

a) cela ne sert à rien, je ne comprendrai pas mieux.
b) cela va permettre de mieux le retenir.

8. Si je ne connais pas un mot dans un texte,

a) je regarde dans le dictionnaire.
b) j'essaye de faire l'exercice sans en connaître le sens.

9. Apprendre par cœur un cours,

a) c'est bien quand on a compris.
b) cela ne sert à rien, la leçon est trop longue.

10. Quand je suis en cours,

a) je peux bavarder un peu avec mon voisin. Je prendrai les notes de quelqu'un dans la classe.
b) j'écoute attentivement ce que dit le professeur pour commencer à mémoriser le cours.

Bilan,
Ce que je dois retenir

En cours — En cours et à la maison

ECOUTER
+
REGARDER

COMPRENDRE

APPRENDRE

BIEN APPRENDRE = Je suis attentif en cours.

+ Je répète plusieurs fois la leçon en la relisant.

+ Je fais des fiches par leçon.

+ Je mange bien, et équilibré.

+ Je ne me couche pas trop tard.

+ Je me détends et je fais du sport.

Notes :

Chapitre 2

A la recherche d'indices

A la recherche d'indices

Chapitre 2

Sept heures. Mon réveil sonna. Je me levais péniblement, un pied devant l'autre, puis je sautais dans mon jean. Il fallait que je me dépêche pour aller au lycée. Je devais arriver avant tout le monde, ou plutôt avant que la surveillante générale n'ouvre les portes. J'avais décidé d'inspecter les lieux du « crime », la salle des professeurs, à l'abri des regards indiscrets afin de trouver des indices. Lucas, tel un Docteur Watson, m'avait expédié hier soir en pièce jointe un plan très détaillé du lycée.

Je filais en vélo le long de l'avenue, puis arrivée à deux rues du lycée, je trouvais un buisson pour cacher mon vélo. Je marchais à grands pas jusqu'à la grille derrière la cantine qui ne fut pas sans peine à escalader. Après de multiples tentatives et un accroc à mon jean, je pénétrais clandestinement dans l'enceinte du lycée. Personne dans la cour, je me faufilais jusqu'au bâtiment principal. Il était à peine sept heures trente. Dans quelques minutes, la « Sergent chef » ouvrirait la grille. Il me fallait faire vite. Je marchais à pas de loup jusqu'à la salle des professeurs qui se trouvait au rez-de-chaussée après m'être assurée que personne ne m'ait vu.

La salle était vide. Il n'y avait rien sur la table et les casiers étaient rangés. Tout semblait « normal », lorsque soudain j'entendis une voix dans le couloir. Vite, il fallait me cacher. Personne ne devait me voir, sinon c'était fini pour l'enquête et je récolterais un avertissement pour m'être introduite dans l'établissement. Impossible de se cacher dans la salle, la table était trop basse et j'aurais été à découvert. Mes yeux se fixèrent sur une petite fenêtre indiquée sur le plan de Lucas. Elle était entrouverte et donnait sur le jardin derrière le lycée. Je l'ouvrais sans faire de bruit et je sautais par-dessus. Ouf, c'était moins une ! La voix se rapprocha et la porte claqua.

« Merci encore pour hier … Parfait… Oui, j'y serai… Au fait je n'ai pas encore lu ton petit mot, tu me l'as bien mis dans mon casier ? Très bien… A bientôt alors. »

Etrange cette conversation. Qui était-ce ? Je collais mon oreille contre le rebord de la fenêtre. Plus rien. Je jetais discrètement un coup d'œil. J'aperçus une mèche brune qui s'engouffra dans le couloir après s'être tu. De toute évidence, la personne avait eu un coup de téléphone. Je repassais dans la salle et je décidais de me concentrer sur le casier de la principale victime, Monsieur Delfino. Ses livres étaient posés sur la tranche, rien ne dépassait. Rien ? Si, j'aperçus dépassant d'un manuel, un bout de papier. J'en déduisais que la personne que je venais de voir était Monsieur Delfino en personne.

C'était un plan du lycée dessiné à la main avec des inscriptions. Je reconnaissais la cour, la cantine, et la bibliothèque indiquée par une croix. Pas le temps de le regarder en détail, je le mettais dans ma poche et je sortais par la fenêtre car il était déjà huit heures moins vingt et dans autant de minutes les cours allaient commencer.

A la recherche d'indices

Chapitre 2

A la première heure, je décidais d'en parler à mes camarades. J'allais m'occuper de cette affaire, cependant je me gardais bien de leur raconter ce qui s'était passé le matin même. Ils semblaient tous m'encourager, n'ayant pas envie comme moi de recommencer le devoir.
Dix heures. C'était la pause et j'étais bien décidée à comprendre ce que signifiait ce bout de papier. Monsieur Delfino qui était très ordonné, n'aurait jamais laissé une seule feuille dépasser de son casier. Cela devait avoir une signification, le coupable avait laissé un indice. La croix sur le schéma était placée sur l'aile nord de la bibliothèque et il était inscrit au dessus « japonais ». Qu'est ce que le Japon avait à voir avec ce vol ?
Je rentrais dans la bibliothèque. Il n'y avait pas grand monde. Je me dirigeais vers l'endroit indiqué. Je cherchais sur les étagères les livres concernant le Japon. Il y en avait très peu. Je les parcourais d'un bout à l'autre cherchant quelque chose d'anormal, que des samouraïs loufoques et des guerres sanglantes. Soudain j'aperçus derrière la première étagère un vieil ouvrage jauni par le temps qui n'avait pas été rangé avec les autres. Etrange. Mais le plus étrange ce fut lorsque je l'ouvris. La première page était annotée. A côté d'une estampe, il y avait un texte en japonais, incompréhensible pour moi bien sûr ! Je remarquais en passant la loupe sur le livre qu'un cheveu brun était posé sur l'estampe. Encore un indice... Peut-être. Cette matinée avait été riche en événements.

Apprendre à faire des exercices

Chapitre 2

Moi, Charlotte, je continuais mon enquête. Je devais absolument découvrir qui était à l'origine de tous ces vols en salle des professeurs. Quel était l'intérêt de ces vols ?

Et si finalement, l'auteur ou les auteurs de ces actes ne cherchaient pas à avoir les cours des professeurs pour connaître leurs méthodes et découvrir finalement ce que les professeurs attendaient d'eux. Nous recherchons tous « les formules-miracles » pour mener à bien notre scolarité. Cependant, il est essentiel de comprendre qu'une méthode renvoie à un type de problème particulier et qu'il faut apprendre à identifier la nature exacte de ce problème pour ne pas utiliser n'importe quelle méthode à tort et à travers.

Moi aussi, je me penchais sur plusieurs points méthodologiques, à savoir :

Apprendre à faire des exercices
Lire et analyser les consignes
Trouver les informations et le matériel nécessaires
Se relire et se corriger

Je suis sûre que la méthode de la lecture et de l'analyse des consignes nous aidera à analyser les indices pour démasquer les « voleurs ».
Mon compère, Lucas, m'a donné quelques conseils que vous trouverez ci-dessous. Il sait de quoi il parle car il est en Terminale S.

Les exercices sont, en principe, l'application du cours donné par le professeur.

On aborde une leçon, puis on effectue un exercice avec le professeur. Ensuite, le professeur nous donne des exercices du même type, à faire à la maison.
Il nous est parfois difficile de trouver un lien entre la leçon étudiée, l'exercice réalisé en cours puis les exercices demandés, soit à faire à la maison, soit à faire en devoir sur table.
C'est pourquoi, il faut vraiment prendre le temps de lire et d'analyser les consignes.

Je devais formuler des hypothèses...

Prélever des indices, chercher à démontrer que quelqu'un est coupable, c'est comme une démonstration en mathématiques, des « preuves » qui permettent de tirer une conclusion. En mathématiques, si je remarque que le triangle a un angle droit, c'est que c'est un triangle rectangle. En français, si je vois de l'imparfait descriptif, des verbes comme être, paraître, sembler, et des adjectifs, c'est que le texte utilise du discours descriptif. En géographie, si je vois sur le graphique exprimant la population d'un pays une forte hausse de la natalité et une forte baisse de la mortalité, je peux en conclure qu'il y a une forte croissance démographique.

La recherche de Charlotte n'est donc pas si différente de la vôtre. A vous de chercher des indices pour répondre aux questions qu'on vous pose dans les exercices que vous avez pu rencontrer. Il va falloir à présent retrouver les indices que vous connaissez d'après vos leçons et les interpréter. Voici quelques conseils pour mener votre enquête, classés par type d'exercice et par matière.

A la recherche d'indices

Chapitre 2

1) Lire et analyser les consignes.

Quelle que soit la matière où vous êtes interrogé(e), il faut être méticuleux(se) et méthodique comme Charlotte afin de tirer la bonne conclusion, et de bien répondre aux questions qu'on vous pose.

Pour cela, voici quelques conseils de méthode.

1 - Je lis la consigne et je l'analyse.
2 - Au brouillon, je cherche les notions et le cours que je peux utiliser.
3 - Je mets en relation la consigne et les savoirs de la leçon.
4 - Je formule une réponse rédigée et soignée.

N.B. : Même en mathématiques, il faut rédiger une réponse ! Pars ailleurs ne réponse bien rédigée est toujours plus agréable à corriger pour le professeur. N'oubliez pas qu'il y a toujours des points dans le barème pour le soin et la rédaction !

Trop d'élèves, par ailleurs fort bien préparés, perdent des points qui devraient leur être acquis et ce, tout simplement parce qu'ils ne répondent pas aux vraies questions posées par les professeurs.

En fait, les professeurs font tout pour que les questions qu'ils posent soient aussi claires que possible pour les élèves. Mais même ainsi, dans le contexte stressant de l'examen, beaucoup d'élèves trouvent qu'il est plus réconfortant de se mettre immédiatement à écrire une réponse, plutôt que d'examiner soigneusement au préalable la signification précise de la question.
Une première étape utile serait de se focaliser sur les mots qui, dans la question, correspondent à des instructions, en l'occurrence des mots tels que « calculer », « décrire » et « expliquer ». Voici les diverses instructions - classées par ordre alphabétique - le plus souvent employées par les professeurs de sciences.

Calculer signifie que vos réponses doivent indiquer un nombre (et habituellement des unités). Montrez toujours les étapes de votre raisonnement, ce qui vous permettra d'obtenir la quasi-totalité des points attribués à la question, même si une légère erreur de calcul vous a conduit à une réponse stupide. La plupart des critères d'évaluation sont liés à la manière dont vous aboutissez à la réponse.
Avec une calculatrice, il est souvent tentant d'exécuter divers calculs en série, puis d'écrire le nombre que l'écran affiche. Il faut résister à cette tentation. En détaillant les diverses étapes du raisonnement, il est plus aisé de trouver quel est le nombre correct de chiffres significatifs à écrire et quelles sont les unités des valeurs obtenues. Ne soyez pas dupé par votre calculatrice, notamment en inscrivant votre réponse avec beaucoup plus de chiffres significatifs que ce qui est compatible avec les données.
Certaines quantités sont dépourvues d'unités. En pareil cas, il est pertinent de le préciser dans votre réponse pour montrer au professeur que vous avez pris cet aspect en considération.

Comment feriez-vous... ? signifie que vous êtes appelé à décrire un procédé que vous êtes censé mettre en pratique. Imaginez que vous soyez au laboratoire, debout devant votre paillasse. A présent, que feriez-vous ? En pensant de la sorte, il vous sera plus facile de décrire un procédé si on vous demande : «Comment prépareriez-vous un échantillon ? ». On pourrait tout aussi bien vous demander : « Comment feriez- vous la distinction entre ... ».

Commenter est une invitation à interpréter l'information fournie dans le contexte d'une question ou à faire le lien entre l'information liée à la question et votre connaissance ou compréhension du sujet abordé.

Comparer revient à vous demander de dire des choses précises au sujet de chacun des paramètres à comparer.

A la recherche d'indices

Chapitre 2

Décrire revient à vous demander d'expliciter, à l'aide de mots et de diagrammes, si besoin est, les facettes les plus caractéristiques d'un sujet donné.

Déduire implique que vous allez développer votre réponse à partir des informations qui sont fournies dans la question ou dans la question précédente, en faisant appel à votre compréhension des principes impliqués. La réponse qui sera donnée devra indiquer les étapes de votre raisonnement ainsi que les conclusions qui s'imposent.

Définir exige des termes et expressions bien précis. La présentation d'un exemple simple permet souvent de rendre la définition plus explicite.

Déterminer est une invitation à trouver une quantité, via une formule ou une équation à résoudre, en tenant compte des informations contenues dans la question.

Discuter attend de vous une argumentation judicieuse au sujet des points fondamentaux qui font l'objet de la question. Vérifiez si votre réponse donne bien les arguments du pour et du contre, surtout là où des divergences d'opinion peuvent exister.

Donner la liste revient à vous demander d'écrire une suite de termes, chacun étant habituellement caractérisé par un mot ou deux. Si on vous demande chaque fois un certain nombre d'exemples pour les termes de cette liste, n'en donnez pas plus.

Écrire, ou formuler une équation en chimie signifie que vous devez décrire une réaction chimique sous forme d'équation pondérée où apparaissent toutes les formules des réactifs et des produits. En général, il n'est pas suffisant de décrire ce qui se passe avec des mots.
Parfois, il est très important de préciser l'état d'une substance à l'aide d'un symbole d'état.

Esquisser un graphique signifie que ce que vous allez dessiner doit faire apparaître l'allure générale avec les proportions adéquates, mais que la position de la ligne ou de la courbe ne doit être correcte que d'un point de vue qualitatif. Les paramètres pris en considération doivent figurer sur les axes, mais aucune échelle numérotée n'est nécessaire. Il est parfois important d'identifier des caractéristiques particulières, par exemple, le fait que la ligne passe par l'origine ou qu'elle coupe un des axes a une valeur particulière.

Esquisser un schéma d'appareillage signifie qu'un simple dessin, assez explicite malgré tout, sera accepté par le professeur. Vérifiez cependant si les proportions sont plus ou moins correctes et si les caractéristiques fondamentales sont bien explicitement indiquées. Si on vous demande, « Esquisser l'appareil qui permet de ... », efforcez-vous de dessiner assez soigneusement l'appareil qui devra être utilisé. Il est fort rare que des points soient attribués à la qualité artistique de ce schéma, encore qu'un dessin affublé d'une bonne légende permet d'éviter pas mal de textes explicatifs fastidieux.
Votre schéma devra être suffisamment clair pour qu'il ne soit pas nécessaire d'identifier les diverses pièces de l'appareillage, afin de ne mentionner que les substances qui y sont introduites. Certains détails sont importants.

Estimer signifie que vous aurez probablement un calcul à effectuer, mais que celui-ci peut être exécuté en faisant intervenir des hypothèses simplificatrices de manière à donner une réponse à la question en se focalisant sur un simple ordre de grandeur.

Établir ou donner, sont des injonctions qui demandent un énoncé court et simple des faits. Expliquer est l'un des mots les plus importants d'une copie. Très souvent, il est demandé d'écrire certaines informations, puis de justifier votre réponse. L'explication à fournir repose habituellement sur une théorie. Il faut toujours donner des raisons qui corroborent votre explication.

Exposer brièvement vous indique que la réponse doit être courte, avec présentation des seuls points forts, même dans cette présentation à grands traits, certains détails essentiels doivent apparaître.

Nommer vous demande en principe de fournir le nom recommandé par la nomenclature faisant autorité et servant de référence dans la discipline donnée.

Pourquoi signifie « expliquer » ou « donner des raisons ». Faites attention de ne pas réécrire la question avec d'autres mots sans fournir d'explication. Le professeur attend de vous que vous lui expliquiez comment. Il n'y a pas à fournir une réponse toute prête. Vous devez faire intervenir les informations fournies avec la question — ou vos réponses à des parties antérieures de la question — pour décrire ce qui se passerait dans les conditions précisées compte tenu de vos connaissances.

Suggérer attire votre attention sur le fait qu'il ne faut pas donner simplement une réponse définitive, fût-elle apparemment correcte. En fait, il semblerait, en pareil cas, que plus d'une réponse soit possible et que des points supplémentaires vous soient attribués pour toutes les suggestions sensées que vous puissiez proposer. On pourrait également vous demander de suggérer des réponses face à certaines nouvelles informations que vous n'avez pas rencontrées jusqu'ici. Le professeur souhaite que vous appliquiez vos connaissances en vue de répondre à une question ayant trait à un contexte qui ne vous est pas familier.

A la recherche d'indices

Chapitre 2

A retenir

Lire une consigne

1. Qu'est-ce qu'une consigne ?

C'est une courte phrase qui vous indique **ce que vous devez écrire**.
Exemple : «Lisez ce texte.»

Dans une consigne, il peut y avoir un(e) ou plusieurs :

- renseignement(s) : « lisez » veut dire en silence, « relevez » veut dire recopiez.
- question(s) : « Quel est le nombre de...? » « À quel temps, les verbes...? »

2. A quoi sert une consigne ?

Elle sert à vous indiquer le travail que vous devez faire,
à vous aider dans votre travail et
à préciser les différentes étapes de votre travail.

3. Comment éviter les erreurs ?

1) Relisez au moins **deux fois la consigne,**
recherchez **les mots importants** (vous pouvez les souligner).

Un conseil : utilisez votre dictionnaire si vous ne comprenez pas certains mots.

2) Lorsque vous faites un **exercice,**
arrêtez-vous après quelques instants pour **relire la consigne.**

3) Lorsqu'un travail est **terminé,**
relisez ce travail et **relisez** très attentivement **la consigne**
pour vérifier si vous n'avez **rien oublié.**

Analyser un texte en français

Ce travail n'est pas si différent de celui de l'enquêteur ! Analyser signifie prélever des indices dans le texte afin de formuler des hypothèses de lecture, c'est ce qu'on appelle aussi « interpréter » un texte.

Voici quelques conseils afin de mener à bien votre « enquête » en français.

1- Je fais un travail préliminaire de repérage du texte.

Je lis au moins deux fois le texte.

J'examine le texte pour trouver quels sont les indices qui me permettent de mieux le comprendre.

- Le titre m'aide à mieux cerner le contenu du sujet.
- Je repère l'auteur, la date et la source (article, extrait de livre…), cela me donne des informations capitales.
- Je note sur une feuille tous les mots que je ne connais pas et je cherche la définition.
- Je souligne, au cours de la lecture, les mots importants, les données chiffrées, ainsi que les dates s'il y en a. Quant aux exemples du texte, ils m'aident à mieux comprendre celui-ci !
- A partir de ces mots, je dégage les idées des différents paragraphes puis je dégage un plan du texte.
- Je cherche à voir à quelle catégorie le texte appartient : narratif, descriptif, explicatif, argumentatif ou injonctif.

2- Je réponds aux questions

- **J'observe et je prélève des indices dans le texte qui répondent à la question.**
Pour répondre aux questions sur un texte, j'applique la méthode de la lecture de la consigne, puis je souligne dans le texte les mots qui me permettent de répondre à la question. Je remarque, par exemple, l'utilisation d'un champ lexical ou d'un temps.

- **J'interprète ce que je viens d'observer. Je formule des hypothèses de lecture.**
Interpréter signifie tirer une conclusion sur ce que je viens de remarquer. Par exemple, je montre quel est l'effet produit par l'utilisation d'un champ lexical. Je me pose la question : « Pourquoi l'auteur a-t-il utilisé ces mots ? Quel est l'effet recherché sur le lecteur ? »

- Je **rédige** soigneusement **ma** réponse.

François- René de Chateaubriand,
René, 1802

« Cette vie, qui m'avait d'abord enchanté, ne tarda pas à me devenir insupportable. Je me fatiguai de la répétition des mêmes scènes et des mêmes idées. Je me mis à sonder mon cœur, à me demander ce que je désirais. Je ne le savais pas, mais je crus tout à coup que les bois me seraient délicieux. Me voilà soudain résolu d'achever, dans un exil champêtre, une carrière à peine commencée, et dans laquelle j'avais déjà dévoré des siècles.

La solitude absolue, le spectacle de la nature, me plongèrent bientôt dans un état presque impossible à décrire. Sans parents, sans amis, pour ainsi dire seul sur la terre, n'ayant point encore aimé, j'étais accablé d'une surabondance de vie. Quelques fois je rougissais subitement, et je sentais couler dans mon cœur comme des ruisseaux d'une lave ardente ; quelques fois je poussais des cris involontaires, et la nuit était également troublée de mes songes et de mes veilles. Il me manquait quelque chose pour remplir l'abîme de mon existence : je descendais dans la vallée, je m'élevais sur la montagne, appelant de toute la force de mes désirs l'idéal objet d'une flamme future ; je l'embrassais dans les vents ; je croyais l'entendre dans les gémissements du fleuve ; tout était ce fantôme imaginaire, et les astres dans les cieux et le principe même de vie dans l'univers »

Questions :

1) Relevez les termes appartenant au champ lexical de la solitude.

2) Quelle est la cause de cette solitude ?

ANALYSE DU TEXTE

1-Repérage du texte

- Je repère le titre et l'auteur.

- Je remarque que le texte est au passé et à la première personne du singulier (« Je me fatiguai de la répétition des mêmes scènes »)

- Je remarque les champs lexicaux utilisés :
la solitude, les sentiments, la nature, la famille.

- Je repère les idées principales (soulignées dans le texte) en résumant en quelques mots le texte : la solitude et le désespoir du narrateur.

- Type de texte : c'est un texte descriptif où l'auteur y décrit sa solitude (champ lexical de la solitude) au passé (utilisation de l'imparfait et du passé simple).

2- Réponses aux questions

Je mets en couleur les mots qui me permettent de répondre, puis je les mets entre guillemets lorsque je les cite dans ma réponse.

1) (en rouge)
L'auteur fait appel au champ lexical de la solitude d'une grande richesse. Parmi les termes employés, nous trouvons « me demander », « exil », « solitude absolue », « sans parents », « sans amis », « seul sur la terre », « accablé », « abîme de mon existence ».
Le champ lexical de la solitude insiste sur l'objet de ce vide immense que l'auteur ressent au plus profond de lui-même.

2) (en bleu)
Ce qui apparaît clairement, c'est bien entendu le fait que le narrateur soit à la recherche de l'amour, plus précisément de celle qui saura parfaitement remplir sa vie. Cela devient une véritable obsession : « n'ayant point encore aimé », « je sentais couler dans mon cœur comme des ruisseaux d'une lave ardente », « l'idéal objet d'une flamme future ».

Analyser des documents graphiques

Que ce soit en sciences ou en histoire-géographie, analyser des documents c'est comme mener une enquête ! Il faut trouver des indices sur la figure, le graphique, l'image qui vont vous permettre de formuler des hypothèses, de tirer une conclusion, c'est-à-dire d'interpréter le document.
Voici quelques conseils de méthode :

Méthode

- Je dois voir de quel type de graphique il s'agit.
- Il y a les graphiques qui laissent apparaître l'évolution dans le temps de données = graphiques d'évolution graphique et les graphiques de répartition me permettent de comparer des données précises.
- Le titre me donne le thème général du document.
- Je regarde les légendes qui vont m'aider à comprendre de quoi il s'agit.
- Je regarde les tendances générales et les accidents. J'observe l'allure globale avant de procéder à l'analyse plus détaillée.
- Certains graphiques peuvent être à double entrée, avec à gauche des données qui indiquent un domaine précis et à droite d'autres données qui caractérisent un thème qui a un lien avec le premier thème.

Je peux avoir affaire à :
- un graphique tout simple avec un axe des abscisses et un axe des ordonnées.
- un diagramme à bâtons.
- un histogramme.
- un graphique circulaire.
- un graphique à bandes.
- une pyramide des âges qui fait ressortir la structure d'une population à un moment donné.

Exemples de graphiques : 1 - Le diagramme à bâtons :

Moyenne mensuelle en Mathématiques, Français, Anglais.

Matières	**Sept.**	**Oct.**	**Nov.**	**Déc.**	**Janv.**	**Fév.**	**Mars.**	**Avril.**	**Mai.**	**Juin.**
Maths	12	09	13	11	10,5	14	13	15	15	15
Français	13	12	11	14	14	15	12	11	12	13
Anglais	12	12	13	15	16	12	13	13	10	10

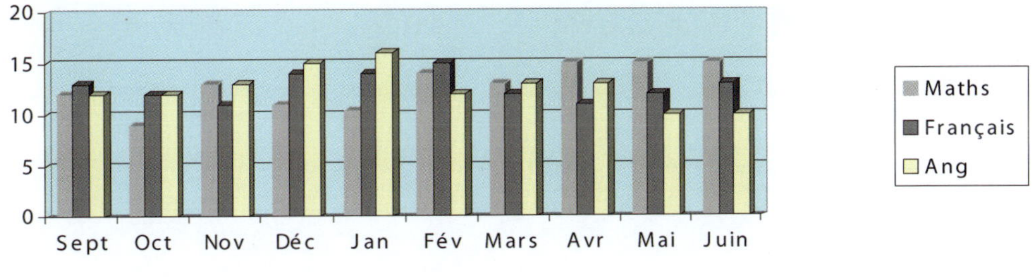

2 - Graphique d'évolution chronologique :

Moyenne mensuelle en Mathématiques en classe de T[erm]

Sept.	Oct.	Nov.	Déc.	Janv.	Fév.	Mars.	Avril.	Mai.	Juin.
12	09	13	11	10,5	14	13	15	15	13

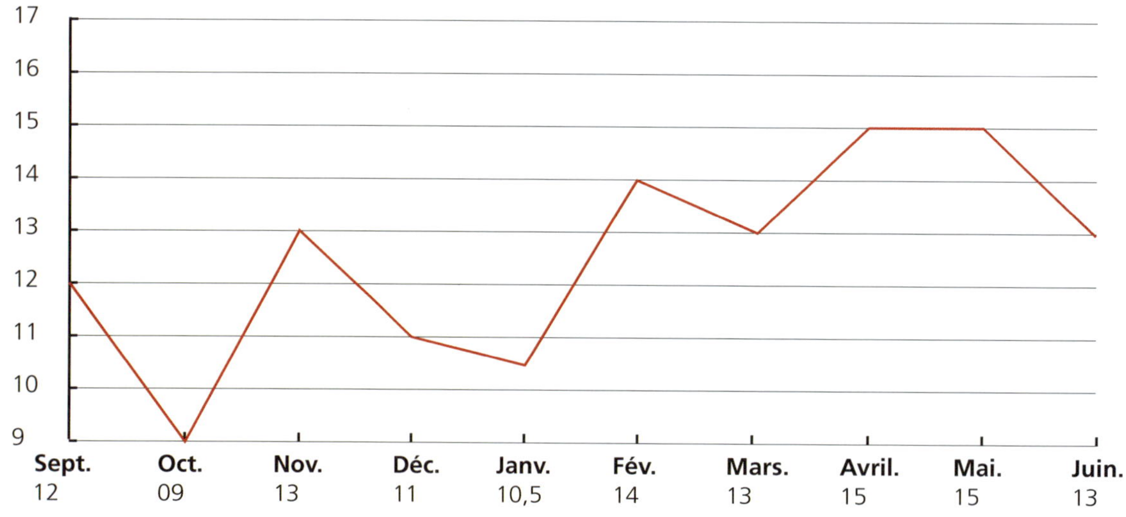

3 - Histogramme

Nombre d'élèves en T[erm] par classe

T[erm] L	T[erm] ES	T[erm] S	T[erm] STG
28	36	24	20

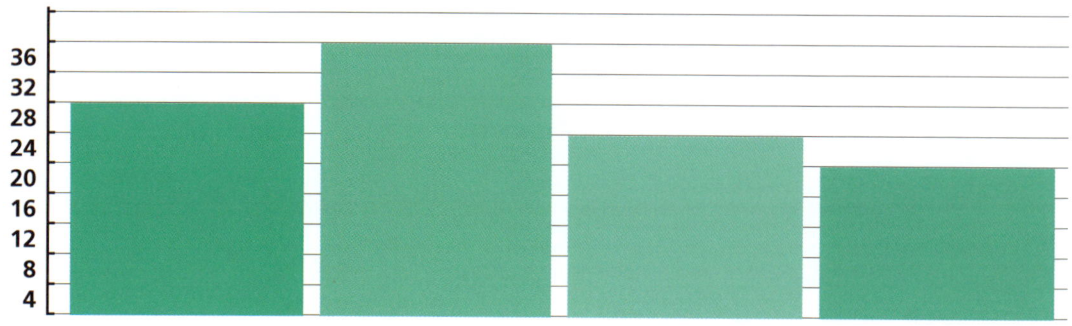

4 - Graphique circulaire

Elèves étudiant une LV2 en classe de seconde

Allemand : 12,5%
Anglais : 25%
Espagnol : 62,5%

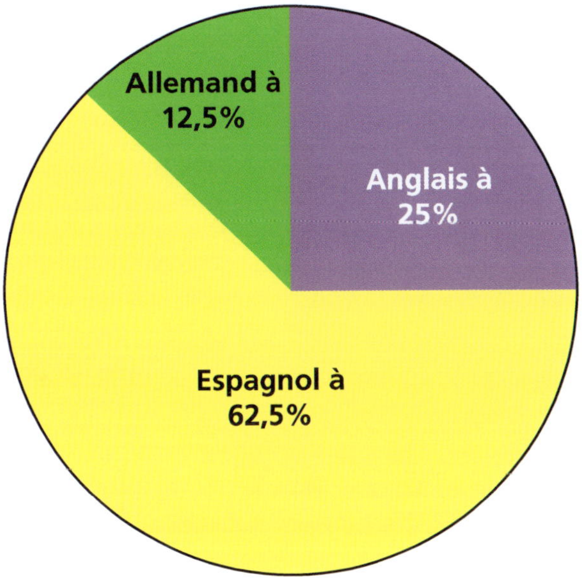

Analyser des documents iconographiques

Comme Charlotte dans son enquête, pour interpréter un document iconographique, il faut que vous trouviez des indices !

Voici quelques conseils de méthode.

Quelques conseils de base pour analyser un document iconographique

- Dans un premier temps j'identifie le type de document (photographie, gravure, dessin, caricature, affiche...) ; puis je cherche l'auteur (il se peut que ce dernier soit anonyme), la date et le thème qui apparaissent dans le titre.

- Je précise si c'est un document figuratif ou abstrait.

- Ensuite, je procède à la description de ce document :
  - je décris ce que je vois au premier plan.
  - je décris l'arrière-plan
  - s'il y a un texte, j'observe la place qu'il prend.

- Après seulement, j'interprète (= connotation) ce que j'ai décrit et j'en tire une conclusion en faisant part de mon impression.

A la recherche d'indices

Chapitre 2

Moi, Charlotte, élève de seconde, je continuai mon enquête avec l'aide de mon ami Lucas, qui était une sorte de modèle. Il me fallait trouver les bonnes « infos » et le matériel nécessaires pour démasquer les auteurs du vol des casiers des professeurs. C'est comme quand on doit résoudre un exercice, on est tenu d'avoir les connaissances requises pour pouvoir répondre aux questions libellées dans l'exercice. Pour cela, on va chercher dans sa mémoire les infos données par le professeur et qui ont été rédigées sous forme de notes, puis, si on a travaillé avec le manuel scolaire, on essaie de réactiver les données trouvées dans celui-ci.
Pour revenir à mon enquête, il me fallait trouver discrètement les emplois du temps de toutes les classes de mon lycée, sachant que nous étions neuf classes de secondes, puis cinq classes de premières et cinq classes de terminales.

Récapitulons : tous les casiers avaient été cambriolés sauf celui de Mr Delfino. Mais pourquoi ?
Les auteurs savaient-ils déjà avant de commettre ce cambriolage que les dossiers « défi physique » avaient été mis dans le casier de la surveillante générale ? Et c'est pour cette raison que le casier de Mr Delfino a été épargné ?
Avec tous les emplois du temps, je pourrais savoir quelles sont les classes ayant terminé à 18 heures. Selon moi, les auteurs de cet acte doivent faire partie des classes ayant terminé le plus tard. Il s'avère que le soir même du vol, Lucas est resté en permanence pour « bûcher » ses maths. D'après lui, ils étaient peu nombreux et c'était ses copains de cours. Ils sont sortis du lycée ensemble, ils ont tous un alibi en béton.
J'allais maintenant rencontrer un élève de chaque classe pour connaître son emploi du temps.
Tout comme cette enquête, vous devez trouver les bons éléments qui vous permettront de répondre le mieux possible aux différentes questions élaborées par vos professeurs.

2) Trouver les informations et le matériel nécessaires. Utiliser son manuel.

Tout d'abord, lorsque l'on étudie un cours, il faut avoir près de soi le manuel pédagogique de la matière concernée. Celui-ci nous permet de compléter et approfondir les connaissances transmises par le professeur. Il y a souvent des tableaux, des cartes, des images (en histoire et géographie), des mots à retenir, des règles grammaticales (en langues étrangères), des rappels des méthodes pour la dissertation, le sujet d'invention, les questions de synthèse (en Français) etc... Si les informations qui nous sont données nous semblent peu claires, nous pouvons faire des recherches au CDI, chercher d'autres livres où les informations nous paraissent plus accessibles, plus faciles. Rappelons-nous de la règle d'or : il faut comprendre avant d'apprendre.

On peut aussi élargir ses connaissances en faisant des recherches sur Internet en dégageant des « mots-clés ». Toutefois, il faut vérifier les sources, car les informations peuvent être erronées.

Je n'hésite pas, non plus, à étudier ou à travailler en classe, avec tous mes stylos, surligneurs, crayons de couleurs, feuilles de brouillon. Je dois impérativement mettre en valeur les informations essentielles, primordiales. Je souligne aussi les mots nouveaux dont je ne connais pas le sens pour aller les chercher dans un dictionnaire. Par la suite, je peux même me confectionner un répertoire où j'inscrirai mes mots nouveaux avec leur signification.
Par ailleurs, quand je travaille en classe ou à la maison, je dois être attentif, « ouvert » à recueillir l'information pour être amené à la restituer et à l'analyser.
Je peux aussi confronter mes informations à celles de mes camarades, et leur demander conseil si je ne comprends pas.
Cette méthode vous servira aussi pour faire un exposé, une rédaction sur un sujet d'actualité.
Maintenant, voyons comment vous devez restituer les informations apprises, quand vous faites un devoir sur table. Vous devez absolument analyser la consigne. Il faut que vous réfléchissiez au domaine de connaissances dans lequel se situe votre sujet. C'est savoir délimiter son sujet. Il est important que vous balisiez votre champ d'étude. Vous pouvez écrire sur votre brouillon les informations reçues en classe et lors de votre apprentissage à la maison, en lien avec le sujet à traiter. Vous pouvez les classer sous forme de tableaux ou avec des couleurs, les mêmes que vous aurez utilisées pour souligner les mots importants de la consigne.

Savoir définir chaque mot de l'énoncé est un bon moyen de cibler juste sur ce que l'on vous demande. Il faut savoir analyser, commenter, démontrer, expliquer et illustrer.

Revenons à Charlotte et à son enquête. A force de poser des questions à ses camarades et même à ceux qu'elle ne connaît pas. Des rumeurs commencent à circuler dans l'établissement, on parle derrière son dos, on se demande même pourquoi elle est aussi impliquée dans ce vol… Son grand complice, Lucas, la met en garde, c'est certainement le grand frère protecteur qui parle. A la pause de 15h20, Lucas va à son casier pour changer d'affaires, prendre son livre de mathématiques et son cahier, il y trouve un mot anonyme, écrit à l'ordinateur, qui leur est adressé. Le voici (vous allez remarquer qu'il est truffé d'erreurs) :

A vous : le Grand et la Petite. Pourquoi êtes-vous aussi intéressé par ce vol ? On vous surveille... Attention :

Il le montre à Charlotte, et elle lui dit : « ils auraient quand même pu se relire pour éviter toutes ces erreurs. Moi, je ne sais pas qui ils sont vraiment. En tous les cas, ils sont nuls en orthographe.
Moi, quand je finis un devoir ou un simple exercice, je prends toujours le temps de me relire et de me corriger ».
Suivez donc les conseils de Charlotte.

3) Se relire et se corriger.

Nous faisons tous malheureusement des erreurs, que l'on soit élève ou professeur, mais il y a toujours la possibilité de corriger.
Après avoir fait son exercice, il faut relire la démarche que l'on propose, les résultats et vérifier s'ils sont cohérents avec les indications données dans la consigne. En mathématiques, on peut, par exemple mal lire les données chiffrées proposées dans la consigne et arriver à un résultat complètement erroné. Dans un travail de rédaction, la relecture est importante car elle va nous permettre de voir si tous les accords ont été faits, si les accents ont été mis, si un mot n'a pas été oublié, si nos phrases sont cohérentes.

IL FAUT TOUJOURS CONSACRER UNE PARTIE DE SON TEMPS A LA RELECTURE ET A SA PROPRE CORRECTION.

4) Travailler avec Internet

Il faut vivre avec son temps. On vous demande de plus en plus de faire des recherches sur Internet pour préparer un exposé, une biographie…

Cerner le sujet : savoir poser la bonne question
Avant de commencer :
- analyser le travail à exécuter, choisir des mots-clés,
- vue d'ensemble du sujet : éviter le hors sujet ;
- choisir l'angle sous lequel on traite le sujet pour ne pas perdre de temps ;
- esquisser au brouillon un plan provisoire et un plan de travail.

Chercher des sources d'information : savoir poser la question au bon endroit
- repérer les sources et les outils nécessaires (annuaires ou moteurs de recherches),
- amorcer la recherche à l'aide des mots-clés,
- repérer des documents qui semblent essentiels et intéressants (préférer les sites de référence comme les musées).

Sélectionner les documents : savoir être méfiant sur la fiabilité de l'information

- classer les documents retenus, choisir la qualité plutôt que la quantité,

- identifier le contenu nécessaire, à l'intérieur des pages retenues,
- noter la référence.

Prélever de l'information
- lire rapidement : se méfier des sites personnels (blogs) et des fenêtres publicitaires,
- relire attentivement et prendre des notes, ou imprimer ou sauvegarder les pages web,
- classer les notes et réviser le plan provisoire.

Traiter l'information
- analyser les informations recueillies, se demander qui a écrit ou publié ce texte,
- réfléchir à l'ensemble du travail.

Communiquer l'information
- rédiger le travail, ne jamais rendre des pages web comme travail personnel,
- relire les consignes,
- citer les sources,
- relire le travail.

Aussi est-il possible d'admirer et d'analyser des œuvres d'art en se rendant sur le site d'un musée tel que le Louvre…
Quelques conseils pour faire des recherches :
Vous pouvez aller sur les sites de recherche suivants : wikipédia, BNF (pour admirer les expositions virtuelles)…
Vous pouvez aussi faire des exercices en ligne.

Dans les **annuaires**, vous pouvez chercher par grandes catégories ou bien par mots-clefs. Le principe de la classification des thèmes est arborescent. Chaque catégorie comprend des divisions permettant d'affiner progressivement la recherche. Ceci est intéressant lorsque vous voulez vous faire une idée des ressources sur Internet pour cerner le sujet de votre recherche.
Exemples : Yahoo (http://www.yahoo.fr) ; Lycos (http://www.lycos.com/).

Dans les **moteurs de recherche,** vous trouverez des informations précises. A la différence des annuaires, l'indexation des pages publiées sur le web est effectuée de manière automatique par des logiciels.

Exercice 1 :

Savoir lire les consignes, comment faire les exercices

Complétez les phrases suivantes par un article le cas échéant :

a. What .... tiring treck !
b. She's .... bank manager.
c. I'd love to go to .... Netherlands with you.
d. He left because he had .... headache.
e. Her father, ... brilliant architect, was .... member of .... Lions' Club.

Exercice 2 :

Extrait d'un ouvrage d'Emile Zola.

Dans la plaine rase, sous la nuit sans étoiles, d'une obscurité et d'une épaisseur d'encre, un homme suivait seul la grande route de Marchiennes à Montsou, dix kilomètres de pavé coupant tout droit à travers les champs de betteraves. Devant lui, il ne voyait même pas le sol noir, et il n'avait la sensation de l'immense horizon plat que par les souffles du vent de mars, des rafales larges comme sur une mer, glacées d'avoir balayé des lieues de marais et de terres nues. Aucune ombre d'arbre ne tachait le ciel, le pavé se déroulait avec la rectitude d'une jetée, au milieu de l'embrun aveuglant des ténèbres.

(Emile Zola, *Germinal*)

Questions :
1) Relevez et analysez une comparaison.
2) Relevez et analysez le champ lexical de l'obscurité.

Exercice 3 :

Trier, analyser les informations

GEOGRAPHIE : pays ayant connu la plus forte émigration entre 1980 et 1995

PAYS	NOMBRE D'ÉMIGRÉS
Mexique	4 446 000
Bangladesh	4 048 000
Philippines	2 962 000
Chine	2 429 000
Indonésie	2 400 000
Vietnam	1 013 000

Source :
Trends in total migrant stock
Division de la population
Nations Unies 1998.

1) Que signifient les mots : émigration - immigration - migrations internationales ?

2) Quelle est la nature du document ? Quelle est sa source ?
Pourquoi peut-on dire que ce document est crédible ?

3) Situez chaque pays dans son continent.

4) Ces pays d'émigration font-ils partie des pays riches ou des pays en voie de développement ?

A la recherche d'indices

Chapitre 2

Mots croisés

Définitions :

1- Schéma à analyser pouvant prendre la forme d'une courbe en maths par exemple.
2- Exercice de mathématiques qui en pose parfois !
3- Recherche du coupable.
4- Formuler des hypothèses de lecture à partir d'un texte en français.
5- Nom du professeur de physique de Charlotte.
6- Indispensable pour formuler un exercice.
7- Grâce à eux, Charlotte va pouvoir formuler des hypothèses.
8- Action que Charlotte était en train de faire au début du cours de Mathématiques.
9- Action indispensable pour se forger une culture générale.

Bilan auto correctif

Chapitre 2

1- Pour analyser un texte en français,
a) je réponds directement aux questions.
b) je lis plusieurs fois le texte et j'essaye de le comprendre.

2- Pour répondre à la question,
a) je travaille sur un brouillon.
b) je rédige directement ma réponse.

3- Pour résoudre un problème,
a) je lis rapidement la consigne.
b) je note au brouillon toutes les données.

4- Lorsque j'ai terminé mon travail,
a) je peux le rendre directement.
b) je relis une dernière fois pour être sûr que j'ai bien répondu à la question.

5- Il existe un seul type de graphique.
a) vrai
b) faux

6- Les légendes m'aident à comprendre un graphique.
a) vrai
b) faux

7- Quand je suis confronté(e) à l'analyse d'une image,
a) je commence par l'interpréter.
b) j'identifie d'abord le document, puis je l'interprète.

8- L'analyse de graphiques me sert
a) en histoire géographie uniquement.
b) en histoire géographie et dans toutes les matières dites « scientifiques ».

BIEN APPRENDRE = Bien lire et analyser la consigne.
+ Chercher au brouillon les notions de cours.
+ Les mettre en relation avec le sujet.
+ Formuler des hypothèses au brouillon.
+ Rédiger proprement sa réponse sur la copie.

Notes :

Chapitre 3

Formulons des hypothèses

Formulons des hypothèses

Chapitre 3

Quatorze heures. Je digérais paisiblement le menu de la cantine en somnolant tout en réfléchissant à ce qui s'était passé le matin, quand le professeur de mathématiques me réveilla.

« Lepic, le tableau est à vous ! Vous allez corriger les exercices pour toute la classe. »

Les exercices ? Quels exercices ? Ça y est, j'avais encore oublié quelque chose à faire. Mais cette fois-ci, au lieu de sortir le traditionnel « Vous savez, j'ai eu beaucoup de travail dans les autres matières, je n'ai pas pu... », je me levais fièrement en me tournant face à la classe comme si j'étais dans un tribunal dont le juge était Madame Tortue, professeur de mathématiques au lycée Notre Dame et qui avait décidé de m'inculper pour faute grave. Oui, je n'avais pas fait mes exercices.

« Chers camarades, comme je vous l'ai dit ce matin, je suis actuellement sur une grosse enquête. Il nous faut retrouver à tout prix le coupable qui a volé nos copies de « défi physique ». Je n'ai pu pour cette raison effectuer mon travail scolaire, Madame.

- Votre cause paraît bien noble, Mademoiselle Lepic, et votre plaidoyer est touchant, mais cela est insuffisant pour vous excuser. Allons, quelques exercices n'ont jamais fait de mal à personne, dit-elle ironiquement. »

Après un quart d'heure à chercher la solution d'une équation et après avoir dépensé un bon litre de sueur au tableau, je retournais à ma place, exténuée. Comme si ma journée n'avait pas été assez difficile comme ça ! J'avais plusieurs éléments, il me fallait les comprendre, mais comment ? J'attendais la fin du cours et en l'occurrence la fin de la journée avant d'y repenser. Je ne voulais pas me faire encore remarquer, Madame Tortue avait le don de voir ceux qui dormaient ou qui ne suivaient pas le cours.

Après tout, ce cours n'était pas si inintéressant. Moi aussi je devais résoudre un problème comme en mathématiques. J'avais trouvé plusieurs indices, à moi maintenant de formuler des hypothèses et de démontrer qui était le coupable.

Voilà où en était mon enquête. J'avais surpris une conversation entre Monsieur Delfino et une certaine personne qui lui avait laissé un mot dans son casier le renvoyant à la bibliothèque. Puis j'avais trouvé un livre de japonais avec des annotations et un cheveu brun. Que faire alors ? Il me fallait interpréter cette liste d'indices.

La personne au téléphone et le livre avaient sûrement un rapport. Pourquoi laisser un mot dans un casier alors qu'on peut le dire au téléphone ? Cela devait être trop risqué pour elle. De toute évidence, ce mystérieux interlocuteur cherchait à rester discret et je pensais de plus en plus qu'il était lié à cette affaire.

D'autre part, pourquoi ce livre en japonais ? Quel était le rapport avec le vol ? Je me remémorais l'endroit où je l'avais trouvé. Qui donc pouvait bien mettre un livre aussi vieux derrière une étagère ? Sûrement pas un élève. Les classes qui étudiaient le Japon en Histoire-Géo au lycée étaient les Terminales. Impossible que ça soit l'un d'entre eux, car d'une part aucun ne participait au « défi physique » et d'autre part quel élève aurait consulté un livre aussi difficile à lire ? Et puis mon fidèle compagnon, Lucas, m'aurait averti. Mon hypothèse se tenait. Ce n'était pas un élève qui avait consulté ce livre. Qui d'autre avait donc accès à la bibliothèque ? Les professeurs. J'avais une liste de suspects à présent. Il me fallait trouver un professeur qui ait un rapport avec ce livre.

Je faisais une liste de noms sur mon carnet de notes et j'essayais de trouver un rapport, pour chacun, avec le « crime ». Pourquoi pas un professeur d'histoire géo ? Après tout c'était logique vu le sujet du livre. Je barrais les noms des autres professeurs, il n'en restait plus que trois.

- Mademoiselle Pie, notre professeur de Seconde, une femme de trente ans, toujours motivée, qui pensait que c'était par étourderie que nous faisions autant de fautes, la pauvre si elle savait !
- Monsieur Souris, professeur en Terminale, bientôt à la retraite, persuadé que le cerveau de ses élèves ne valait pas la peine d'être récompensé. Un horrible monstre aux cheveux gris qui terrorisait ses élèves.
- Monsieur Corbeau, professeur en première, était parti avec ses élèves à un mémorial de la seconde Guerre Mondiale.

De toute évidence, ça ne pouvait pas être Monsieur Corbeau au téléphone, car il n'avait pas pu déposer le mot dans le casier, à moins qu'il ne soit possesseur du don d'ubiquité. Mademoiselle Pie était trop enthousiaste pour avoir pu nous priver du fruit de notre travail. Il ne restait plus que Monsieur Souris. Mais pourquoi lui plus qu'un autre ?
Il connaissait très bien Monsieur Delfino, il avait sûrement son numéro de portable et avait pu lui téléphoner. D'autre part, j'avais appris par Lucas, mon ami de Terminale, qu'il avait vécu au Japon. Il devait sûrement en comprendre la langue. De là à dire que c'était la réincarnation d'un samouraï condamné à mort, ayant le privilège du hara-kiri, il n'y avait qu'un pas... Enfin je devais rester rationnelle, les copies n'avaient pas pu disparaître par magie ! Et voilà ma première hypothèse.

Apprendre à faire des fiches

Chapitre 3

Charlotte pense que l'enquête piétine et qu'elle n'arrive pas à avoir toutes les informations dont elle a besoin pour connaître les motivations de ce délit et trouver le ou les coupables. D'après elle, il y en aurait plusieurs car une seule personne sans complices n'aurait pas pu s'introduire dans la salle des professeurs et dérober le contenu de presque tous les casiers des professeurs.

Charlotte décide alors de faire un bilan sur ce qu'elle sait sur cette affaire. Elle choisit une fiche cartonnée (c'est ce qu'on appelle une fiche bristol) pour y mettre les points principaux de cette enquête. De cette façon, elle aura une sorte de schéma de cette enquête. Ce serait comme faire une fiche de révisions sur une leçon.

Voyons ensemble la méthode.

Le feed back de Charlotte

Le feed back consiste à reprendre ce qui a été vu de façon synthétique ou approfondie. Le feed back peut se faire sur plusieurs niveaux :

Niveau 1 ⟶ élaboration d'un plan reprenant les idées principales de ce qui a été vu

Niveau 2 ⟶ développement et approfondissement des notions. Conclusions.

Aidons Charlotte à effectuer un feed back sur son enquête !

Feed back de Charlotte
Niveau 1

Notions essentielles

Chapitre 1 : ....
....
....

Chapitre 2 : ....
....
....

Chapitre 3 : ....
....
....

Feed back de Charlotte
Niveau 2

Notions essentielles

Chapitre 1 : ....
....
....

Chapitre 2 : ....
....
....

Chapitre 3 : ....
....
....

Apprendre à faire de fiches de révisions et à travailler dans chaque matière

1) Méthode globale des fiches de révisions

Il me fallait aller à la recherche d'indices…

Apprendre une leçon, c'est difficile car il y a beaucoup de notions à connaître. Pour cela, il va falloir que vous commenciez à apprendre l'essentiel de la leçon pour ensuite en apprendre l'intégralité. Il va falloir trouver un moyen pour retenir l'essentiel que vous allez noter dans vos fiches.
De la même manière que Charlotte cherche des indices pour trouver le coupable, vous allez devoir vous aussi chercher des indices dans la leçon qui vont vous permettre de la mémoriser ! Ces indices correspondent aux mots, aux phrases que vous allez mémoriser en premier car ils sont plus faciles à retenir et que vous allez pouvoir les utiliser dans vos fiches.
Attention, suivant les matières, ces indices vont changer ! En mathématiques, vous retiendrez par exemple plus facilement une figure géométrique ou une formule plutôt que les longues phrases de la leçon. En histoire, vous retiendrez sûrement plus facilement une frise ou une carte !
Voyons maintenant comment on fait des fiches.

De la leçon à la fiche

Quelques conseils de base pour élaborer une fiche

Maintenant que vous savez un peu mieux comment fonctionne votre mémoire, il va falloir choisir quelle est la méthode qui vous convient le mieux pour apprendre une leçon. N'oubliez pas que faire une fiche, c'est visualiser une leçon et retenir l'essentiel.

Visualiser une leçon, c'est trouver des astuces pour que votre mémoire la retienne mieux. Vous allez transformer le cours de votre professeur en un résumé que vous aurez fait personnellement. C'est très important que cela soit vous qui le fassiez. En faisant la fiche, votre cerveau en retient mieux le contenu car il y a votre écriture ! C'est cela « s'approprier » une leçon.
A vous maintenant d'inventer votre fiche et de vous approprier la leçon !

Matériel pour faire une fiche

• Des fiches bristol de format A5. Il faut que le format ne soit pas trop petit, sinon la fiche n'est pas lisible.

• Des feutres ou des crayons de couleur. Vous pouvez utiliser des couleurs différentes suivant les matières (bleu pour les mathématiques, vert pour la géographie…) Vous pouvez aussi utiliser une couleur vive comme le rouge pour écrire les idées principales sur votre fiche.

• Votre matériel de géométrie (règle, compas…) pour pouvoir reproduire les figures accompagnées des propriétés à connaître par cœur. Vous pouvez aussi utiliser votre règle pour souligner les mots importants et les titres.

• Et bien sûr vos manuels de lycée qui sont souvent très bien illustrés. Vous y trouverez des peintures historiques, des planisphères…

Faire des fiches

1- Je lis et je relis la leçon

2- J'essaye de me rappeler les mots principaux sans regarder la leçon

3- Je regarde une dernière fois la leçon pour faire ma fiche et j'essaye de trouver les idées principales, les titres des parties que je souligne en rouge ou avec une autre couleur.

Je peux utiliser une couleur par idée principale. Ma fiche doit être en couleur pour mieux la retenir.

Je repère les schémas et les idées à retenir par cœur (les propriétés des figures en géométrie, les cartes, les frises en histoire géographie...)

4- Je rédige soigneusement ma fiche

Je choisis la forme que ma fiche va prendre.
- résumé sous forme de notes (voir exemple type en français)
- tableau résumant les principales idées (voir exemple type en histoire)
- figure géométrique résumant le cours (voir exemple type en mathématiques)
- organigramme, frise ou carte résumant le cours (voir exemple type en histoire géographie)
- et j'utilise les abréviations

N.B. : Pour certaines leçons, on peut très bien les résumer sous forme de notes comme un tableau. A vous de choisir la forme que vous préfèrez ! Dans une fiche, il faut toujours faire des choix personnels ! C'est toujours plus difficile d'apprendre la fiche des autres.

J'écris soigneusement sur ma fiche les idées et les schémas que j'ai soulignés.

Maintenant que vous avez ces conseils pour faire vos fiches, il va falloir trouver des techniques ou des « astuces » pour retenir l'essentiel des cours de chaque matière.

Voici des types de fiches qui vous permettront de comprendre comment résumer les différentes leçons que vous avez en cours. N'oubliez pas qu'on ne retient pas de la même façon une leçon de français et une leçon de mathématiques, tout simplement parce qu'il n'y a pas le même contenu ! A vous de trouver quelle fiche vous convient !

2) Méthode spécifique pour les matières littéraires

Les matières littéraires sont le français, l'histoire, la géographie et la philosophie. Cette dernière discipline n'est étudiée qu'en terminale.

a) Le Français

Quant au français, on prépare les élèves dès la seconde pour les épreuves de bac. Il est donc important de commencer à faire des fiches dès la classe de seconde, n'est-ce pas Charlotte ?

C'est ce que lui a conseillé son ami Lucas qui est en terminale et qui a donc déjà passé ses épreuves de français.

Comment faire une fiche de révision en français ?

Il y a plusieurs façons de le faire.

- **On peut faire une fiche (voire plusieurs) par texte étudié.**
- **On peut réaliser une fiche par auteur : on donne ses dates de naissance et mort, son courant littéraire, son époque, ses œuvres, ses influences…**
- **On peut réaliser aussi une fiche par œuvre étudiée.**
- **On peut rédiger une fiche sur un genre littéraire.**
- **On peut élaborer une fiche pour mémoriser les figures de style.**
- **On peut créer une fiche sur les différentes méthodes des épreuves de français (commentaire, dissertation, sujet d'invention dit officiellement « écriture d'invention »).**

Faire une fiche en français

Conseils de base

Il est évident que le contenu d'une fiche varie d'une matière à l'autre. Il faut savoir y mettre l'essentiel du cours. La fiche devra comprendre toutes les données indispensables du cours, mais sous une forme plus réduite. Pour mener à bien ce projet, il est nécessaire de repérer les points sur lesquels le professeur a insisté ou ceux que vous utilisez le plus souvent pour les exercices.
Voyons comment réaliser des fiches en matières littéraires.

Faire une fiche dans les matières littéraires comme l'histoire, le français, ou la philosophie, c'est souvent difficile car les leçons sont longues. Il va falloir trouver ce qui est dans la leçon, c'est-à-dire ce que vous devez retenir par cœur au détriment d'autres informations dans la leçon.

L'essentiel en français

Je fais un résumé des leçons de français en notant les mots à connaître par cœur.
Je fais des fiches biographiques sur les auteurs étudiés : c'est-à-dire un résumé sur chaque écrivain (date de naissance et date de mort, rôle de l'auteur dans l'histoire de la littérature, œuvres majeures).
Je fais des fiches grammaticales (catégories de mots, natures et fonctions, adverbes, accords…).
Tableaux de conjugaisons.
Définitions des figures de style avec des exemples précis.
Je peux faire des fiches de lecture.

Sous quelle forme peut être ma fiche ?

Pour synthétiser une leçon, c'est-à-dire pour n'en retenir que l'essentiel, il va falloir trouver des astuces ! Pour cela, vous pouvez marquer le résumé :

- sous forme de notes, en utilisant bien de la couleur afin de mieux mémoriser (voir exemple type).
- sous forme d'un tableau résumant les notions vues en cours, la grammaire particulièrement (voir « faire une fiche en anglais »).
- sous forme d'un organigramme : même si cela est plus fréquent dans les matières scientifiques, vous pouvez l'utiliser pour résumer le schéma d'un livre…

Apprendre à faire des fiches

Chapitre 3

Faire une fiche en Français

I - Définition

La description permet au lecteur de mieux se représenter les lieux, les objets ou les paysages imaginés par l'auteur. Cela permet également à l'auteur de rendre plus réel ce qu'il invente. Dans une description, tous les sens du lecteur sont concernés (ouïe, odorat, vue, toucher, goût).
Pour que le lecteur perçoive toutes ces sensations, il faut que la description utilise des mots précis et riches. La richesse du vocabulaire est un moyen indispensable pour frapper l'esprit du lecteur et développer son imagination. Il faut donc pour cela éviter de répéter toujours les mêmes mots ou les verbes trop communs comme « être ».

Vous devez chercher à être le plus précis possible en choisissant des verbes qui indiquent : **une position** comme *s'étendre, s'allonger, se lever, se courber...*, **une intention** comme *se cacher, se faufiler, se présenter...*

Il est également très important d'utiliser des adjectifs qualificatifs qui sont primordiaux dans la description. Ceux-ci permettent de préciser, d'enrichir ou de compléter l'idée de l'auteur et de développer les sensations du lecteur.

Il est donc d'usage, dans une description, d'employer des adjectifs qualificatifs de couleur, qui pourront à leur tour être complétés de façon à être plus précis encore *(bleu ciel, rouge sombre...)*, des adjectifs qualificatifs évoquant des formes *(sphérique, cubique, rectangulaire...)* et des adjectifs qualificatifs évoquant des sensations ou des sentiments *(agréable, doux, irrité, malheureux...)*

Pour insister davantage sur une idée de la description, il est possible d'utiliser plusieurs synonymes pour évoquer une même idée ; c'est ce qu'on appelle le champ lexical : pour parler d'un paysage d'hiver, on pourra employer les termes *neige, blanc, glacial, froid...*

Pour faciliter encore la compréhension du lecteur, l'auteur peut également avoir recours à la comparaison de deux éléments :
Le sol est recouvert d'une neige blanche comme du sucre.
Il peut cependant arriver que cette comparaison soit sous-entendue :
Le gâteau était coiffé d'un gros chapeau de chocolat (ici, on compare le gâteau à une tête).

Enfin, il est possible d'attribuer à des objets ou des animaux des propriétés qui n'appartiennent qu'à l'homme, c'est ce qu'on appelle la personnification.

La Description

But :

- Pour le lecteur : mieux se représenter les lieux, les objets ou les paysages imaginés → ts les sens du lecteur sont concernés (ouïe, odorat, vue, toucher, goût) → **frapper l'esprit** du lecteur et développer son **imagination.**

- Pour l'auteur : rendre + réel ce qu'il invente.

Quels outils sont utilisés ? → mots précis et riches

- des verbes qui indiquent : **1 position** *s'étendre, s'allonger, se lever, se courber...*
1 intention *se cacher, se faufiler, se présenter...*

- des adjectifs qualificatifs : de couleur
évoquant des formes, des sensations, des sentiments.
- champ lexical.
- comparaison.
- personnification.

Faire une fiche en Histoire

L'essentiel en histoire

C'est :

- Connaître le titre.
- Connaître les dates principales.
- Connaître les événements principaux.
- Connaître les personnages et savoir les orthographier, sans oublier les majuscules.
- Connaître les lieux et savoir les situer sur une carte géographique, savoir les orthographier sans oublier les majuscules.
- Avoir compris tous les mots de la leçon.
- Savoir réécrire ou écrire le résumé de la leçon.
- Etre capable de dire en quelques lignes quelle est la situation à la fin de la période étudiée.

Elaborer une fiche en Histoire

Chapitre 3

Les étapes importantes de la 1ère Guerre mondiale

La guerre de mouvement :

- début de la Guerre le 4 août 1914
- Septembre 1914 = bataille de la Marne.
- « Course » à la mer où Français et Allemands essayent d'atteindre les ports de Calais et Dunkerque.

La guerre de position :

- Les 2 armées s'enterrent dans les tranchées où les conditions de vie sont traumatisantes.
- De nouvelles armes = gaz, artillerie, aviation, tanks.
- Bataille de Verdun en 1916.
- Nouveaux alliés = Japon et Italie dans la Triple Entente /Turquie et Bulgarie dans la Triple Alliance

Le tournant de 1917 :

- Avril 1917 = entrée en guerre des Etats-Unis aux côtés de la Triple Entente.
- Décembre 1917 = la Russie sort de la guerre et signe la paix de Brest-Litovsk en mars 1918.

La victoire de l'Entente :

- Mars-juillet 1918 = offensives et reprise de la guerre de mouvement.
- 9 novembre 1918 = l'Empereur allemand abdique et la République de Weimar est proclamée.
- 11 novembre 1918 = signature de l'Armistice à Rethondes

1ère Guerre mondiale

Date	**Evénement**
04 Août 1914	Début de la G.
Septembre 1914	Bataille de la Marne
1916	Bataille de Verdun
1917	Entrée en G. des USA - sortie de la Russie - paix de Brest- Litovsk
1918	-G de mouvement -abdication de l'All.
11 Novembre 1918	Signature de l'Armistice

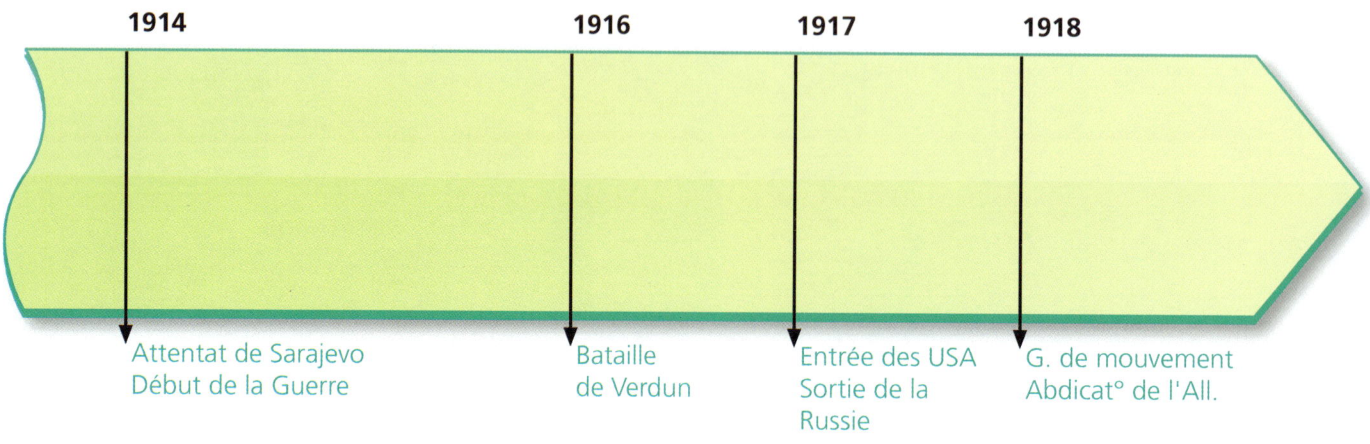

Elaborer une fiche en Géographie

Chapitre 3

Fiche n°7

L'essentiel en géographie

Pour apprendre une leçon de géographie, vous pouvez revoir « mémoriser une leçon ».
Mais, vous aurez à mémoriser des cartes de géographie.

Vous devez utiliser vos yeux comme un appareil photo.

Sous quelle forme peut être ma fiche ?

- sous forme de notes comme on l'a vu pour le français.
- sous forme de tableau (voir « faire une fiche en français »).
- sous forme de frise pour résumer les dates en histoire.
- sous forme d'organigramme pour comprendre le fonctionnement d'un Etat...
- sous forme de carte en histoire ou en géographie.

NB : Tout comme en français, je choisis la forme de fiche qui me convient le mieux.

Notes, tableau, frise ou carte, le principal c'est de retenir la leçon.

Voyons ensemble comment on synthétise une leçon et on fait une fiche à partir d'une leçon d'histoire. (voir page précédente)
Voici un exemple de fiche à partir d'une leçon sur la Première Guerre mondiale qui montre qu'on peut faire sa fiche sous forme de notes :

• dans un TABLEAU
• ou sur une FRISE résumant les dates et les événements importants à retenir par cœur.

Nourrir les Hommes

La croissance de la population mondiale :

- Les facteurs de croissance et un ralentissement :

La population a dépassé les 6 milliards d'habitants !

Cette croissance est due à :

- Un recul de la mortalité qui a commencé en Europe au 19ème siècle et qui a été suivi par les autres pays.
- Une natalité élevée dans les PED, alors que cette natalité a diminué dans les PID (Indice de fécondité au Japon 1,4 en 1998 alors qu'en Egypte il est de 3,3 en 1998).

Alors que la population augmentait de 2% par an dans les années 1960, on note un recul depuis les années 1990 : en effet, ce taux de croissance n'est plus que de 1,57% par an.
Les PED dominent très largement !

Comment nourrir 6 milliards d'habitants ?

Les différents systèmes de production :

- L'agriculture vivrière qui concerne les populations qui vivent en autarcie (Afrique, Asie du Sud-Est, Amérique latine).
- Elevage nomade (en Asie centrale, au Sahara...) qui est une agriculture d'autosuffisance.
- Agriculture de subsistance qui est prépondérante dans les PED ; elle associe élevage et polyculture. Les techniques employées sont rudimentaires, cette agriculture est victime des aléas du climat.

A côté de cela on trouve les agricultures commerciales :
Les plantations tropicales (caoutchouc, café, cacao...) qui appartiennent aux puissantes multinationales.
L'agriculture des ex-pays socialistes en cours de décollectivisation.
L'agribusiness des PID.

Une production en augmentation qui modifie la planète :

L'homme intervient sur les paysages :

- Contrôle de l'eau par drainage, irrigation, la construction de barrages, réservoirs...
- Aménagement des pentes en terrasses, construction de polders (terres conquises sur la mer).

Modernisation des techniques :

- Mécanisation, sélection des espèces, engrais augmentent la productivité.
- La Révolution Verte qui utilise les OGM qui ont permis un haut rendement.

Des dangers apparaissent :

- L'homme favorise la déforestation, le surpâturage, les lessivages des sols, et donc l'érosion.
- La pollution des cours d'eau, des nappes phréatiques, due à l'emploi des engrais.
- Apparition de maladies comme la « vache folle ».

De grandes inégalités perdurent :

- Les besoins quotidiens recommandés oscillent entre 2 200 et 2 500 calories par habitant, par jour, selon le sexe.
- La ration quotidienne dans les PID dépasse largement ces besoins, puisque les quantités varient entre 3 300 et 3 500 calories par jour. De nombreux problèmes de santé apparaissent tels que l'obésité, le diabète, les problèmes cardio-vasculaires...

Les PED souffrent quant à eux d'autres problèmes :

- La sous-alimentation due à des famines périodiques, à des déficits alimentaires chroniques.
- ***La malnutrition.***
- L'insécurité alimentaire due aux insuffisances d'infrastructures, guerres civiles...

La croissance de la population active

Notions/mots-clés	Définitions
PID :	Pays industrialisés et développés
PED :	Pays en développement.
Agribusiness :	Activités liées à l'agriculture qui vont des productions aux services (vétérinaires, recherche…) aux industries fournissant les engrais, aux industries de transformation, de conditionnement et de vente…
Nappes phréatiques	Nappe d'eau alimentée par l'infiltration des eaux de ruissellement.
Malnutrition	Déséquilibre alimentaire dû à des carences qualitatives qui provoquent des maladies comme le scorbut, l'apathie…

d) Faire une fiche en sciences économiques

C'est :

- Connaître le titre.
- Connaître les événements principaux.
- Avoir compris tous les mots de la leçon.
- Savoir réécrire ou écrire le résumé de la leçon.
- Etre capable de dire en quelques lignes quelle est la situation à la fin de la leçon étudiée.

<u>**Leçon 1 - La population active**</u>

La population active regroupe l'ensemble des personnes (âgées de 15 ans et plus) déclarant exercer ou chercher à exercer une activité professionnelle rémunérée.
Un actif est une personne de 15 ans ou plus exerçant ou cherchant à exercer une activité professionnelle.
La population active représente donc la main d'œuvre disponible pour travailler en contrepartie d'une rémunération. Elle comprend la population active occupée (ensemble des personnes de 15 ans ou plus exerçant effectivement une activité professionnelle) et les chômeurs.

Il existe trois catégories d'actifs occupés :

- **Les salariés** ; un salarié est un actif qui vend sa force de travail en échange d'un salaire ; il est dépendant d'un employeur.
- **Les personnes à leur compte** ; une personne à son compte est un travailleur indépendant qui peut travailler seul ou employer des salariés. C'est le cas des professions libérales, artisans, commerçants, et chefs d'entreprise ;
- Les personnes qui aident un membre de leur famille dans son travail (les femmes d'agriculteurs par exemple).

La population inactive regroupe l'ensemble des personnes qui n'exercent pas et ne cherchent pas à exercer une activité professionnelle.
Les chômeurs font partie de la population active car, même s'ils n'occupent pas d'emploi, on considère qu'ils sont à la recherche d'un emploi.
Les mères de famille ne sont pas incluses dans la population active car elles ne sont pas considérées comme exerçant un emploi : elles ne sont pas rémunérées pour cette activité qui n'est d'ailleurs pas reconnue comme professionnelle (excepté pour les assistantes maternelles ou « nounous »). De même, lorsqu'elles se déclarent comme mères au foyer, elles ne recherchent pas d'emploi. Elles font donc partie de la population inactive.

A retenir :
Au sein de la population en âge de travailler (ensemble des personnes âgées de 15 ans et plus), la population active regroupe les personnes ayant un emploi et les chômeurs. Les autres personnes (étudiants à plein temps, femmes et hommes au foyer, retraités, préretraités, personnes en incapacité de travailler…) constituent la population inactive.

La population active

Notions/mots-clés	Définitions
Pop active :	Ens. des pers. (+ de 15 ans) cherchant ou exerçant activité professionnelle rémunérée.
Salariés	Salarié = actif vend force de travail à employeur contre salaire.
Personnes à leur compte :	Travailleur indépendant seul ou employant des salariés. Professions libérales, artisans, commerçants, chefs d'entreprise.
Personnes aidant leur famille :	Participent à l'activité familiale (femmes d'agriculteurs).
Pop inactive :	Ens. des pers. n'exerçant pas, ne cherchant pas d'activité prof. Exclus les chômeurs mais mères de famille ne sont pas incluses.

Faire une fiche en Anglais

Chapitre 3

L'essentiel en langues

- Il va falloir que vous reteniez le vocabulaire que vous ne connaissez pas. Pour cela, il faut faire un répertoire des mots à apprendre par cœur.

- Il faut aussi retenir les règles de grammaire et la conjugaison, comme en français ! Il faut faire des fiches de grammaire par leçon afin de les apprendre (voir les exercices et les annexes).

- Je lis aussi la revue « Vocable » (qui se trouve à la bibliothèque et dans les kiosques à journaux)

A vous maintenant de faire des fiches à partir de ces leçons. Utilisez les mêmes astuces que pour la fiche de français.

Cette méthode s'applique à toutes les langues. Vous pouvez aussi utiliser un répertoire dans lequel vous mettez tous les mots nouveaux, au fil des années celui-ci constituera votre propre dictionnaire. Vous pouvez en faire un aussi en grammaire : règles de grammaire + un exemple.

Il est important de nos jours de savoir parler plusieurs langues car on est amené à travailler partout dans le monde ; il faut être mobile et parler au moins l'anglais couramment.
Il faut savoir se motiver en vous demandant pourquoi il vous semble utile de maîtriser une langue étrangère. Pour exercer votre job ? Plutôt pour voyager ? Déterminez votre objectif précisément, ce qui vous aidera à vous motiver et à vous fixer des priorités dans l'apprentissage.

Exemple type

Le présent simple

Petite difficulté : il existe deux formes de présent :
- Le présent dit "*simple*".
- Le présent dit "*progressif*"

L'utilisation de l'un ou l'autre de ces deux temps va dépendre uniquement du **CONTEXTE.**

Construction :

La construction du présent simple est... simple !!!
Il se construit avec : SUJET + BASE VERBALE
Exemple : To like **I like**

Attention :
Il prend toujours un "S" à la **TROISIÈME PERSONNE**.

To like : She likeS, To want : He wantS, To take : It takeS

Certains verbes vont changer à la 3ème personne :
Les verbes se terminant en -ss, -sh, -zz, -ch, vont prendre -es

Exemple : To blush (rougir) / to kiss (embrasser) :
He blushes every time she kisses him.

Les verbes se terminant par -y devant une consonne vont se transformer en -ies

Exemple : Try : He tries ; Cry : he cries ; Carry : he carries

Les verbes se terminant par -o vont se terminer par -oes :
She does ; he goes

Forme interrogative / Forme négative :

On va utiliser "do" qui a la valeur d'un auxiliaire ; la conjugaison se porte alors sur do :

Exemple : Do you speak English ?
Does she speak English ?

Même chose pour la forme négative, mais on rajoute not avant le verbe :
You do not speak Chinese (Contraction : you don't...)
She does not speak Chinese (Contraction : doesn't)

NB : Ne pas confondre

- ***Do*** auxiliaire (***Do*** you like Ice-cream ?)
- et le verbe to do (faire) qui se conjugue comme un verbe normal :

Exemple : I do my homework every day. / Do you do your homework every day ? / I don't do my homework...

2 formes de présent : présent simple + présent progressif selon contexte.

Construct° : sujet + base verbale
Tjrs « s » à la 3ème pers. du sing.
He wants

Chgts avec verbes se terminant en
- « ss », « sh », « zz », « ch » + es
He blushes every time she kisses him.
- y devant une consonne = ies
He tries
- o = oes
She does

Interrogat° : do (auxiliaire) conjugué :
Do you speak English ?
Does she speak English?

Negat°: idem, not dvt verbe
You do not speak Chines? (contract°: you don't...)
She does not (doesn't) speak Chinese.

Faire une fiche en Sciences

Chapitre 3

L'essentiel en Sciences

L'essentiel en sciences

C'est :

- Connaître le titre.
- Avoir compris tous les mots de la leçon.
- Se souvenir des documents (textes, photographies, croquis) observés en classe.
- Se souvenir des expériences faites en classe.
- Savoir mémoriser un texte de leçon et un croquis.
- Savoir réécrire le texte de la leçon.
- Savoir refaire les croquis avec tous les mots qui le complètent.

En mathématiques :

Je dois noter les théorèmes, les formules, les propriétés en rouge. Je les accompagne systématiquement d'exemples d'application ; ces exemples, je les choisis dans les corrigés des contrôles.

En physique chimie

Révisez votre cours

La manière dont vous révisez votre cours doit être systématique.
Planifiez votre étude en fonction des exigences.
Travaillez de manière active : pour chaque sujet à aborder.
Commencez par écrire le titre du cours au centre d'une feuille de papier. Puis essayez à l'aide des définitions et des explications figurant d'élaborer une trame, c'est-à-dire un diagramme de connexions indiquant tous les concepts attenants au sujet.
Imaginons que vous deviez revoir le comportement chimique des éléments du groupe 7. Prenez un bloc de papier de brouillon et un crayon. A présent, au fur et à mesure que vous lisez des informations appropriées, écrivez des notes, faites des petites listes, composez des phrases qui résument certains faits, établissez des équations, esquissez des diagrammes et portez-y les unités adéquates.
Ensuite, déchirez cette feuille de papier, fermez votre livre et essayez de reconstituer ces listes, équations, diagrammes et autres points importants.
Contrôlez enfin si vous avez retenu correctement ce qu'il fallait en dire.
Lorsqu'il s'agit d'apprendre les réactions propres à une famille de composés organiques tels que les alcools, faites plutôt appel à des fiches. D'un côté, écrivez-y l'équation décrivant chaque réaction des alcools que vous devez connaître. De l'autre côté, écrivez les noms des réactifs ainsi que les conditions opératoires.

La concentration

Voici comment procéder lorsqu'une idée étrangère à votre travail se présente à votre esprit :

- Procédez assez fréquemment à des « rappels à l'ordre » car les distractions sont nombreuses chez les personnes peu habituées à les vaincre.
- Gardez votre calme, ne vous énervez pas ; constatez la distraction.
- Ramenez votre esprit à ses occupations.
- Reprenez toujours votre lecture un peu avant l'endroit où vous avez pris conscience que vous aviez « bifurqué ». Cela est très important car un texte présente un enchaînement logique. En effet, en reprenant votre lecture vous êtes sûr que l'enchaînement se fera bien (mieux vaut commencer trop haut que trop bas).

Faire une fiche en Sciences

Lors des révisions

À présent, lors des révisions, il vous est conseillé d'examiner un des côtés de chaque fiche et d'essayer de restituer ce qui est inscrit de l'autre côté.
Exécutez les calculs dans le contexte des exemples de démarches à suivre. Recherchez, dans divers livres, des questions dont les réponses finales sont données en annexe afin de vérifier si votre mode de raisonnement a abouti à la réponse correcte.

Tâchez de retrouver des annales des examens antérieurs. Un même type de question relatif à une matière peut apparaître, année après année, avec seulement de minimes différences quant à la forme générale de l'énoncé. C'est précisément parce que tant de questions semblent resurgir à l'identique, chaque année, que vous devrez les lire avec la plus grande attention possible et ce, en vue de déceler les aspects particuliers que celles-ci recèlent, bref afin de répondre à la question exacte qui est formulée.
Vers la fin de votre programme de révision, il vous est possible de développer encore davantage votre esprit de synthèse, en testant l'état de vos connaissances vis-à-vis des connexions pouvant exister entre divers domaines.

Lorsque vous répondez aux questions d'un examen, regardez le barème des points attribués pour décider de ce qu'il faudra écrire. Une question dont la cotation est subdivisée en trois notes signifie sans nul doute que l'examinateur attend de vous trois informations distinctes. Si on vous demande, par exemple, de décrire un test chimique, une note correspondra probablement au réactif à employer, une autre aux conditions opératoires et la troisième à la description de ce qu'on observerait en cas de test positif.

Certaines questions vous invitent à écrire davantage de choses, avec des schémas et une infrastructure montrant que vous avez compris l'enchaînement logique du sujet à traiter.
Aucune note ne vous sera attribuée pour le plan que vous aurez esquissé en avant de votre réponse, encore que la présentation de ce plan vous aidera à écrire un texte bien structuré, avec de bons exemples, ce qui vous rapportera au total davantage de points.

Les choses à ne pas faire durant l'examen ou un devoir surveillé

- Recopier les questions : ne vous contentez pas de réécrire une question avec des mots différents
- Manquer de temps pour vous relire.
- Passer trop de temps sur une question facile.
- Adapter un théorème qui n'est pas approprié.
- Aller trop vite : une erreur en début de devoir peut vous « miner » toute la suite
- Vous bloquer trop longtemps sur une question difficile.

Conseil

On n'apprend pas à jouer du piano en lisant des articles sur les habiletés des grands pianistes ni en assistant à des concerts ; de même, vous n'apprendrez pas à résoudre des problèmes en lisant des solutions ou en regardant votre enseignant en résoudre. La résolution de problèmes vous aidera à comprendre des concepts présentés dans chaque chapitre et vous fournira l'occasion de mettre en pratique votre habileté à faire des approximations et à synthétiser des idées.
Efforcez vous de faire la quasi -totalité des problèmes de fin de chapitre.

Rédiger une copie

N'employez pas de fluides correcteurs. Il arrive fréquemment qu'on oublie de réécrire la correction voulue après avoir attendu que le fluide sèche.
N'employez pas d'encre rouge ou verte, celles-ci étant réservées aux examinateurs. Il est parfois tentant, par exemple, de dessiner des flèches incurvées en couleur pour mieux expliquer un mécanisme réactionnel. Choisir du rouge ou du vert pourrait vous être préjudiciable !

Faire une fiche en Sciences de la Vie et de la Terre

Chapitre 3

En SVT, je mets aussi en valeur toutes les formules ;
Je note toutes les définitions des mots-clés propres aux matières ,
Je refais des schémas étudiés en cours.

La lignée humaine. La place de l'homme dans le règne animal.

L'Homme est un eucaryote, un vertébré, un tétrapode, un amniote, un mammifère, un primate, un hominoïde, un hominidé :
ces caractères sont apparus successivement à différentes périodes de l'histoire de la vie.

1. Rappel de quelques définitions :

- Eucaryote : cellule qui comporte des compartiments cellulaires, en particulier le noyau différencié.

- Vertébré : le squelette comporte des vertèbres.

- Tétrapode : a 2 paires de membres latéraux antérieurs et postérieurs.

- Amniote : l'amnios est la membrane à l'intérieur de laquelle se développe l'embryon, à l'abri de la dessiccation.

- Mammifère : l'allaitement des jeunes.

- Primate : pouce opposable aux autres doigts.

- Hominoïde : faisant partie des grands Singes (anthropomorphes).

- Hominidé : caractères génétiques et comportement social.

- Homininé : données moléculaires et anatomiques.

L'Homme partage un ancêtre commun récent avec le Chimpanzé et le Gorille. Cet ancêtre commun n'est ni un Chimpanzé, ni un Gorille, ni un homme.
La divergence de la lignée des chimpanzés et de la lignée humaine peut être située il y a 7 à 10 millions d'années.

L'histoire de l'Homme a occupé une place infime dans l'immensité des temps géologiques et de l'origine de la vie.

Fiche

Méthode	**Définitions**
Eucaryote	Cellule+compartiments cellulaires + noyau différencié.
Vertébré	Squelette + Vertèbres
Tétrapode	2 paires de membres latéraux antérieurs et postérieurs
Amniote	Amnios = membrane où se dvpe embryon, à l'abri de tt.
Mammifère	Allaitement des jeunes
Primate	Pouce opposable aux autres doigts
Hominoïde	Gds Singes
Hominidé	Caractères génétiques + comportement social.
Homininé	Données moléculaires + anatomiques.

A vous de jouer !

Feed back : rapide, approfondi, fiches ...

Exercice 1 : Maintenant, c'est à vous de réaliser des fiches en appliquant les conseils.

Exercice 2 : Faites une fiche à partir de cette leçon de français :

Les procédés rhétoriques

Etudier la signification des mots dans un texte littéraire revient à comprendre le thème du texte, la réalité qui y est présentée et les procédés utilisés par l'auteur pour mettre en valeur ses idées ou émotions. Il faut être attentif aux relations qui peuvent unir les mots :

- Les **équivalences** de signification (la synonymie).
- Les **oppositions** de signification (l'antonymie).
- Les **transferts** de signification (comparaisons, métaphores, métonymies).
- Les figures d'**insistance** (répétition, accumulations ...).
- Les **réseaux** de significations (les champs lexicaux).

1) Les équivalences de signification, la synonymie

Il arrive fréquemment que dans un même énoncé un auteur substitue un terme à un autre. Ce faisant, il introduit des nuances qui peuvent encourager :

• Le **degré d'expressivité** : Certains mots peuvent traduire un jugement, fonction du registre de langue auquel ils appartiennent : pleurer (registre courant), chialer, pleurnicher (registre familier), gémir (registre soutenu).

• Le **degré d'intensité** : sale < dégoûtant < répugnant.

2) Les oppositions de signification

Les **antonymes** : mots qui s'opposent logiquement l'un à l'autre. Ils peuvent exprimer des mouvements contraires : monter/descendre ; des perceptions contraires : doux/rêche ...

L'antithèse et l'oxymore : sont deux figures de style qui créent une relation d'opposition expressive ou de contradiction entre deux termes ou deux idées, dans une même phrase ou un même groupe de mots.

- Ver de terre amoureux d'une étoile (V. Hugo) → Antithèse.
- S'il me perd, je prétends qu'il me retrouve en toi (Racine) → Antithèse.
- Cette obscure clarté qui tombe des étoiles (Corneille) → Oxymore.
- Le soleil noir de la mélancolie (Nerval) → Oxymore.

3) Les transferts de signification, relations d'analogie ou relations logiques

Les figures de style, fondées sur l'analogie, jouent sur les ressemblances entre les « objets » qu'elles comparent implicitement ou explicitement.

La comparaison souligne explicitement la ressemblance ; elle est introduite dans la phrase par : comme, ainsi, pareil à, sembler, on dirait ...

- Mais comme lune infuse dans mes veines.
  Celle tu fus, es et seras DELIE (M. Scève).
- Sur un clocher jauni
  la lune comme un point sur un i (A. Musset).

Les procédés rhétoriques (suite)

La métaphore met en parallèle deux termes ayant une caractéristique commune, mais sans mettre en évidence la relation qui les unit.

- Dans nos *deux esprits,* ces miroirs jumeaux. (C. Baudelaire).

- La nature est un temple où de *vivants piliers* (= les arbres). (C. Baudelaire)

I. Une métaphore filée est une image qui se poursuit en un long développement.

La métonymie rapproche deux termes liés non pas par la ressemblance mais par une contiguïté logique. Elle fonctionne par substitution et établit un rapport de voisinage expressif entre deux termes. Elle peut désigner une réalité en nommant seulement un de ses éléments.

- Ô mon *fils* ! Ô ma *joie* ... (Corneille).

II. Le mot joie se substitue au mot fils, la métonymie met en valeur la relation entre la cause et l'effet. Le fils est celui qui apporte la joie.

- Boire un *verre.*

III. Ici, la métonymie désigne le contenant pour le contenu.

4) Les figures d'insistance

- La **répétition**, la **redondance** et le **pléonasme**.

- L'**anaphore**, ou **répétition** d'un terme en début de phrase:

  Ce sang qui tant de fois garantit vos murailles
  Ce sang qui tant de fois vous gagna des batailles
  Ce sang qui tout sorti fume encore du courroux (Corneille)

- **La gradation**, ou l'**énumération** de termes de force croissante ou décroissante :
  - *Va, cours, vole* et nous venge. (Corneille)
  - Et ce masque nouveau qui *nous collait* au visage, qui se rétrécissait, *nous comprimait* le crâne, *nous meurtrissait*, *nous déformait* le cerveau.

- **L'accumulation,**
  - (...) *troncs, rameaux, feuilles, fibres, touffes, vrilles, sarments, épines* s'étaient mêlés (V. Hugo)

- **L'hyperbole** emploie un terme exagéré (grossit).

- **La litote** dit moins pour suggérer plus (atténue).

- **L'euphémisme** atténue une réalité.

- **L'ellipse** omet volontairement un élément de la phrase.

5) Les réseaux de signification ou champs lexicaux

A l'intérieur d'un texte, on appelle champ lexical l'ensemble des termes qui, par leur sens ou leur connotation, renvoient à un même thème, à une même réalité. Ces mots apportent au texte une cohérence.
Plusieurs champs lexicaux peuvent se combiner dans un même texte.

Exercice 3 :

Faites une fiche à partir de cette leçon d'économie :

Leçon 3 - L'emploi face à la précarité et au chômage

I. Travail et emploi

A. Approches économiques et sociologiques du concept de "travail"

1) La conception économique

Le travail est considéré comme une activité de production. La définition économique de cette notion ne prend donc en compte que le travail productif, c'est-à-dire le travail qui produit des biens et/ou des services et qui peut être rémunéré en monnaie ou en nature.

Exemples :

- en monnaie (emploi comme ouvrier dans une usine automobile ou travail au noir comme réparer la voiture de ses voisins et se faire payer ce service)
- en nature (réparer la voiture de ses voisins en échange d'un poulet ou de la garde des enfants)

2) L'approche sociologique

Le travail est un élément essentiel de la vie sociale dans les sociétés occidentales comme la nôtre. Il est considéré comme un moyen d'épanouissement et de satisfaction personnelle permettant la construction de l'identité sociale de l'individu. C'est parce que l'individu produit qu'il est estimé comme utile à la société.

Le fait de travailler est valorisé par la société ; au contraire, celui qui ne travaille pas est le plus souvent mal vu par la collectivité. Le travail est essentiel pour l'individu non seulement parce qu'il lui confère un statut social, c'est-à-dire une place dans la société en fonction de son activité professionnelle, mais également parce qu'il conditionne le regard que les autres portent sur l'individu. Les personnes sans travail se sentent souvent inutiles parce qu'elles ne participent pas à la production de la société.

Cependant, il faut être conscient que, dans d'autres sociétés (les sociétés africaines par exemple), le travail n'a pas du tout la même signification. On travaille pour ses besoins ni plus ni moins. Le reste du temps est consacré à la famille, aux cérémonies rituelles et aux loisirs. On ne travaille pas pour travailler mais pour répondre à des besoins présents.

L'INSEE retient le travail rémunéré déclaré pour définir la notion de travail.

S'ajoutent à cette définition, deux restrictions. L'INSEE établit la définition de la population active selon deux critères qui sont : **l'âge** (être en âge de travailler c'est-à-dire avoir plus de 15 ans) et le fait **d'exercer une activité professionnelle** ou de **déclarer en chercher une** si la personne n'en a pas.

3) Distinctions

On distingue le travail déclaré et le travail non déclaré :

- Le travail déclaré : C'est le travail qui s'effectue dans le cadre d'un emploi, d'une activité professionnelle reconnue officiellement. On dit qu'il est déclaré car la rémunération est soumise aux prélèvements obligatoires (c'est-à-dire aux impôts et cotisations sociales comme pour les retraites...)

- Le travail "non déclaré" ou "informel» : C'est une activité rémunérée et non déclarée c'est-à-dire sur laquelle le travailleur et celui pour lequel il travaille ne paient pas de charges

sociales.
[Informel : qui n'est pas reconnu officiellement, déclaré.]
Exemples :

==> *activité domestique ou travail domestique* : activité ou travail pratiqué à l'intérieur d'un ménage mais qui n'est pas rémunérée sauf si elle fait l'objet d'un échange de services. Ce travail produit un bien (ex : repas...) ou un service (ex : laver le linge...) mais il n'est pas reconnu au même titre qu'un emploi, qu'une activité professionnelle.
==> *travail au noir* : travail rémunéré qui pourrait être effectué par un professionnel en étant déclaré. (Exemples : un garagiste qui répare la voiture de son voisin chez lui).
==> *travail clandestin* : activité illégale/illicite c'est-à-dire contraire à la loi, défendue. L'ensemble de ces activités constituent ce que l'on appelle "l'économie souterraine". (Exemples : prostitution, drogue, contrebande...)

B. L'EMPLOI:

Un emploi est un travail rémunéré auquel est attaché un statut d'employeur, de salarié, de travailleur indépendant. C'est l'exercice d'une profession rémunérée établie par un statut.

[Statut = ensemble de textes qui règlent la situation d'une personne (au sens juridique), situation de fait dans la société, position.]

==> Relation salariale et contrat de travail : convention par laquelle le salarié s'engage à mettre son activité à la disposition d'un employeur. Il est sous son autorité on dit que le salarié se subordonne à ce contrat. Il perçoit une rémunération en contrepartie de son activité.

- salarié : travailleur qui reçoit une rémunération (appelé le salaire) dans le cadre d'un contrat de travail qui le lie à un "employeur".
- employeur : personne ou entreprise employant du personnel auquel elle verse un salaire.

==> Travailleur indépendant : le travailleur qui est son propre employeur. Exemple : médecin généraliste, avocat ayant son propre cabinet...

On a donc deux statuts d'emploi : **salarié ET travailleur indépendant.**
(NB: le salariat est le statut qui concerne la majorité de la population active.)

Pour les salariés, on distingue l'emploi typique de l'emploi atypique.
L'emploi typique est celui qui se déroule dans le cadre d'un CDI à temps plein.
L'emploi atypique correspond à toutes les situations d'emploi.

Exercice 4 :

Faites une fiche sur cette leçon d'anglais.

Les pays de langue anglaise / English speaking countries

- **English in the world**

Britain used to have a lot of colonies in America, Africa, Asia.
They gradually became independent. After **the loss** in 1776 of 13 colonies which formed the USA, Britain adopted the **dominion** system of giving its overseas territories almost complete independence.

Today the **British Commonwealth** officially replaces the British Empire. The old British Empire came to an end with World War II. With the new British Commonwealth, the colonies were given a choice : They could break all ties with Britain or stay within the Commonwealth. A lot of them decided to stay in the Commonwealth.

- **Some English speaking countries :**

1 - Australia
Before it was discovered by the Europeans, it was inhabited by **the Aborigines**.
In 1770, Captain Cook discovered the place. Later, Australia became a British dependency used as a penal colony. It is the reason why the first immigrants were convicts.
In 1851 and 1892 gold rushes attracted large number of settlers.

2 - Canada
It was discovered by French and English explorers. In the 18th century England and France fought over Canada. England defeated France and France had to cede its territories. Canada was proclaimed a self-governing Dominion within the British Empire in 1931. Today, Canada has two official languages : English and French.

3 - Ireland :
The British offered dominion status to **Ulster** (6 counties) and Southern Ireland (26 counties) in 1921.
The constitution of The Irish free State, a British dominion was adopted in 1922. The Republic of Ireland became an independent country in the British Isles. Northern Ireland remains part of **the United Kingdom.**

4 - South Africa :
This country borders Namibia, Botswana, Zimbabwe, Mozambique and Swaziland. It comprises four provinces : The Cape, Natal, Transvaal and the Orange Free State.
The settlement was begun by Dutch who established a colony at Cape Town. They imported many black slaves. In 1815, the British took control of the situation. The Union of South Africa was formed in 1910. South Africa became a member of The Commonwealth. In the fifties, Apartheid was developed. In 1961, the country withdrew from the Commonwealth.

Because of racial problems, South Africa remained politically, economically and commercially isolated from the rest of the world. The situation has been improving since 1990 and in 1993 the economic sanctions imposed by **UN** were lifted.

A vous de jouer !

Chapitre 3

Vocabulary

the loss :	la perte
overseas :	outremer / étranger
a tie :	un lien
a convict :	un prisonnier / un détenu (plus exactement)
to defeat :	battre
to remain :	rester
to border :	avoir une frontière avec
to comprise :	comprendre
to improve :	s 'améliorer
to lift :	lever

DO NOT FORGET

Verbes irréguliers :

to become, became, become :	devenir
to come, came, come :	venir
to begin, began, begun :	commencer
to take, took, taken :	prendre
to fight, fought, fought :	combattre
to withdraw, withdrew, withdrawn :	se retirer

Bilan auto correctif

Chapitre 3

1- Pour apprendre une leçon,
a) j'emprunte les fiches de l'un de mes camarades
b) je fais mes propres fiches.

2- Pour apprendre une leçon d'histoire,
a) je suis obligé de faire une frise.
b) je choisis la forme de fiche qui me convient le mieux.

3- Pour faire ma fiche,
a) je relis ma leçon afin de relever les idées principales.
b) je rédige directement ce que je sais.

4-Pour rédiger ma fiche,
a) je n'ai pas besoin de soigner la présentation.
b) je soigne correctement ma fiche.

5- Pour faire une fiche en géométrie,
a) cela ne sert à rien de retenir les figures, c'est trop long à tracer.
b) je reproduis la ou les figures à connaître par cœur.

6- Pour retenir le vocabulaire en anglais,
a) je l'apprends au fur et à mesure des leçons, je m'en souviendrai bien à la prochaine leçon.
b) je me fais un répertoire avec les mots nouveaux pour chaque leçon.

7- Sur ma fiche, je note
a) toute la leçon.
b) les idées les plus importantes.

8- Pour bien apprendre la leçon,
a) il suffit de faire une fiche.
b) il faut la comprendre, retenir l'essentiel par exemple en faisant une fiche, puis approfondir les notions apprises.

QCM N°1

1. Une dissertation, c'est avant tout :
A. Répéter son cours.
B. Présenter une analyse pertinente d'un sujet donné et l'illustrer précisément.
C. Donner son avis personnel sur la marche du monde.
D. Je ne sais pas.

2. Lorsque je découvre le sujet de dissertation :
A. Je prends le temps de le lire attentivement et de m'interroger sur son sens.
B. Je fais tout de suite la liste des idées de cours dont je peux me servir.
C. Je pense aux notions que je vais pouvoir utiliser.
D. Je ne sais pas.

3. Pour trouver des idées :
A. Je ne prends que des idées issues des textes du corpus.
B. Je ne prends que des idées de cours.
C. Je peux prendre des idées des textes du corpus, mais aussi du cours, et de mes lectures.
D. Je ne sais pas.

4. Je peux envisager un plan :
A. En une seule partie : pourquoi compliquer les choses ?
B. En deux ou trois parties.
C. En six parties, qui illustrent chacune une notion du sujet.
D. Je ne sais pas.

5. Dans ma dissertation :
A. Je défends mon point de vue.
B. Je défends le point de vue que m'indique le sujet.
C. J'essaie de présenter une vision nuancée.
D. Je ne sais pas.

6. Dans ma dissertation :
A. J'emploie le «je» : c'est mon avis que l'on me demande.
B. Je ne m'implique jamais : j'écris « les gens pensent que...»
C. Je tâche d'employer surtout des tournures impersonnelles.
D. Je ne sais pas.

7. Pour l'introduction :
A. Je n'ai pas besoin de reprendre le sujet.
B. Je recopie intégralement le sujet, consignes comprises.
C. Je rappelle le sujet, et j'y intègre implicitement la démarche donnée par les consignes.
D. Je ne sais pas.

8. A la fin du devoir :
A. Je ne relis pas.
B. Je relis une fois.
C. Je relis plusieurs fois.
D. Je ne sais pas.

QCM N°2

1. Mon étude de texte
A. suit l'ordre du texte.
B. doit rendre compte de l'extrait selon deux ou trois axes.
C. comporte obligatoirement deux parties : 1. le fond 2. la forme.
D. je ne sais pas.

2. Mon introduction :
A. comporte deux étapes.
B. comporte trois étapes.
C. comporte six étapes.
D. Je ne sais pas.

3. Sur ma copie :
A. je fais apparaître mon plan détaillé.
B. je ne mets que les titres des grandes parties.
C. tout est rédigé. Les mots de liaison et les transitions indiquent la progression de mon commentaire.
D. je ne sais pas.

4. Ma conclusion :
A. Je me contente de dire si j'ai aimé ou pas le texte.
B. Je résume ce que j'ai dit dans mon commentaire et j'élargis le propos.
C. Je récite ce que l'on a vu en cours sur le sujet.
D. Je ne sais pas.

5. La relecture :
A. Je ne relis pas mon commentaire, je n'ai pas le temps.
B. Je relis mon commentaire plusieurs fois.
C. Je relis mon commentaire assez rapidement, une fois.
D. Je ne sais pas.

6. Les titres des oeuvres sont :
A. soulignés.
B. mis en écriture penchée.
C. mis entre guillemets.
D. je ne sais pas.

7. Je rédige :
A. l'ensemble de mon devoir directement sur la copie.
B. l'ensemble de mon devoir au brouillon.
C. mon introduction, mon plan détaillé et ma conclusion au brouillon. Mon commentaire directement sur la copie.
D. je ne sais pas.

8. Les exemples:
A. il faut en avoir le plus possible.
B. doivent toujours être expliqués, exploités.
C. Ne sont pas nécessaires.
D. Je ne sais pas.

QCM N°3

1. Lorsque je découvre le sujet d'invention:
A. je me lance dans l'écriture : je suis inspiré(e)!
B. je regarde attentivement les consignes.
C. je recopie le texte initial pour en changer quelques mots et quelques tournures.
D. je ne sais pas.

2. Je rédige :
A. tout mon devoir sur le brouillon.
B. tout mon devoir sur la copie.
C. moitié sur le brouillon, moitié sur la copie.
D. je ne sais pas.

3. Si l'on me demande d'imiter un texte :
A. je me lance de suite dans l'écriture.
B. je dois d'abord regarder attentivement le texte de départ.
C. je regarde les autres textes pour trouver des idées.
D. je ne sais pas.

4. Si l'on me demande de continuer un texte :
A. Libre à moi de changer des choses, mais je dois le dire.
B. je dois respecter la situation de départ puisqu' on ne me dit pas de la changer.
C. J'ai une totale liberté.
D. Je ne sais pas.

5. A la fin
A. Je n'ai pas le temps de relire.
B. Pas la peine de relire : j'ai déjà relu mon brouillon.
C. Je relis quand même : il peut y avoir encore des fautes.
D. Je ne sais pas.

6. Pour le sujet d'invention :
A. On n'a pas besoin de connaissances littéraires.
B. Impossible de se lancer si on n'est pas très bon en littérature.
C. Il faut connaître certains «trucs» et faire preuve de créativité!
D. Je ne sais pas.

QCM N°4

Exercice SVT :

1. L'introduction doit :
A. présenter votre conclusion.
B. contenir une définition et obligatoirement un historique.
C. contenir une définition, parfois un historique et présenter un développement.
D. Je ne sais pas.

2. Je dois utiliser mon brouillon pour :
A. marquer les choses inutiles.
B. mettre en évidence les mots-clés et les points importants.
C. tout rédiger avant de l'écrire sur la copie à rendre.
D. Je ne sais pas.

3 Le développement doit contenir :
A. une introduction.
B. des étapes successives.
C. une conclusion.
D. Je ne sais pas.

4. Une conclusion doit comporter :
A. un résumé de ce qui a été fait dans le développement.
B. un bilan de la problématique et démontrer que cette dernière a bien été résolue.
C. doit présenter l'introduction.
D. Je ne sais pas.

5. Les connaissances pour exploiter des documents (II a) de SVT doivent :
A. évaluer les capacités d'analyse du lycéen.
B. n'avoir aucun rapport avec le programme étudié par l'élève.
C. différer de la matière de SVT.
D. Je ne sais pas.

QCM N°5

1. Le schéma peut être élaboré :
A. A l'encre de Chine.
B. Au crayon à papier.
C. Les couleurs sont acceptées.
D. Je ne sais pas.

2. Le schéma peut comporter :
A. Des traits qui se croisent si ces derniers sont en rouge.
B. Des traits qui ne se croisent pas.
C. Les fautes concernant l'orthographe sont admises si les mots scientifiques sont difficiles.
D. Je ne sais pas.

3. Le schéma doit être :
A. En rapport avec l'énoncé.
B. Ecrit avec des feutres.
C. Présenté sans titre.
D. Je ne sais pas.

4. Le papier millimétré :
A. Peut être utilisé si cela est demandé.
B. Doit être utilisé systématiquement.
C. Peut être utilisé avec l'encre rouge.
D. Je ne sais pas.

5. L'historique dans une introduction est :
A. Obligatoire.
B. Avant la définition.
C. Conseillé.
D. Je ne sais pas.

Bilan,
Ce que je dois retenir

Les "indices" à retenir par matières

FRANCAIS	HISTOIRE-GEO	MATHS	SVT et SCIENCES PHYSIQUE	ANGLAIS (et autres langues)
- les mots importants en littérature. - les tableaux de grammaire et de conjugaison - les fiches biographiques - les fiches de lecture	- les personnages, dates, événements - les frises - les cartes	- les figures en géométrie - les formules en algèbre - les exemples d'application	- les expériences faites en classe - les formules - les définitions des mots-clés - les schémas vus en cours	- les tableaux de grammaire et de conjugaison - vocabulaire à noter dans un répertoire

Notes :

Chapitre 4

Préparer un examen, méthodologie pour le bac

Conclusion et rédaction du dossier d'enquête.

Chapitre 4

Tout semblait concorder. Oui, Monsieur Souris était le parfait coupable. Le livre sur le Japon, le portable de Monsieur Delfino, son goût prononcé pour détruire tout espoir de réussite au baccalauréat, et pour cause mon ami Lucas en faisait les frais 2 heures 30 par semaine. Il voulait se venger de tous les élèves de toute sa carrière qui lui avaient causé tant de soucis. Oui, nos bavardages intempestifs, nos plaisanteries à répétitions qui nous faisaient tant rire, et la fameuse et tragique note de pressing qu'il dut payer le jour de Mardi Gras à cause d'une malheureuse projection d'œuf sur son costume beige à carreaux par l'un de nos camarades de Seconde, qui fut renvoyé après coup. Oui, tout cela avait peut-être attisé sa haine contre nous.

Il fallait que je rédige mon dossier d'enquête pour le présenter à la classe le lendemain. Je devais réunir toutes les preuves et justifier ma conclusion. Je passais toute la soirée sur mon bureau. Mon chat me regardait d'un œil inquiet, couché sur mon lit. Normal, cela faisait depuis la classe de CP que je n'étais pas restée aussi longtemps assise, un stylo à la main. Courage, plus que quelques heures et la vérité éclaterait au grand jour, le coupable ne finirait pas l'année sans un scandale et nous serions vengés.

Après avoir pris des notes minutieuses sur le cheminement de cette enquête sur une fiche bristol, je les ai relues et relues afin de faire un bilan concret :

- Tous les casiers et les affaires des profs volés sauf les affaires de Mr Delfino, professeur de physique car celles-ci étaient dans le casier de Mme Laroche.
- Vérification de tous les emplois du temps des élèves. Ce n'était pas une mince affaire car j'ai dû sympathiser ou me faire connaître auprès d'un élève par classe. Bien sûr, j'y suis arrivée avec l'aide de mon ami Lucas. D'ailleurs, Lucas et ses amis étaient les derniers à partir du lycée. J'ai donc supposé que d'autres s'étaient réintroduits dans l'enceinte de l'établissement.
- Question primordiale pour résoudre cette enquête : « Pourquoi avoir volé les devoirs de « Défi physique ? », un devoir commun à toutes les secondes. Par conséquent, l'étau se resserre autour des élèves de seconde.
- Doutes qui se confirment avec un mot truffé de fautes retrouvé dans le casier de Lucas. Mot qui nous était adressé bien évidemment.

Plus je relis mes notes, plus je pense que les coupables se trouvent parmi les élèves de seconde. Avec Lucas, nous avions remarqué qu'un groupe de garçons de seconde Y épiait nos faits et gestes. « Se sentaient-ils concernés, visés ? »

Cette histoire devient une obsession ; plus le temps passe et plus nous avons de chance ou de risque, selon l'espérance de réussite de chacun, de repasser l'examen « Défi physique ». Je me demande si justement ce n'était pas pour cette raison que l'on avait volé les copies et, pour dissimuler les preuves, volé tous les casiers des professeurs. Pas tous car celui de Mr Delfino a été épargné, justement épargné car les copies n'y étaient pas.

Je m'endormais sur les coups de minuit, heureuse d'avoir fondé mes hypothèses. Cependant, je fis un cauchemar pendant la nuit. Il y avait Monsieur Souris qui me montrait du doigt. Toutes les preuves tournaient autour de moi, de plus en plus vite, le portable, le livre, le bout de papier. J'étais encerclée et je ne pouvais plus rien voir d'autre. Je fus prise d'une sorte de vertige dans mon rêve, vertige qui me réveilla. Eurêka, j'avais oublié une preuve ! Je me rendormais péniblement, pensant aux conséquences de ce rêve.

Conclusion et rédaction du dossier d'enquête.

Chapitre 4

Après quelques heures de sommeil, un petit déjeuner pour me donner des forces, je filais en direction du lycée avec mon dossier d'enquête dans le sac à dos.
J'en parle à mon ami Lucas et ensemble, nous avons décidé de faire courir la rumeur comme quoi nous connaissions les noms des coupables.
La nouvelle s'est répandue et à la sortie du lycée, un groupe de garçons de seconde Y nous attendait Lucas et moi. L'un d'eux, certainement le leader, nous dit : « on peut vous parler à un endroit plus discret ? ».
Nous acceptons et nous les suivons jusqu'au parc, appelé le « parc des amoureux ».
Le leader nous dit : « vous nous avez démasqués ! Nous avions « planté » le devoir « défi physique » et nous voulions nous donner une nouvelle chance et le refaire. Nous avons volé tous les casiers pour « brouiller » les pistes. Ceci dit, toutes les affaires ont été dissimulées dans le gymnase. »
Moi, je lui ai répondu : « c'est toi, qui as écrit le petit mot ? Eh bien si c'est toi, tu devrais prendre le temps de te relire et corriger tes erreurs. Ce sont des fautes d'étourderie ! Quant au devoir, vous auriez dû vous organiser pour apprendre les leçons régulièrement puis faire des fiches de révisions. » J'étais certainement mal placée pour donner des leçons car moi-même avant de mener cette enquête, je ne savais pas travailler mais chut ! Maintenant, je sais quelles sont les méthodes à utiliser.
Lucas, mon compère, est intervenu et nous a proposé d'aller chercher les affaires puis les contrôles pour les rendre et dire toute la vérité à Mme Laroche, la surveillante générale.
Après avoir expliqué la situation à Mme Laroche, puis à Mr Brécourt, le proviseur de notre établissement, ils ont décidé de convoquer le corps professoral pour se mettre d'accord sur la sanction à prendre.
La réunion ayant eu lieu et la décision rendue : « le devoir ne sera pas refait et c'est celui qui a été subtilisé puis rendu, qui comptera. Tant pis, pour ceux qui ne l'auront pas réussi, il n'y aura pas de session de rattrapage ! Le groupe de garçons, coupables du délit, sont priés de rester tous les soirs jusqu'à 19h30 (l'heure à laquelle le délit avait été commis), et ce jusqu'à la fin de l'année. Ils devront revoir toutes les méthodes de travail appropriées et les appliquer dans leur travail personnel (devoirs) avec les conseils avisés de Charlotte et Lucas. »
Lucas et moi, nous étions à la fois surpris et fiers d'avoir réussi notre enquête puis avoir trouvé un « chemin fiable et sûr » pour nous mener à la réussite scolaire dans de meilleures conditions.
A vous de travailler comme les garçons « punis » de seconde Y, avec un engagement régulier, en groupe, en faisant des fiches de révision...Sans oublier que vous travaillez pour vous-même, et si vous ne le faites pas, vous serez les premiers à en subir les conséquences ! Motivez-vous !
Bonne chance et bonne réussite à vous tous !

Voici comment finit mon enquête et comment commença ma quête de savoir.

FIN

Elaborer un plan

Réaliser un plan une introduction, et une conclusion

Rédiger le dossier d'enquête
Si Charlotte a trouvé toutes les hypothèses qu'elle voulait, tout n'est pas fini pourtant pour elle ! Bien rédiger et bien présenter son devoir comme le dossier d'enquête de Charlotte, c'est important pour avoir tous les points au contrôle et même aux épreuves, que ce soit en français, en histoire, en géographie, en mathématiques, en sciences, ou en philosophie !

Le feed back de Charlotte

Niveau 1 → Elaboration d'un plan reprenant les idées principales de ce qui a été vu
Niveau 2 → Développement, approfondissement des notions. Conclusion.
Aidons Charlotte à effectuer son dernier feed back sur son enquête !

Feed back de Charlotte
Niveau 1

Notions essentielles

Chapitre 1 : ....
....
....

Chapitre 2 : ....
....
....

Chapitre 3 : ....
....
....

Feed back de Charlotte
Niveau 2

Notions essentielles

Chapitre 1 : ....
....
....

Chapitre 2 : ....
....
....

Chapitre 3 : ....
....
....

La copie - Les étapes de l'élaboration du plan

- Si j'ai un document, je repère de quel type de document il s'agit.
- Si c'est une question que je dois traiter en une vingtaine de lignes, voire plus, je lis attentivement l'énoncé de l'intitulé et je repère les mots importants.
- Dans tous les cas, je ne passe pas plus de la moitié du temps à travailler au brouillon, le reste étant consacré à la rédaction finale.
- Je ne rédige pas tout mon devoir au brouillon ; je note les idées avec des exemples.
- Puis je trouve un plan qui va me permettre de classer et organiser mes connaissances.

→ Je fais un plan qui comprend plusieurs parties avec des sous - parties.
Le plan doit être logique et progressif.
Je ne dois pas me répéter !

→ Dans mon devoir, il doit y avoir :
- une introduction.
- un développement en 2 ou 3 parties maximum.
- une conclusion.

→ Je saute une ligne entre l'introduction, les grandes parties et la conclusion.
Je vais à la ligne à chaque sous - partie.

L'introduction et la conclusion

Une fois que le plan est trouvé, je rédige l'introduction et la conclusion à la suite et au brouillon.

L'introduction :

- L'introduction doit être claire et elle doit apparaître nettement dans la présentation du devoir.
- Elle présente le contexte du sujet à traiter.
- Elle donne la problématique, c'est-à-dire la question qui va articuler le devoir.
- Elle propose le plan qui répondra le mieux à la problématique.

La conclusion :

- Elle montre que le sujet a été traité convenablement.
- Elle répond à la question posée dans l'introduction.
- Elle peut envisager une ouverture, c'est-à-dire un élargissement du sujet.
- L'introduction et la conclusion sont les seules parties rédigées au brouillon.

Rédaction finale

• **Conseils de base :**
Je consacre l'autre moitié du temps dont je dispose pour rédiger tout mon devoir.
Je mets en relief les idées importantes.
Je fais attention à l'orthographe et au style.
Mon devoir doit être bien présenté et soigné.
Je consacre 10 minutes à la fin pour me relire.

• **Le style :**
Mon devoir ne doit pas être répétitif ; il ne doit pas être rédigé en termes familiers.
J'enrichis mon style en cherchant des synonymes pour remplacer les mots, les verbes trop courants.

• **Je veille à bien utiliser la ponctuation :**
- Le point (.) le point d'exclamation (!) le point d'interrogation (?) indiquent la fin d'une phrase.
- Le point virgule (;) sépare deux propositions liées par le sens.
- Les … soulignent l'énumération inachevée.
- La , sépare les termes d'une énumération ou des propositions juxtaposées.
- Les : précèdent une explication.
- Les ( ) et les - isolent un mot ou un groupe de mots pour donner une information complémentaire.
- Les « .. » encadrent un discours, une citation rapportée.
- Les […] indiquent une citation coupée.

• Les mots de liaison sont essentiels, il faut savoir les utiliser au bon moment : VOIR ANNEXE

• **Il y a certaines expressions que je dois éviter comme :**

Ne dites pas	Dites plutôt
Se baser sur	se fonder sur
Je m'accapare	j'accapare
Pallier aux insuffisances	pallier les insuffisances
Ok	d'accord
Ça	cela
Au dentiste	chez le dentiste

• **Je dois veiller au respect des accords** des participes passés et des adjectifs. Il faut donc réviser les règles des accords. Pour cela je révise ma grammaire.

Les transitions et enchaînements

Chapitre 4

Vous n'oubliez pas, au cours de votre rédaction, de soigner les enchaînements et transitions, éléments indispensables d'une démonstration logique et rigoureuse.

a. Les enchaînements

Ils assurent la liaison nécessaire entre les divers paragraphes d'une partie. Vous devez faire sentir que chaque idée développée est indissociable de celles qui la précédent, qu'il n'y a aucune rupture entre les unes et les autres. Les enchaînements servent donc à assurer l'unité, la cohérence des paragraphes qui découlent d'une même idée directrice.

b. Les transitions

Le rôle des transitions (et leur place) n'est pas le même ; il s'agit cette fois de relier entre elles les diverses parties de votre développement. Si vous avez construit votre plan sur trois parties, vous avez deux transitions à rédiger soigneusement (entre la première et la deuxième partie, entre la deuxième et la troisième partie).

Il existe deux types de transitions :

- Les deux parties que vous devez relier développent deux idées directrices qui s'opposent ; votre transition doit apporter une conclusion partielle sur la première et montrer que le problème peut être envisagé sous un angle radicalement différent (ce sera l'objet de la seconde partie).
- Les deux parties que vous devez relier ne s'opposent pas, mais sont d'une tonalité différente ; votre transition doit montrer qu'une perspective nouvelle s'ouvre, donnant une autre vision du problème débattu.

Pour lier vos idées et rendre, ainsi, votre devoir clair et cohérent, n'oubliez pas que différents outils grammaticaux sont à votre disposition (adverbe, conjonctions de coordination et de subordination).

Valeurs logiques	**Outils grammaticaux**
Adjonction	Et Puis, Ensuite, Ainsi que, Aussi, Bien plus, Plus, Encore, D'ailleurs.
Disjonction	Ou ... ou, Soit (que) ... soit (que), Tantôt ....tantôt, D'une part .....d'autre part.
Opposition	Mais, Au contraire, Pourtant, Cependant, Néanmoins, Toutefois, En revanche, Bien que, Quoique.
Cause	Car, En effet, Effectivement, A savoir, Parce que, Puisque, Comme.
Conséquence	Donc, C'est pourquoi, Par conséquent, Aussi, Ainsi, Alors, Par suite, Si bien que.

La rédaction

Chapitre 4

1) La présentation de la copie

Elle doit être très claire et montrer d'emblée à votre correcteur que le devoir a été construit, structuré. Séparez donc bien éclairement l'introduction du développement. Chaque partie comprendra des paragraphes qu'il conviendra également de faire apparaître en allant à la ligne.

Chaque fois que vous allez à la ligne (nouvelle partie du devoir, nouveau paragraphe d'une partie du développement), commencez à écrire quelques centimètres en retrait par rapport à la marge. Ces conseils vous sembleront bien scolaires mais ces petits détails contribuent à faciliter la lecture.

Par ailleurs, adoptez une écriture lisible : on ne vous demande pas d'être calligraphe mais de présenter un texte clair.

2) Le problème des citations

Lorsque vous citez le nom d'un auteur, vous ne devez pas le souligner ; en revanche, vous devez souligner le titre d'une œuvre et non le mettre entre guillemets.

<u>Exemple :</u> <u>Le Rouge et le Noir</u> (de Stendhal).

Si vous citez une phrase, mettez-la entre guillemets et efforcez-vous qu'elle s'insère parfaitement dans la suite complète ; évitez, entre la citation et votre phrase, les changements de personne, de temps, respectez l'enchaînement syntaxique, etc. Si vous citez quelques vers, allez à la ligne pour chaque vers et commencez toujours par une majuscule.

3) La rédaction

Un devoir, quelle que soit la discipline, doit être rédigé dans une langue correcte : relisez-vous, corrigez les fautes d'expression et de syntaxe, veillez à ce que l'ensemble soit clairement et correctement rédigé. Il s'agit de communiquer par écrit vos connaissances et votre réflexion : rejetez les familiarités, des formules approximatives voire fausses, les phrases trop longues, confuses, dans lesquelles vous risquez de perdre le fil directeur de votre raisonnement. Mais ne recherchez pas non plus à tout prix les formules pédantes (dont vous ne connaissez peut-être pas très bien le sens) et bannissez les clichés. Enfin, surveillez l'orthographe.

Préparer un examen

Chapitre 4

Réactiver les acquis

Il faut toujours faire des « rappels », c'est ce que l'on appelle des feed-back. Toutes les leçons faisant partie du programme quelle que soit la matière, sont liées entre elles. Le premier chapitre aura un lien avec le deuxième, et ainsi de suite. C'est pour cela qu'il faut toujours faire des retours en arrière et revoir les points basiques de ces leçons. Il est évident que l'on ne peut pas avancer si les points précédents ne sont pas acquis ; on ne fait que cumuler les lacunes et se laisser submerger par ses difficultés. Face à elles, on perd sa motivation et son énergie. Ce serait dommage de se « laisser-aller » alors que l'on est capable de suivre le programme et de répondre aux demandes des professeurs.

Refaire des exercices (exercices d'application, exercices non réussis ayant posé problème…)

Pour savoir si on connaît bien sa leçon, il faut s'auto-évaluer mais aussi refaire les exercices d'application qui vous permettront de voir que les différents points du cours sont acquis. Par ailleurs, il ne faut surtout pas négliger les exercices qui vous ont posé problème car si vous ne comprenez pas vos difficultés, vous allez certainement les répéter.

S'entraîner avec différents sujets (s'identifier au professeur ou à l'examinateur, qu'attendent-ils de moi ? Que dois-je être capable de faire ?...)

Tout au long de l'année, les professeurs vous donnent un enseignement conforme aux programmes dictés par l'Education Nationale. Autrement dit, ils vous entraînent aux épreuves écrites et orales du baccalauréat. Ils vous proposent des sujets, à faire en cours, en contrôle puis à la maison. Mais de vous-même, vous pouvez regarder les sujets qui ont été donnés les années précédentes sur Internet ou directement dans les annales de bac.

Se préparer psychologiquement et physiquement

Un examen ne se prépare pas la veille mais dès la rentrée scolaire. Il faut immédiatement acquérir un rythme de travail constant et régulier puis mener une « vie saine ». Ceci demande une certaine explication. En effet, pour être en forme, performant et énergique, il faut bien manger, de manière équilibrée, des aliments essentiels à notre cerveau, bien dormir (huit heures sont nécessaires), puis faire du sport pour décompresser et s'oxygéner.

« Un esprit sain dans un corps sain ».

Aussi est-il important de se motiver en se fixant les bons objectifs : orientation adaptée, profession qui vous paraîtrait intéressante…) ; puis cultiver une certaine confiance en vous : vous êtes tous aussi capables que les autres. On dit bien que « quand on veut, on peut ».

Gérer son stress et son temps

Pour préparer les contrôles et les épreuves du bac, il va falloir être méthodique, là aussi.

Voici quelques conseils qui vous permettront d'être plus sereins le jour des épreuves. A vous, maintenant, de gérer votre stress, votre temps et de bien réviser !

- La veille du contrôle, je me couche à une heure convenable car un bon sommeil permet une meilleure concentration.
- Je ne me lève pas plus tôt pour relire une dernière fois mes cours, cela est une source de stress !
- Je prépare ma convocation et ma carte d'identité la veille afin de partir sans stress !
- Je prends un bon petit déjeuner, cela est nécessaire pour avoir de l'énergie lors des contrôles.
- Je prévois une petite bouteille d'eau et un en-cas.
- Dès que je suis installé(e) et que j'ai en main les sujets, je me mets au travail sans perdre une minute.
- Je viens avec tout mon matériel pour éviter de perturber la classe et surtout pour éviter d'être dans l'impossibilité de faire correctement mes exercices.
- Je consacre la moitié du temps au brouillon, pas plus, car je n'aurai pas le temps de rédiger le travail.
- Je consacre au moins 10 minutes à la relecture, pour corriger mes fautes éventuelles. Il faut laisser une bonne impression au correcteur.

Pistes de lecture
Chapitre 4

Développer sa culture

Pistes de lecture

Si vous désirez vous préparer, élargir ou approfondir votre culture littéraire, voici quelques suggestions. Il va de soi que ce ne sont que des suggestions de difficultés variées et que les œuvres longues peuvent être lues en extraits. N'hésitez d'ailleurs pas à parcourir des anthologies, comme il en existe beaucoup dans des éditions parascolaires. Ce sera peut-être là l'une des clés de votre réussite, sans négliger bien sûr la lecture d'œuvres intégrales.

Il est évident que limiter une œuvre à un objet d'étude serait affreusement réducteur et que, pour l'essentiel, les suggestions données ici peuvent se rattacher à plusieurs thèmes. Par exemple, l'étude des *Confessions* de Rousseau peut s'inscrire à la fois dans celle du mouvement des *Lumières*, de l'argumentation et du biographique. C'est là toute la richesse de la littérature…

Le roman et ses personnages : visions de l'homme et du monde

A partir de la rentrée scolaire 2007, un nouvel objet d'étude est proposé aux élèves (toutes séries) de la classe de 1ère en français. Il s'agit d'aborder le roman comme une forme littéraire privilégiée de représentation de l'homme et du monde. En situant une œuvre dans son contexte littéraire, historique et culturel, vous vous interrogerez sur l'évolution du genre romanesque.

Nous vous proposons quelques pistes de lecture pour aborder ce nouveau thème :
- Cervantès, *Don Quichotte*
- Montesquieu, *Lettres Persanes* et Laclos *Les liaisons dangereuses* (romans épistolaires)
- Madame de La Fayette, *La Princesse de Clèves* (petit roman galant). Voir aussi « préciosité du XVIIe siècle »
- Diderot, *Jacques le Fataliste et son maître,* Voltaire, *Candide* et Swift, *Les voyages de Gulliver* (romans philosophiques).
- au moins 1 roman de Balzac, *Le père Goriot*, de Zola, *Nana* ou de Jules Verne comme *Le Tour du monde en 80 jours.*
- Gide, *Les faux-monnayeurs*, Duras, *Moderato cantabile* (nouveau roman).

1. La poésie

- sonnets de Du Bellay, Ronsard, Malherbe
- J. de La Fontaine, Fables (voir aussi « argumentation »)
- quelques poésies de Boileau
- C. Baudelaire, *Les Fleurs du mal, Le Spleen de Paris*
- poèmes de Hugo, Mallarmé, Rimbaud, Verlaine
- poèmes de Claudel, Apollinaire, Laforgue (plus difficiles)

2. Le théâtre : texte et représentation

- Sophocle, *Antigone* et J. Anouilh, *Antigone*
- Molière, *Amphitryon* et J. Giraudoux, *Amphitryon 38*
- J. Giraudoux, *Électre, La Guerre de Troie n'aura pas lieu*

- P. Corneille, *Le Cid* (au moins !)
- J. Racine, *Phèdre* (au moins aussi !) et *Sénèque, Phèdre*

- E. Ionesco, *La Cantatrice chauve, La Leçon* (voir « argumentation ») (très drôles et intéressants !)
- P. Claudel, *L'Annonce faite à Marie, Partage de midi* (plus difficile)
- E. Rostand, *Cyrano de Bergerac* (détente utile !)

- Molière, *L'École des femmes, La Critique de l'École des femmes* (plus difficile), *L'Impromptu de Versailles, Le Bourgeois gentilhomme*
- Molière, *Le Tartuffe* (voir « argumentation »)

- Molière, *Les Fourberies de Scapin*
- Marivaux, *La Double inconstance, Le Jeu de l'amour et du hasard, L'Île des esclaves*
- Beaumarchais, *Le Mariage de Figaro*

3. L'argumentation : Convaincre, persuader et délibérer : les formes et fonctions de l'essai, du dialogue et de l'apologue

On pensera notamment à certaines des œuvres qui précèdent, en particulier celles indiquées avec la mention « voir « argumentation » ». On a ici évité les redites.

- Montaigne, *Essais* (extraits) (voir aussi « biographique »)
- M. Proust, *Sur la lecture*
- discours historiques : E. Zola, *J'accuse*, Ch. de Gaulle, *Appel du 18 juin*, A. Malraux, *Discours pour l'entrée de Jean Moulin au Panthéon*...
- J.-P. Sartre, *Les Mains Sales*
- Baudelaire, *Salon de 1845* ou *Salon de 1846* (peut-être plus difficile)

4. Un mouvement littéraire et culturel

La préciosité et le baroque, dans le cadre des recherches du XVIIe s.

- Molière, *Les Précieuses ridicules*
- Scarron, *Le Roman comique* (plus long et peut-être plus difficile, mais amusant)
- Furetière, *Le Roman bourgeois* (plus difficile)
- Bossuet, *Sermons ou Oraisons funèbres* (extraits) (contenu parfois difficile, surtout dans les Sermons, mais très beau)
- La Bruyère, *Les Caractères*

Le Siècle des Lumières

- Voltaire, *Micromégas, Traité sur la tolérance* (un peu plus difficile, mais tout à fait abordable)
- D. Diderot, *Le Neveu de Rameau, un Salon*
- Buffon, extraits de *l'Histoire naturelle*
- quelques articles de l'*Encyclopédie* de Diderot et d'Alembert (un peu plus aride)
- J.-J. Rousseau, *Rêveries du promeneur solitaire, La Nouvelle Héloïse*

L'autobiographie

La lecture d'une œuvre autobiographique permettra d'étudier les rapports entre réalité vécue et fiction littéraire, en faisant apparaître les problèmes liés à l'existence de soi.

- F.-R. de Chateaubriand, *Mémoires d'Outre-tombe* (extraits ou œuvre intégrale pour les courageux, cela en vaut la peine !)
- J.-J. Rousseau, *Les Confessions*
- N. Sarraute, *Enfance*
- J. d'Ormesson, *Au plaisir de Dieu*
- Mme de Sévigné, *Lettres à sa fille* (extraits)
- Suétone, *Vies des douze Césars*
- une biographie d'un personnage (historique ou non)...

Les réécritures

On pourra relire dans la même perspective les groupements indiqués dans la partie sur le théâtre.
- Virgile, *Énéide et* Scarron, *Virgile travesti* (extraits)
- Homère, *Iliade* et Marivaux, *L'Iliade travestie* (extraits)
- D. Defoe, *Robinson Crusoé* ; J. Verne, *L'Île mystérieuse* ; J. Giraudoux, *Suzanne et le Pacifique* ; M. Tournier, *Vendredi ou les Limbes du Pacifique.*

Faire des fiches de lecture sur les œuvres lues, des comptes-rendus de films vus, visites culturelles, voir des films en VO...

En parallèle des cours, il faut s'ouvrir à d'autres horizons pour enrichir sa culture générale. Sans oublier qu'aujourd'hui, dans les épreuves de sélection pour rentrer dans une prépa, une école, figure une évaluation sur la culture générale.

A force de lire des œuvres, d'aller au musée, de voir des films, nous aurions tendance à oublier ce qui a été lu, observé et vu en premier. C'est normal car nous ne pouvons pas tout stocker dans notre mémoire. Avec le temps et les informations accumulées, la mémoire sélectionne et enregistre mieux les dernières données.
Il y a toujours une exception, bien évidemment. La mémoire s'imprègne toujours des faits plus marquants.
Pour ne pas oublier toutes nos démarches intellectuelles et culturelles, il est très important de mettre en note, comme une base de données, toutes les informations retenues lors de la lecture d'une œuvre, d'un visionnage de film, et d'une visite de musées.
En ce qui concerne la lecture d'une œuvre, vous avez toujours la possibilité de vous constituer une fiche de lecture.

Quelques conseils pour faire une fiche de lecture

Méthode

On peut en distinguer deux :

1. La plus facile consiste à respecter la structure de l'œuvre choisie, à suivre le déroulement du récit. Il convient, ici, de rappeler qu'une « histoire », une intrigue au théâtre tout particulièrement passe par des étapes obligées qui ont pour nom exposition (présentation des protagonistes, des liens qui les unissent, des raisons qui les opposent), nœud (événements qui vont précipiter l'action), péripéties (déroulement de cette action qui en général s'accélère jusqu'à un paroxysme) et dénouement (nouvel équilibre qui résulte d'une fin heureuse ou malheureuse).

2. La plus difficile mais souvent la meilleure consiste à s'affranchir de la structure du récit, pour caractériser son contenu, en classant les éléments qui le constituent par ordre d'importance sans nécessairement respecter leur enchaînement chronologique.
De toute façon, il convient dans tous les cas de fournir une réponse à ces axes de recherche :

Situation de l'œuvre

- dans la production et la vie de l'auteur ;
- dans le contexte historique et culturel de l'époque.

Détermination du genre

Détermination du sujet : ce que raconte l'œuvre, le thème, les problèmes abordés par cette œuvre.
Découpage de l'œuvre, progression de l'action.
Analyse des personnages, de leur caractère, de leurs relations.
Étude du décor (partie observée, imaginée, correspondances avec les problèmes abordés, avec les sentiments qui agitent les personnages).
Étude du style, des manies de l'auteur.
Étude de la portée philosophique et morale de l'ouvrage.
Étude éventuelle des sources et de la descendance de l'œuvre. La comparaison avec des textes, qui ont traité le même sujet, aide souvent à mieux comprendre les intentions de l'auteur.

Procédés pratiques

Présenter d'abord l'œuvre en général : qui est son auteur ? A quelle époque a-t-elle été écrite ? Fait-elle partie d'un cycle, d'un ensemble plus vaste ?
Citer les particularités éventuelles liées à sa conception ou sa rédaction.
Présenter ensuite les personnages principaux en tenant compte de leur rôle dans le récit, de leurs caractéristiques psychologiques, morales, physiques ou sociales essentielles sans toutefois les analyser.
Le récit se déroulant dans le temps et l'espace, il conviendra de situer avec précision le cadre spatio-temporel et de montrer l'évolution des situations.

Pour faire sentir dans quel contexte particulier se déroule l'histoire, on peut recourir à la citation courte sans abuser car le compte-rendu est un travail personnel qui sous-entend une expérience du texte propre à chaque individu et autour de laquelle doit s'organiser l'analyse.
On peut aussi rechercher, à partir des thèmes abordés dans l'œuvre ou des caractéristiques de l'histoire, d'autres œuvres littéraires, cinématographiques... en examinant ressemblances et différences.
On peut relever quelques citations marquantes.

Cet exercice demande la concision, il faudra donc abandonner les digressions du récit, les épisodes secondaires et les personnages accessoires. Il faudra utiliser des phrases simples, des termes précis, éviter les énumérations de termes semblables qui permettent d'exprimer les nuances. Enfin, il peut être nécessaire de privilégier certains détails qui ont une grande valeur symbolique, très révélatrice des intentions avouées ou cachées de l'auteur.

Voyages linguistiques, voyages culturels

Il est toujours intéressant de voyager mais voyager intelligemment.

Une petite explication s'impose : lorsque l'on voyage, il faudrait s'intéresser à la culture et aux traditions locales puis essayer de parler la langue du pays. Toutes ces recherches et ces intérêts pour le pays ou la région que vous visitez feront partie de votre culture personnelle et vous permettront d'avoir un esprit plus ouvert.

Même si vous ne maîtrisez pas la langue du pays où vous passez vos vacances, il vous sera toujours possible de communiquer en anglais car celle-ci est la langue internationale par excellence. A cet effet, pour parfaire votre anglais, il vous serait utile de partir dans un pays anglophone, chez une famille et prendre des cours sur place par le biais d'un organisme. Maintenant, il y a aussi la possibilité de faire un stage chez un professeur d'anglais. Vous serez en totale immersion.

N'oubliez pas de profiter de votre séjour pour visiter les musées, les monuments historiques... Vous pourrez prendre des notes sur votre séjour, c'est ce que l'on appellera le « récit de voyage ». De cette façon, aucun détail ne vous échappera !
Nous avons pris l'exemple d'un voyage dans un pays anglophone ; mais aujourd'hui, vous êtes tenu d'étudier plusieurs langues, vous pourrez donc vous rendre dans les pays des langues que vous apprenez :
pays hispanophones... Le monde est à vous !

Méthodologie du Français au Bac

Chapitre 4

L'épreuve écrite

La durée de l'épreuve est de 4 heures.
Coefficient : 3 en série L,
2 pour les autres séries.

A. La dissertation

Dans cet exercice, vous devez montrer votre capacité à analyser le sujet. Vous devez mobiliser vos connaissances, exploiter le corpus de textes qui est fourni avec le sujet, et vous appuyer sur des lectures et votre culture personnelle.

La lecture du sujet

Cette partie du travail préliminaire n'est pas la moins importante. Trop d'élèves, sitôt le sujet communiqué, se lancent dans la rédaction de leur devoir ; ils n'ont guère retenu qu'un mot ou une idée du sujet et l'écueil du bavardage ou du hors sujet les guette de façon évidente. Une bonne lecture, indispensable, se fait un crayon à la main, que la phrase proposée à votre sagacité soit longue ou courte. Ainsi, vous aurez besoin, en les soulignant de manières différentes (ou, pourquoi pas, avec des crayons de couleurs différentes) de mettre en valeur les idées directrices ou thèmes essentiels, les idées secondaires, les mots-clés.

Prenons un exemple très simple ; vous avez devant vous le sujet suivant :

"L'argent est un bon serviteur et un mauvais maître".
Vous discuterez cette phrase en vous appuyant sur des exemples empruntés non seulement à votre propre expérience mais aussi à vos lectures.

Votre premier souci sera de souligner les termes essentiels de ce sujet.

"L'argent est un bon serviteur [et] un mauvais maître". Vous [discuterez] cette phrase en vous appuyant sur des exemples empruntés non seulement à votre propre expérience mais aussi à vos lectures.

Pourquoi avons-nous souligné ces mots ?

1 "L'argent" :
Ce mot constitue en effet le terme essentiel du sujet ; c'est autour de ce thème que s'ordonnera tout le développement. Mais attention, il ne s'agit pas d'en parler d'une manière désordonnée : le reste du sujet apporte quelques limites qu'il ne faudra surtout pas négliger.

2 "bon serviteur, mais mauvais maître" :
Deux expressions antinomiques, secondaires par rapport au thème de base, mais qui viennent délimiter très clairement le cadre de votre réflexion.

3 "et" :
Nous avons encadré cette conjonction de coordination parce qu'elle constitue un mot-clé, d'autant plus traître que le mot est tout petit. Il apporte l'idée de simultanéité et rapproche les deux expressions précédentes d'une manière très rigide. La phrase aurait eu un sens sensiblement différent si "et" avait été remplacé par "mais", "ou" , "donc", etc.

4 "discuterez" :
Nous avons encadré ce verbe parce qu'il est également un mot-clé. Il laisse la part belle à votre imagination et à votre sens critique : avec ce verbe, vous êtes invité à donner librement votre opinion, à faire le lien entre les points d'accord et de désaccord avec la phrase donnée. Attention donc, là encore, au libellé du sujet ! Tout

différent aurait été le verbe "vous commenterez" : dans ce cas, il s'agit d'expliquer la phrase en apportant tous les éclaircissements, les exemples et les illustrations qui permettent de cerner la pensée de l'auteur, puis de donner votre sentiment sur le problème posé. Avec le verbe "vous expliquerez", il s'agit encore d'autre chose : ce verbe bannit toute subjectivité, tout sens critique ; vous devez simplement montrer que vous comprenez la phrase proposée et développer, en utilisant des exemples choisis, l'opinion de l'auteur.

5 "Votre expérience, vos lectures" :
Deux termes secondaires qui déterminent le champ de votre discussion ; c'est vous-même qui êtes impliqué, vous vous référencez à votre personnalité, à vos goûts.

Vous conviendrez que le sujet ci-dessus ne comportait guère de danger du hors sujet mais attention, tous les textes proposés ne sont pas aussi précis.

Le plan

Voici une autre partie fondamentale de votre travail préliminaire.
Il n'est pas question, une fois défini le cadre du sujet, de se lancer à l'aventure, en ajoutant bout à bout des idées, au fur et à mesure qu'elles viennent à l'esprit, si brillantes soient-elles ! Aucune composition française n'est bonne (et digne de ce nom) si elle ne constitue pas une démonstration précise, un acheminement pas à pas et rigoureux (ce qui ne veut pas dire laborieux !). Voici quelques conseils.

• **L'introduction** doit comporter trois éléments essentiels :

- Présentation du thème,
- **Caractérisation rapide :** situation dans le contexte,
- Formulation d'une **problématique** (question débouchant sur l'annonce d'un plan en 3 parties).

• **Le développement exige :**

- Le respect du plan énoncé,
- Une construction. Le correcteur sera sensible à la pertinence des articulations logiques entre les 3 parties.

La conclusion exige :

- Un bilan du développement,
- Une ouverture sur le futur.

B. Le commentaire

Cette méthodologie est valable pour l'épreuve de français, d'histoire et de philosophie.

1 - Faites une lecture rapide du texte et posez-vous les questions suivantes :

a. Que traite le texte ?
Vous déterminez ainsi le thème du texte. Le titre, lorsqu'il existe, l'exprime parfois d'emblée.

b. Quelle est l'idée directrice de la thèse ?
Elle implique une opinion, un jugement, un point de vue. La thèse du texte c'est ce qu'on dit sur le thème.

c. Quel est le ton du texte ?

L'auteur cherche-t-il à expliquer, informer, décrire, démontrer, convaincre, défendre, dénoncer, préconiser ? Au terme de cette première lecture, vous avez le thème, la thèse ou l'idée directrice, et le ton adopté par l'auteur.

2. Dans une deuxième lecture attentive, vous **soulignez** au crayon à papier ce qui vous paraît important.

3. Vous recopiez ces expressions dans le sens vertical ou sur une feuille à part en notant les lignes.

4. Vous recherchez 3 axes, qui sont souvent linéaires.

5. Vous notez **sur une nouvelle feuille,** dans le sens horizontal, ces 3 axes et vous intégrez, selon les axes, les expressions et mots soulignés.

Vous pouvez ensuite commencer votre commentaire. Cette méthode mécanique et de réflexion vous prend entre 1 heure et 1 heure 30. A l'aide du texte et du dernier tableau, vous rédigez.

Pour éviter la paraphrase, vous affirmez une **idée d'abord** en vous **référant ensuite** au texte. Les effets de style doivent être mis en évidence.

Dans un commentaire, il faut éclairer le texte, montrer la pertinence des arguments. Il faut élucider une phrase, un mot ou une expression fondamentale. Le commentaire est un exposé concis et organisé.

Méthode pour un plan

- Il faut identifier les idées, en essayant de les englober dans des unités de sens. Vous dégagez en principe **3 idées** directrices puis vous hiérarchisez les idées principales et secondaires dans le tableau horizontal.

Exemple de commentaire : L'apologie du libertin par Dom Juan, acte I, scène 2, de Molière :

Dom Juan. *Quoi ? Tu veux qu'on se lie à demeurer au premier objet qui nous prend, qu'on renonce au monde pour lui, et qu'on n'ait plus d'yeux pour personne ? La belle chose de vouloir se piquer d'un faux honneur d'être fidèle, de s'ensevelir pour toujours dans une passion, et d'être mort dès sa jeunesse à toutes les autres beautés qui nous peuvent frapper les yeux ! Non, non : la constance n'est bonne que pour des ridicules [1] ; toutes les belles ont droit de nous charmer [2], et l'avantage d'être rencontrée la première ne doit point dérober aux autres les justes prétentions qu'elles ont toutes sur nos cœurs. Pour moi, la beauté me ravit partout où je la trouve, et je cède facilement à cette douce violence dont elle nous entraîne. J'ai beau être engagé [3], l'amour que j'ai pour une belle n'engage point mon âme à faire injustice aux autres ; je conserve des yeux pour voir le mérite de toutes, et rends à chacune les hommages et les tributs où la nature nous oblige [4]. Quoi qu'il en soit, je ne puis refuser mon cœur à tout ce que je vois d'aimable ; et dès qu'un beau visage me le demande, si j'en avais dix mille, je les donnerais tous. Les inclinaisons naissantes, après tout, ont des charmes inexplicables, et tout le plaisir de l'amour est dans le changement. On goûte une douceur extrême à réduire [5], par cent hommages, le cœur d'une jeune beauté, à voir de jour en jour les petits progrès qu'on y fait, à combattre par des transports, par des larmes et des soupirs, l'innocente pudeur d'une âme qui a peine à rendre les armes, à forcer pied à pied toutes les petites résistances qu'elle nous oppose, à vaincre les scrupules dont elle se fait un honneur et la mener doucement où nous avons envie de la faire venir. Mais lorsqu'on en est maître une fois [6], il n'y a plus rien à dire ni rien à souhaiter ; tout le beau de la passion est fini, et nous nous endormons dans la tranquillité d'un tel amour, si quelque objet nouveau ne vient réveiller nos désirs, et présenter à notre cœur les charmes attrayants d'une conquête à faire. Enfin, il n'est rien de si doux que de triompher de la résistance d'une belle personne, et j'ai sur ce sujet l'ambition des conquérants, qui volent perpétuellement de victoire en victoire, et ne peuvent se résoudre à borner leurs souhaits. Il n'est rien qui puisse arrêter l'impétuosité de mes désirs ; je me sens un cœur à aimer toute la terre ; et comme Alexandre [7], je souhaiterais qu'il y eût d'autres mondes, pour y pouvoir étendre mes conquêtes amoureuses.*

Sganarelle. *Vertu de ma vie, comme vous débitez [8] ! Il semble que vous avez appris cela par cœur, et vous parlez tout comme un livre.*

Dom Juan. *Qu'as-tu à dire là-dessus ?*

Sganarelle. *Ma foi, j'ai à dire …, je ne sais ; car vous tournez les choses d'une manière, qu'il semble [9] que vous avez raison ; et cependant il est vrai que vous ne l'avez pas. J'avais les plus belles pensées du monde, et vos discours m'ont brouillé tout cela. Laissez faire : une autre fois je mettrai mes raisonnements par écrit, pour disputer [10] avec vous.*

Dom Juan. *Tu feras bien.*

Sganarelle. *Mais, Monsieur, cela serait-il de la permission …*

Molière, Dom Juan, Acte I, scène 2.

1 - Des ridicules : des personnes ridicules
2 - Charmer : ensorceler
3 - Engagé : lié à une promesse
4 - Les tributs où la nature nous oblige : les témoignages de soumission / d'amour auxquels la nature nous oblige (vocabulaire galant)
5 - Réduire : vaincre, emporter comme une place forte (vocabulaire militaire)
6 - Lorsqu'on en est maître une fois : une fois qu'on en est maître
7 - Alexandre : Alexandre le Grand (356-323 av. J.-C.) dont le poète latin Juvénal (60-140 av. J.-C.) a écrit que « le monde était trop petit pour lui, il y étouffait » (Satires, X, v. 169)
8 - débitez : récitez.
9 - Vous tournez les choses d'une manière, qu'il semble : d'une telle manière qu'il semble …
10 - Disputer : discuter, débattre.

1. **Après la 2ème lecture du texte, soulignez au crayon les mots ou expressions qui vous interpellent.**
2. **Classement de ces expressions sur une feuille dans le sens vertical.**

Ligne 1 :	qu'on se lie à demeurer	
Lignes 1-2 :	qu'on renonce au monde	progression vers la négation
Ligne 2 :	qu'on n'ait plus d'yeux	
Lignes 2-3 :	faux honneur d'être fidèle	paradoxe
Ligne 3 :	de s'ensevelir	du néant vers la mort
Ligne 3 :	d'être mort dès sa jeunesse	mort
Ligne 4 :	les autres beautés	l. 7, 8, 11, 14, 18, 21
Ligne 4 :	les yeux	trois répétitions l. 2, 4, 9
Lignes 4-5 :	La constance n'est bonne que pour des ridicules	paradoxe renversement des valeurs
Ligne 5 :	toutes les belles	
Ligne 7 :	la beauté	
Ligne 7 :	cette douce violence	Oxymore
Lignes 7-8 :	l'amour que j'ai pour une belle	
Lignes 8-9 :	âme à faire injustice aux autres	
Ligne 8 :	des yeux pour voir	
Ligne 10 :	la nature	Sens d'instinct
Ligne 10 :	refuser mon cœur l. 9 - 10, 12, 18, 21	Absence de sentiment, tout se
		joue dans l'apparence de la beauté
		physique
Lignes 10-11 :	je vois d'aimable	
Ligne 11 :	un beau visage	
Lignes 12-13 :	tout le plaisir de l'amour est dans le changement	
Ligne 13 :	une douceur extrême à réduire	Paradoxe
Lignes 13-14 :	le cœur d'une jeune beauté	
Ligne 14 :	à combattre	
Ligne 15 :	à rendre les armes	
Ligne 15 :	à forcer pied à pied	Langage militaire
Ligne 16 :	à vaincre les scrupules	
Ligne 17 :	envie	
Ligne 18 :	rien à dire ni rien à souhaiter	
Ligne 18 :	le beau de la passion est fini	
Ligne 19 :	réveiller nos désirs	l. 18, 23
Ligne 19-20 :	notre cœur	
Ligne 20 :	conquête à faire	
Lignes 20-21 :	triompher de la résistance	
Ligne 21 :	l'ambition des conquérants	
Ligne 22 :	victoire en victoire	
Lignes 21-22 :	se résoudre à borner leurs souhaits	
Ligne 23 :	l'impétuosité de mes désirs	
Lignes 23 :	un cœur à aimer toute la terre	
Ligne 23 :	comme Alexandre	
Ligne 24 :	d'autres mondes	
Ligne 24 :	mes conquêtes amoureuses	

1. **Le thème : l'apologie du libertinage**
2. **Thèses :**

a. **Critique de la fidélité**
b. **Apologie du libertinage**
c. **L'amour est une domination et se révèle dans l'apparence**

Critique de la fidélité		Apologie du libertinage		L'amour est une domination	
l.1 qu'on se lie à demeurer l.1 qu'on renonce au monde l.2 qu'on n'ait plus d'yeux	Progression vers la négation Du néant vers la mort	Les autres beautés l.4, 5, 7, 8, 11, 14, 18, 21 l. 2, 4, 9 les yeux		l.7 la douce violence l.10 la nature l.13 une douceur extrême à réduire	Oxymore Paradoxe
l.2-3 faux honneur d'être fidèle l.3 de s'ensevelir l.4 la constance n'est bonne que pour les ridicules	Renversement des valeurs	l.8 mon âme à faire injustice aux autres l.10 refuser mon cœur l.12-13 tout le plaisir est dans le changement		l. 14, 15, 16 l. 20, 21	Langage militaire
l.18 rien à dire, ni rien à souhaiter		l.22 se résoudre à borner l.23 mon cœur à aimer toute la terre		l.17 envie l.18 réveiller nos désirs	Amour basé sur le plaisir
l.18 le beau de la passion est fini		l. 23 comme Alexandre		l.9, 20, 23 mon cœur, notre cœur l.24 mes conquêtes amoureuses	Langage hypocrite
Fidélité entraîne le néant et la mort		Amour fondé sur l'apparence physique et le plaisir : - absence de sentiment, - la fidélité est une limite, elle s'oppose au libertinage qui est la liberté totale.		L'amour est domination. L'amour est destructeur. Plaisir de faire mal. Amour égoïste fondé sur le plaisir charnel. Le langage reste hypocrite. Le séducteur ment et transforme le sens des mots, notamment du mot « cœur ».	

Méthodologie du Français au Bac

Chapitre 4

Introduction

1. Présentez la scène dans Dom Juan, et situez rapidement l'œuvre dans les pièces de Molière.
2. Une problématique. Exemple : quelle est la nature de l'amour selon Dom Juan ?
3. Annonce d'un plan en 3 parties : critique de la fidélité, apologie du libertinage, un amour dominateur où le rôle de la femme est réduit à un objet.

Mettre en valeur les différentes parties de votre commentaire : le lecteur doit comprendre d'emblée l'idée directrice. Les transitions doivent être habiles.
Voici **quelques termes importants** que vous pourrez utiliser avec profit lors du commentaire stylistique :

Assonance :
Répétition des mêmes voyelles
Exemple : « A la percée d'un fourré, je m'arrêtai pour regarder le soleil. » (Chateaubriand)

Allitération :
Répétition des mêmes consonnes ou des mêmes syllabes pour produire un effet d'harmonie souvent imitative.
Exemple : « Pour qui sont ces serpents qui sifflent sur vos têtes ?» (Racine)

Anacoluthe :
Rupture de construction.
Exemple : « Vous voulez que ce Dieu vous comble de bienfaits. Et ne l'aimer jamais » (Racine)

Anaphore :
Procédé qui consiste à commencer par le même mot (pour le mettre en valeur) les divers membres d'une phrase ou plusieurs phrases successives.
Exemple : « Rome l'unique objet de mon ressentiment
Rome à qui vient ton bras d'immoler mon amant
Rome … » (Corneille)

Diérèse :
C'est le fait, en poésie, de compter pour deux syllabes deux voyelles qui d'habitude comptent pour une seule.
Exemple : na-ti-on (trois syllabes en vers, deux en prose).

Hypallage :
Figure de style qui consiste à attribuer à un mot de la phrase ce qui conviendrait à un autre.
Exemple : « Trahissant la vertu sur un papier coupable. »

Métonymie :
Figure consistant à désigner un objet par un terme s'appliquant à un autre.
Exemple : «Boire un verre », « ameuter le quartier ».

Synecdoque :
Figure consistant à prendre le plus pour le moins, la partie pour le tout, le singulier pour le pluriel, etc. ou inversement.
Exemple : un fer (pour une épée), une voile (pour un navire).

Comparaison et Métaphore :
La comparaison consiste à envisager ensemble, à rapprocher deux ou plusieurs éléments pour en rechercher les différences ou les ressemblances.

Exemple : Il est fort comme un lion.

La métaphore (ou image) joue un rôle important dans le langage poétique car elle permet d'évoquer ou de transposer des impressions ou des émotions abstraites, en particulier.

C. Le sujet d'invention (dit officiellement « écriture d'invention »)

Celui-ci sert à tester votre aptitude à lire et comprendre un texte, à en saisir les enjeux, à percevoir les caractères singuliers de son écriture. C'est pourquoi on vous demandera d'écrire un texte, en liaison avec le corpus, en suivant un certain nombre de consignes que le sujet précisera explicitement. Il s'agira d'avoir suffisamment bien lu et compris les textes dans leur spécificité (langue, style et pensée) afin de pouvoir les reproduire, les prolonger, s'en démarquer ou les critiquer.
Ce ne sera donc jamais une écriture de pure imagination, libre et sans contraintes !

Ce sujet se fonde sur les contraintes littéraires des genres inscrits à votre programme. Vous aurez ainsi à vous inscrire dans l'un des genres suivants, selon le sujet :

- article (éditorial, article polémique, article critique - éloge ou blâme -, droit de réponse…) ;
- lettre (correspondance avec un destinataire défini dans le libellé du sujet, lettre destinée au courrier des lecteurs, lettre ouverte, lettre fictive d'un des personnages présents dans l'un des textes du corpus…) ;
- monologue délibératif, dialogue (y compris théâtral) ;
- discours devant une assemblée ;
- essai ;
- récit à visée argumentative sous forme de fable, d'apologue… ;
- (uniquement pour la série littéraire) amplification (écriture dans les marges ou les ellipses d'un texte), parodie et pastiche.

Nous vous conseillons de procéder à une lecture attentive du sujet pour bien le comprendre et ne pas faire de hors sujet. Notez-en les points importants. Ensuite, si ce n'est déjà fait pour la réponse aux questions, procédez à une brève analyse de votre texte de référence. Soyez attentif en particulier à toutes les caractéristiques formelles : genre littéraire, jeu des personnes, des temps, des tournures, du style, des expressions, de la syntaxe… N'omettez toutefois pas le contenu ! Sachez résumer le texte en dégageant ses principales idées.

Ensuite - mais ceci est à adapter selon le type de sujet que vous rencontrez - veillez de manière générale à l'organisation de vos textes (faites un plan !), à soigner les introductions et les conclusions, à contrôler la qualité de votre français, en gardant sous les yeux votre liste de référence que vous aurez dressée en étudiant votre texte de base. Vous serez ainsi sûr de bien répondre au sujet, sans vous en éloigner au profit de votre inspiration du moment… Dangereux écueil !

N'oubliez pas enfin, là aussi, le temps de la relecture, après avoir relu votre énoncé.
L'écriture d'invention invite donc le candidat à continuer, imiter ou transformer un texte étudié. Ce travail s'appuiera toujours sur les textes d'étude du programme.

Oral du Bac de Français
Chapitre 4

L'épreuve orale

La durée de l'épreuve est de 20 mn, le temps de préparation est de 30 mn.

Coefficient 2 en séries L, ES et S
1 en séries STMG, SMS, STL, STI

Le candidat présente à l'épreuve orale la liste des oeuvres et des textes étudiés en classe de première, signée par le professeur et le chef d'établissement.

Pour la 1ère partie de l'épreuve, la question est posée sur un des textes figurant sur la liste (10 mn).

Pour la seconde partie de l'épreuve, l'examinateur a le choix entre :

- une mise en relation entre le passage étudié dans la première partie de l'épreuve et **l'œuvre intégrale**
- ou une mise en relation avec le groupement de textes présenté par le candidat.

1. La première partie de l'épreuve

Le choix de l'extrait est tiré d'un des groupements de textes ou d'une des œuvres intégrales étudiées en lecture analytique figurant sur le descriptif. En aucun cas on interroge, pendant cette partie de l'épreuve, sur les lectures cursives.

En conséquence, l'élève peut être interrogé sur tout passage d'une œuvre intégrale.

Trois possibilités sont offertes à l'examinateur :

a. Interroger sur un texte ou un extrait de texte figurant dans un des groupements de textes,

b. Interroger sur un extrait - ayant été expliqué en classe - tiré d'une des œuvres intégrales étudiées en lecture analytique,

c. Interroger sur un extrait - n'ayant pas été expliqué en classe - tiré d'une des œuvres intégrales étudiées en lecture analytique.

La longueur de l'extrait dépend de la question posée par l'examinateur (une demi-page pour une poésie à une page et demie, éventuellement deux pages, pour un texte théâtral).

La question :

La question posée amène le candidat à étudier, en lien avec l'objet d'étude ou les objets d'étude, un **aspect essentiel du texte**. Elle est formulée avec clarté et évite toute utilisation abusive de termes techniques susceptibles de mettre l'élève en difficulté. Elle appelle une **interprétation** fondée sur **l'observation précise** du texte.

L'exposé du candidat (1ère partie)

Avant son exposé, le candidat fait une lecture à haute voix de la totalité ou d'une partie du texte à étudier, au choix de l'examinateur.

L'exposé est **ordonné**. Il prend constamment **appui sur le texte** proposé mais ne peut consister en un simple relevé. Il présente, de façon libre mais adaptée et **organisée**, les éléments d'une réponse à la question posée.

L'examinateur n'intervient que de façon très exceptionnelle pendant l'exposé, si le propos du candidat tourne court, à la fin de l'exposé, ou s'il juge indispensable de vérifier la compréhension littérale du texte par le candidat.

2. La seconde partie de l'épreuve : l'entretien

Les objectifs

L'examinateur cherche à ouvrir des perspectives :

a. à élargir la réflexion du texte qui vient d'être étudié, en le mettant en relation avec l'un des objets d'étude de la séquence, avec un texte proche de celui qui vient d'être étudié,
b. l'examinateur tend à mesurer les connaissances du candidat par rapport à l'œuvre ou à l'objet d'étude et à leur contexte culturel,
c. l'examinateur cherche à apprécier l'intérêt du candidat pour les textes qu'il a étudiés ou abordés en lecture cursive,
d. il cherche à tirer parti des lectures et activités personnelles du candidat.

La question, ou les questions, n'appelle(nt) pas la préparation d'un nouvel exposé, et se contente(nt) d'inviter le candidat à rassembler les éléments dont il aura besoin au cours de l'entretien.

Le candidat est invité à comparer, à confronter, à mettre dans le contexte, à apprécier et à prendre parti.

L'examinateur recherche dans l'entretien à évaluer des compétences dans le domaine de la synthèse et, en liaison avec l'objet d'étude, à mesurer un ensemble de connaissances issu des lectures de l'année.

Les critères de l'évaluation orale portent sur 3 domaines :

a. l'expression,
b. la réflexion,
c. les connaissances.

	Exposé	**Entretien**
Expression et communication	- Lecture correcte et expressive - Qualité de l'expression et niveau de langue - Qualités de communication et de conviction	- Aptitude au dialogue - Qualité de l'expression et niveau de langue - Qualités de communication et de conviction
Réflexion et analyse	- Compréhension littérale du texte - Prise en compte de la question - Réponse construite, argumentée et pertinente - Référence précise au texte	- Prise en compte de la question initiale - Capacité à réagir avec pertinence aux questions posées pendant l'entretien - Qualité de l'argumentation - Capacité à mettre en relation et à élargir une réflexion
Connaissances	- Savoirs linguistiques et littéraires - Connaissances culturelles en lien avec le texte	- Savoirs littéraires sur les textes, l'œuvre, l'objet ou les objets d'étude - Connaissances sur le contexte culturel

Méthodologie du bac en philosophie

Chapitre 4

Après avoir vu le français, passons maintenant à la philosophie. On peut l'aborder de la même façon que le français, c'est-à-dire, faire une fiche par auteur, par thème, par ouvrage ... Pour l'épreuve de bac, vous aurez à faire une dissertation ou un commentaire de texte. Pour cela, il faut appliquer la méthode adéquate. C'est ce que vous allez trouver ci-dessous :

Vos interrogations concernant cette « matière ».

En terminale vous aurez une nouvelle matière : LA PHILOSOPHIE.
Le mot « matière » ne convient pas précisément puisqu'il ne s'agit pas d'apprendre des cours mais permet de cerner des questions et des moyens d'élaborer des réponses sur des thèmes qui renvoient à votre existence d'homme et de citoyen.
Car l'homme s'interroge sur la vie, la mort, l'amour, le désordre des passions, la liberté.

Parce qu'il est un être pensant, l'enfant s'étonne devant le monde qu'il ne comprend pas. Et loin d'être absurdes, ces questions sont celles que philosophes et scientifiques essaient de résoudre.

Ces <u>thèmes</u> vous concernent donc personnellement, mais en même temps ils ont déjà été longuement examinés par les philosophes, qui les ont abordés dans une époque donnée, avec une approche chaque fois différente, voire divergente.
Ces <u>thèmes</u> comme le bonheur, le travail, la vérité ne vous sont pas étrangers, et pourtant les questions posées ont pour la plupart d'entre vous été oubliées, faute d'avoir été abordées plus profondément chez vous ou durant votre scolarité.

La philosophie n'est donc pas une matière à proprement parler. Mais ce n'est pas non plus l'occasion de « bavarder » à propos de tout et de rien ». Au contraire, elle exige une attention, une participation et un travail personnel sans quoi elle resterait un exercice scolaire vide de sens.

De la philosophie, vous avez pu entendre dire qu'elle est difficile, que les notes au bac sont aléatoires. Le mot, vous semble déjà justifier votre appréhension. Votre crainte, votre opinion, vos préjugés, défavorables le plus souvent, relèvent d'attitudes, d'idées toutes faites contre lesquelles lutte la philosophie. C'est que vous êtes encore un **<u>philodoxe</u>**, un ami, un amant, (philia en grec) de l'opinion (doxa) selon la définition étymologique. Vous répétez ce que vous avez vaguement entendu ici et là. Bientôt, vous apprendrez à vous abstenir de toute affirmation rapide, vous soupèserez les éléments en faveur d'une position que vous légitimerez ou non. Par cet examen minutieux, ce souci de la vérité recherchée, par cette raison progressivement et méthodiquement développée, vous deviendrez tel que Pythagore, le célèbre mathématicien du VIème avant J.C. se désignait : un **<u>philosophe</u>**, un ami de la sagesse, du savoir **<u>(sophia)</u>**.

La philosophie, son étymologie l'atteste, est donc d'abord grecque. Comment est-elle apparue ? Se distingue-t-elle des autres sciences ? Quelle est sa fonction ? Est-il possible de philosopher sans connaître les thèses des grands auteurs ?

Le Programme de Philosophie :

L'enseignement de la philosophie en classes terminales a pour objectif de favoriser l'accès de chaque élève à l'exercice réfléchi du jugement, et de lui offrir une culture philosophique initiale.

La culture philosophique à acquérir durant l'année de terminale repose elle-même sur la formation scolaire antérieure, dont l'enseignement de la philosophie mobilise de nombreux éléments, notamment pour la maîtrise de l'expression et de l'argumentation, la culture littéraire et artistique, les savoirs scientifiques et la connaissance de l'histoire. Ouvert aux acquis des autres disciplines, cet enseignement vise dans l'ensemble de ses démarches à développer chez les élèves l'aptitude à l'analyse, le goût des notions exactes et le sens de la responsabilité intellectuelle. Il contribue ainsi à former des esprits autonomes, avertis de la complexité du réel et capables de mettre en œuvre une conscience critique du monde contemporain.

Dispensé durant une seule année, à la fin du cycle secondaire, et sanctionné par les épreuves d'un examen national, l'enseignement de la philosophie en classes terminales présente un caractère élémentaire qui exclut par principe une visée encyclopédique. Il ne saurait être question d'examiner dans l'espace d'une année scolaire tous les problèmes philosophiques que l'on peut légitimement poser, ou qui se posent de quelque manière à chaque homme sur lui-même, sur le monde, sur la société, etc. Il ne peut pas non plus s'agir de parcourir toutes les étapes de l'histoire de la philosophie, ni de répertorier toutes les orientations doctrinales qui s'y sont élaborées. Il convient donc d'indiquer clairement à la fois les thèmes sur lesquels porte l'enseignement et les compétences que les élèves doivent acquérir pour maîtriser et exploiter ce qu'ils ont appris. Le programme délimite ainsi le champ d'étude commun aux élèves de chaque série.

Dans les classes terminales conduisant aux baccalauréats des séries générales, le programme se compose d'une liste de notions et d'une liste d'auteurs. Les notions définissent les champs de problèmes abordés dans l'enseignement, et les auteurs fournissent les textes, en nombre limité, qui font l'objet d'une étude suivie.
Ces deux éléments seront traités conjointement, de manière à respecter l'unité et la cohérence du programme.

Notions et repères

Dans toutes les séries, la liste des notions s'articule à partir de cinq champs de problèmes, eux-mêmes désignés par des notions, isolées ou couplées, qui orientent les directions fondamentales de la recherche. Ces cinq notions ou couples de notions occupent la première colonne des tableaux ci-après.
La deuxième colonne présente les principales notions, isolées ou couplées, dont le traitement permet de spécifier et de déterminer, par les relations qu'il établit entre elles, les problèmes correspondant à ces divers champs.

L'étude méthodique des notions est précisée et enrichie par des repères auxquels le professeur fait référence dans la conduite de son enseignement. Il y a lieu de les formuler explicitement, pour en faciliter l'appropriation par les élèves. Ceux dont l'usage est le plus constant et le plus formateur sont répertoriés, par ordre alphabétique, sous chaque tableau.

Chacun de ces repères présente deux caractéristiques : il s'agit, d'une part, de distinctions lexicales opératoires en philosophie, dont la reconnaissance précise est supposée par la pratique et la mise en forme d'une pensée rigoureuse, et, d'autre part, de distinctions conceptuelles accréditées dans la tradition et, à ce titre, constitutives d'une culture philosophique élémentaire.

Champs de problèmes	Notions
Le sujet	- La conscience - La perception - L'inconscient - Autrui - Le désir - L'existence et le temps
La culture	- Le langage - L'art - Le travail et la technique - La religion - L'histoire
La raison et le réel	- Théorie et expérience - La démonstration - L'interprétation - Le vivant - La matière et l'esprit - La vérité
La politique	- La société - La justice et le droit - L'État
La morale	- La liberté - Le devoir - Le bonheur

Repères :
Absolu/relatif - Abstrait/concret - En acte/en puissance - Analyse/synthèse - Cause/fin - Contingent/nécessaire/possible - Croire/savoir - Essentiel/accidentel - Expliquer/comprendre - En fait/en droit - Formel/matériel - Genre/espèce/individu - Idéal/réel - Identité/égalité/différence - Intuitif/discursif - Légal/légitime - Médiat/immédiat - Objectif/subjectif - Obligation/contrainte - Origine/fondement - Persuader/convaincre - Ressemblance/analogie - Principe/conséquence - En théorie/en pratique - Transcendant/immanent - Universel/général/particulier/singulier

Apprentissage de la réflexion philosophique

Les formes de discours écrit les plus appropriées pour évaluer le travail des élèves en philosophie sont la dissertation et l'explication de texte.

La dissertation est l'étude méthodique et progressive des diverses dimensions d'une question donnée. À partir d'une première définition de l'intérêt de cette question et de la formulation du ou des problèmes qui s'y trouvent impliqués, l'élève développe une analyse suivie et cohérente correspondant à ces problèmes, analyse nourrie d'exemples et mobilisant avec le discernement nécessaire les connaissances et les instruments conceptuels à sa disposition.

L'explication s'attache à dégager les enjeux philosophiques et la démarche caractéristique d'un texte de longueur restreinte. En interrogeant de manière systématique la lettre de ce texte, elle précise le sens et la fonction conceptuelle des termes employés, met en évidence les éléments implicites du propos et décompose les moments de l'argumentation, sans jamais séparer l'analyse formelle d'un souci de compréhension de fond, portant sur le problème traité et sur l'intérêt philosophique de la position construite et assumée par l'auteur.

Préparer un examen

Chapitre 4

Dissertation et explication de texte sont deux exercices complets, qui reposent d'abord sur l'acquisition d'un certain nombre de normes générales du travail intellectuel, telles que l'obligation d'exprimer ses idées sous la forme la plus simple et la plus nuancée possible, celle de n'introduire que des termes dont on est en mesure de justifier l'emploi, celle de préciser parmi les sens d'un mot celui qui est pertinent pour le raisonnement que l'on conduit, etc. Les deux exercices permettent de former et de vérifier l'aptitude de l'élève à utiliser les concepts élaborés et les réflexions développées, ainsi qu'à transposer dans un travail philosophique personnel et vivant les connaissances acquises par l'étude des notions et des œuvres. La maîtrise des distinctions contenues dans la liste des repères aide l'élève à analyser et à comprendre les sujets et les textes proposés à la réflexion et à construire un propos conceptuellement organisé.

Méthode d'analyse de la question : C'est cet apprentissage, ce travail de la pensée que nous allons aborder à présent de façon plus pratique.

L'épreuve de philosophie propose 3 sujets au choix dont un texte à commenter. Exerçons-nous avec un exemple de sujet-question sur la notion de philosophie. Attention : si les sujets peuvent renvoyer à une notion principale, ceux-ci peuvent aussi se référer implicitement à d'autres notions.

Un exemple : ***Peut-on apprendre à penser ?***

Analysons tout d'abord la question en l'interrogeant car nous ne pouvons y répondre sans l'avoir examinée. Car ce n'est pas la réponse qui importe mais la manière dont nous questionnons le problème posé. C'est ce cheminement intellectuel qu'il vous faudra suivre à votre tour afin de déterminer quels sont les véritables problèmes inscrits de façon plus ou moins claire dans la question posée.
La première réponse rapide et commune pourrait être de s'exclamer :
"Mais nous n'avons pas besoin d'apprendre à penser puisque nous pensons déjà naturellement !".
Ne censurez pas votre étonnement premier. Cette réaction spontanée sert souvent de point de départ à une réflexion plus approfondie. Elle peut aussi constituer le début de votre introduction. Car une première objection peut apparaître « n'avons nous pas cependant appris à parler selon des règles de grammaire ? ». Dès lors vous vous trouvez en face d'un premier constat : il semblerait que la pensée (associée au langage, notion qui fait partie de vos cours) soit elle aussi susceptible de suivre une démarche rigoureuse. Mais quelle est alors cette démarche ? Qui peut l'enseigner ? Comment apprendre à penser ? Ne risquons nous pas de penser de façon conformiste ? Quelles finalités (objectifs) peuvent être réalisées ?
Toutes ces questions qui s'enchaînent sont des pistes de réflexion. Certaines peuvent être regroupées et constituent les points essentiels de votre développement critique. Ainsi se présente l'exercice philosophique qui vous apprend en effet à éveiller votre esprit, à le discipliner en vue de poser des questions importantes et qui vont trouver leur argumentation à l'aide des thèses et des textes abordés au cours de votre année.

Méthodologie du bac en Histoire Géographie

Chapitre 4

Le tableau ci-dessous présente les caractéristiques de l'épreuve d'Histoire Géographie au baccalauréat :

	1ère partie dite "majeure" 2h30 à 3h00	2ème partie dite "mineure" 1h00 à 1h30
1er cas	**HISTOIRE (au choix)** 1. Composition 2. Composition 3. Etude d'un ensemble documentaire	**GEOGRAPHIE (au choix)** 1. Croquis 2. Croquis
2ème cas	**GEOGRAPHIE (au choix)** 1. Composition 2. Composition 3. Etude d'un ensemble documentaire	**HISTOIRE (au choix)** 1. Explication d'un document d'Histoire 2. Explication d'un document d'Histoire

L'horaire indiqué pour la première et pour la deuxième partie est purement indicatif. Il appartient au candidat de gérer lui-même les 4 heures dont il dispose.

Conseils pratiques

→ Soyez attentif en cours, prenez des notes précises et travaillez régulièrement.
→ Retenez les faits significatifs avec des exemples à l'appui.
→ Ne faites aucune impasse.
→ Evitez de vous noyer dans les détails sans importance.
→ Faites des fiches de synthèse, en prenant soin de relever les notions essentielles, les personnages, les dates, les chiffres indicateurs et révélateurs de certaines tendances ainsi que les idées porteuses.
→ Faites des tableaux récapitulatifs de données, ce qui permet de comparer des situations.
→ Faites des fiches biographiques, des chronologies ainsi qu'un index de mots-clés.

La composition (épreuve majeure)

Elle peut être accompagnée d'un croquis, d'un schéma, d'un organigramme…

1 - Objectif :

- Bâtir une argumentation structurée selon un raisonnement rigoureux.
- Répondre à une problématique précise en s'appuyant sur une bonne maîtrise des notions et des connaissances.

2 - Travail préparatoire au brouillon :

Compréhension du sujet
- Lire très attentivement le sujet.
- Définir avec précision les termes du sujet.
- Délimiter les contours du sujet dans le temps et dans l'espace.

Respecter ces consignes permet de limiter le risque de hors sujet.
- S'interroger sur le sens du sujet (où ? quand ? comment ? pourquoi ?…) afin d'en dégager l'idée directrice qui va servir à formuler la problématique.

Elaboration du plan
- Mobiliser les connaissances, arguments, chiffres et exemples précis.
- Dégager les principaux thèmes (3 étant l'idéal). Ils doivent s'organiser de façon logique et structurée pour former une argumentation adaptée à la problématique.
- Détailler le plan en sous-parties pour les idées secondaires et paragraphes pour les exemples.

3 - Rédaction et présentation du devoir :

Rédiger l'introduction au brouillon

- Rédiger une phrase d'amorce en utilisant un chiffre clé, un événement phare.
- Définir les termes du sujet.
- Délimiter le sujet dans le temps et dans l'espace.
- Poser la problématique.
- Annoncer le plan.

L'introduction doit être très soigneusement rédigée car elle met ainsi le correcteur dans de bonnes dispositions.

Rédiger la conclusion au brouillon

- Faire le bilan, la synthèse, c'est répondre à la problématique.
- Faire une ouverture pouvant donner lieu au traitement d'une autre question.

La conclusion doit être **très soigneusement rédigée** car elle doit laisser une dernière impression favorable au correcteur.

Rédiger les transitions au brouillon

Elles doivent conclure la partie précédente et annoncer la suivante.

Rédiger le développement

Il ne se rédige jamais au brouillon mais directement à partir du plan détaillé.

- Les parties doivent être équilibrées dans leur longueur.
- Le choix des mots de liaison est essentiel car ils contribuent à **renforcer la logique du raisonnement.**
- L'écriture doit être lisible et les phrases bien construites.

Lorsque la composition est accompagnée d'un croquis celui-ci doit être :

- **titré et légendé,**
- **précis et soigné,**
- **un complément d'informations.**

Relire tout le devoir avec attention

Corriger les fautes.

Présentation

- Le devoir doit être agréable à lire.
- La présentation doit être aérée et faire apparaître la structure du devoir (saut de ligne, alinéa).

CONSEILS PRATIQUES

→ Déterminez le type de sujet (Bilan évolutif...)

→ Mobilisez et restituez de façon cohérente vos connaissances autour d'une question.

L'explication d'un document d'histoire (épreuve mineure)

1 - Objectif : Expliquer un document en répondant à des questions.

2 - Travail préparatoire au brouillon :

- **Identifier** le document (nature précise, source, auteur, genre, contexte).
- **Souligner les informations essentielles** contenues dans le document qui vous aideront à répondre aux questions.

- Rassembler les connaissances expliquant les éléments relevés.
- Sélectionner les informations et connaissances permettant d'élargir le sujet (cf. : dernière question) après avoir montré l'intérêt du document.

3 - Rédaction des réponses aux questions posées :

- Il faut soigner le fond et la forme, soit l'argumentation et la rédaction.
- Il s'agit d'abord de présenter le document à partir des informations relevées au brouillon.
- La réponse aux 2ème et 3ème questions doit expliciter, à l'aide de vos connaissances, les éléments évoqués dans le document.
- La dernière question appelle à dégager l'intérêt du document et éventuellement apporter un regard critique.

Il faut veiller à la précision et à la rigueur des réponses.

- Relire et corriger les fautes
- Aérer la présentation en sautant une ligne entre les réponses

CONSEILS PRATIQUES

→ Relevez toutes les données concernant le document à étudier.
→ Répondez de façon claire, utilisez un vocabulaire précis et évitez de vous noyer dans vos connaissances.
→ Il ne s'agit pas de réciter votre cours.
→ Montrez l'évolution et les conséquences du problème posé si nécessaire.

<u>L'étude d'un ensemble documentaire</u> (épreuve majeure)

1 - Objectif :

Répondre à la problématique posée par le sujet en répondant aux questions posées et en construisant une argumentation structurée à l'aide des informations contenues dans les documents fournis et des connaissances personnelles. Le corpus contient au maximum 5 documents (texte, document iconographique, tableau de statistiques, carte…) relatifs à un des thèmes du programme, en Histoire ou en Géographie.

2 - Travail préparatoire au brouillon :

Compréhension du sujet : respecter les mêmes étapes que celles suivies pour la composition. L'énoncé du sujet donne une piste quant à la problématique. Vous devez lire les documents dans l'ordre. Consacrez au moins 30 minutes à la lecture du corpus.

Analyse des documents : procéder de la même façon que pour l'explication d'un document d'Histoire. Pour l'analyse des documents, il est impératif de dégager l'idée principale de chacun d'entre eux, ainsi que les idées secondaires et les concepts abordés. Les thèmes, qui vont permettre de traiter la 2ème partie du travail, doivent commencer à se dessiner.

3 - Rédaction des réponses aux questions posées (1ère partie) :

Procéder de la même façon que pour l'explication d'un document.
La contextualisation des informations doit être faite si la question le demande.
Les informations doivent être mises en relation afin de mettre en valeur tous les aspects de la question et de faire preuve d'esprit critique. Il convient de préciser clairement quels sont les documents utilisés.
Les documents peuvent faire l'objet de citations courtes et précises. Les documents iconographiques doivent être décrits avec précision et les documents statistiques exploités de façon analytique (calcul de taux de variation, de taux de répartition, transformation en valeurs relatives).

4 - Rédaction d'une réponse structurée et argumentée (2ème partie) :

La réponse doit être organisée selon les thèmes qui se sont dégagés après l'étude des documents et les réponses aux questions posées (minimum 300 mots).
Attention, il ne s'agit pas de mettre bout à bout des citations.
Il faut donc utiliser les informations relevées et les connaissances personnelles pour construire l'argumentation répondant à la problématique.
Introduction et conclusion ne sont pas obligatoires. Si vous choisissez d'en faire, elles doivent être courtes car il ne s'agit pas d'une composition.
Soigner l'orthographe et la rédaction.

CONSEILS PRATIQUES

→ Relevez le thème général de l'étude.
→ Notez les auteurs, les sources, les dates et idées principales de chaque document, ainsi que la nature des documents.
→ Dégagez toutes les informations des documents et mobilisez vos connaissances en rapport avec les thèmes.
→ Regroupez et classez les informations.
→ Rédigez la synthèse.

Le croquis de Géographie (épreuve mineure)

1 - Objectif :

Répondre à la problématique posée par le sujet en réalisant un croquis titré et légendé.

2 - Travail préparatoire au brouillon :

Travail préliminaire nécessaire à toute réalisation de croquis.

- Etre capable de localiser toutes les informations de base propres à chaque thème (fleuves, grandes villes, pays limitrophes...)
- Maîtriser tous les outils cartographiques :
  - **types de figurés** (linéaires, ponctuels, de surface)
  - **respect des couleurs de convention** (exemple : dégradé du rouge au blanc pour les densités)
  - **traduction de la nature de l'information**

L'information quantitative se traduit par des figurés de différentes tailles.
L'information qualitative se traduit par des figurés de différentes formes ou couleurs.
L'information ordonnée se traduit par l'utilisation de dégradés de couleurs.

Analyse du sujet proposé.

- **Lire** très attentivement le sujet.
- **Définir** avec précision les termes du sujet.
- **Délimiter** les contours du sujet dans le temps et dans l'espace.
- **S'interroger** sur le sens du sujet (où ? quand ? comment ? pourquoi ?...) afin d'en dégager l'idée directrice qui va servir à définir la problématique.
- **Rassembler** les informations, les connaissances permettant de répondre à la problématique.
- **Classer** ces informations en trois thèmes qui formeront la structure de la synthèse.
- **Donner** un titre explicite à chaque partie de façon à répondre à la problématique.
- **Hiérarchiser** les informations à l'intérieur de chaque partie.
- **Sélectionner** les figurés illustrant ces informations.

3 - Réalisation du croquis et conception de la légende :

Le croquis

- Faire apparaître toutes les **informations nominatives** nécessaires à l'illustration du sujet ainsi qu'un titre.
- Porter sur la carte tous les **figurés répertoriés dans la légende** illustrant les informations sélectionnées.
- **Indiquer l'échelle et l'orientation**
- **Le croquis doit être très soigné :**
  - éviter les surcharges
  - écrire très lisiblement
  - colorier avec grand soin

(Crayons pour les aplats de couleur, feutres pour les contours, règle pour les droites ...)

La légende

- A réaliser sous la carte ou sur une **feuille annexe,** jamais au dos de la carte.
- Elle doit être particulièrement soignée car c'est elle qui **donne tout son sens à la carte.**
- Elle peut être présentée comme un plan détaillé (I a, b, c ; II a, b, c…)

CONSEILS PRATIQUES

→ Utilisez des symboles explicites : points et figurés (étoiles, petits carrés, cercles…) pour des informations ponctuelles, des lignes pour des axes de communication, des trames de couleurs ou des hachurés pour déterminer une zone.

→ Veillez à ce que vos crayons soient taillés.

→ Le soin et la clarté sont indispensables.

→ La légende doit être construite et révélatrice d'une problématique.

→ La carte doit « parler » et s'imposer au correcteur. Elle doit être agréable à regarder et à lire et surtout, elle doit donner au 1er coup d'œil une vue significative du sujet.

Dissertation d'Economie : quelques règles d'or

Voici quelques conseils sur la manière de briller dans une dissertation d'économie, ou dans le travail préparatoire et la synthèse ; les propos ci-dessous ne vous empêchent pas de vérifier par vous-même les bases du développement structuré.

I Organisation du travail

La première règle de base est de ne pas se lancer tête baissée dans le sujet. Il faut bien comprendre la leçon, en tracer les contours. QUELLE EST LA QUESTION POSEE ?

Lisez les documents et essayez de dégager EN QUOI ils y répondent, même partiellement. N'en négligez aucun, ils contiennent tous un argument, une matière à réflexion. Vérifiez quels sont les documents principaux. Par exemple, faites l'effort de comprendre un graphique FBCF/PIB dans un sujet sur l'investissement, ou un texte de Bourdieu lorsqu'on étudie la reproduction sociale. Les documents servent à cerner les contours du sujet, mais ils ne seront pas, en eux-mêmes, la trame du devoir.

Distinguez les grands auteurs (Smith, Schumpeter, Bourdieu…) des travaux universitaires. Cela permet de ne pas prendre comme thèse officielle ou comme opinion ce qui relève de l'appréciation d'un professeur ou du simple énoncé d'une règle (on lit souvent : *« selon x, le PIB est la somme des Valeurs Ajoutées… »)*

Utilisez systématiquement les tableaux chiffrés, dégagez immédiatement les grandes tendances. Attention à ne pas leur faire dire plus qu'ils n'en disent : un fait peut confirmer une thèse, pas la prouver. Ebauchez un plan et organisez vos idées.

Avant de construire le plan, vérifiez bien qu'il n'est pas imposé par le sujet, auquel cas, il faut respecter la consigne ! Soyez sûr de ne pas prendre le sujet « à l'envers ». Exemple : « Les politiques libérales sont-elles efficaces ? », ne débutez pas par une longue première partie sur le rôle de l'Etat dans l'économie !
Dégagez les arguments principaux, qu'ils soient d'ordre théorique ou empirique, essayez d'évaluer leur importance dans l'argumentation, mais aussi en termes de « quantité ». Pour cela, de l'ébauche du plan à la conclusion, ayez présent à l'esprit l'interrogation : « Suis-je en train de répondre à la question posée ? ». Si oui, alors exprimez-le sans risque (mais non sans argument !). Si vous sentez qu'un élément est intéressant mais qu'il s'éloigne un peu du sujet, alors indiquez que vous en avez conscience, ce sera un plus très apprécié.

Exemple : dans un sujet sur l'égalité des chances, évoquez le principe de la « discrimination positive », bien que cela ne soit pas le cœur du sujet.
Enfin, si vous sentez que vous êtes « à côté », alors abstenez-vous ! Une dissertation n'est pas notée au poids.

II Articulation de la dissertation

Une dissertation est la présentation de thèses en présence, une démonstration (qu'il ne faut pas pousser à l'excès, néanmoins). Ce n'est pas une récitation de cours. Evitez donc les parties trop descriptives, sauf, encore une fois, si cela est imposé par le sujet. L'énoncé, les documents, sont là pour cerner le sujet. Voyez le sujet évoqué sur le libéralisme. Les documents joints à ce genre de sujet parlent des critiques libérales du rôle de l'Etat, davantage que du rôle lui-même. Alors, ne commettez pas de hors-sujet avec une première partie purement descriptive sur l'Etat, les collectivités locales, les organismes sociaux etc. ; débutez directement par les critiques libérales (effet d'éviction, courbe de Laffer…).

Il faut se méfier de la présentation « dialectique » des choses (thèse, antithèse) : en économie, bien davantage en sociologie, il n'est pas de vérité établie, ou d'opinions tranchées et diamétralement antagonistes. Souvent, une ligne directrice s'impose, avant que des nuances, des limites, ne viennent en adoucir la portée. Un plan comporte deux parties, mais rien n'interdit un plan différent, POUR PEU QUE VOTRE CHOIX SOIT JUSTIFIE DANS L'INTRODUCTION. Evitez, les plans Théorie/Pratique ou Passé/Présent qui, la plupart du temps, conduisent à des répétitions ou à des longues tirades sur des problèmes secondaires. De fait, si vous avez respecté le travail d'organisation des idées, le plan s'impose de lui-même.

III Effort rédactionnel

Règles de base :
Une dissertation est aussi un exercice de style : il comporte une introduction complète, des parties et des sous-parties distinctes, une conclusion claire. N'essayez pas de jouer l'originalité, cela est rarement payant.

1. L'introduction
Elle est capitale : dès les premières lignes, elle signale au lecteur si vous avez bien compris le sujet et si vous en avez pris toute la mesure. L'introduction comporte des passages obligés.

A- Une accroche permettant de justifier le sujet de la dissertation : il faut un peu se creuser les méninges pour relier le sujet à un fait d'actualité, à un débat de société. Avec subtilité : réfléchissez à deux fois avant d'évoquer une nouvelle mesure du gouvernement ou une critique de l'opposition. Essayez d'être original, de faire preuve d'audace, mais attention à ne pas tomber à plat dans la naïveté. N'exagérez pas l'importance du sujet en en faisant la question cruciale de l'Humanité, et évitez les « de tout temps », les « tous les économistes se demandent si »… surtout quand il s'agit de sujets très limités ou secondaires. Ne tombez pas dans l'excès inverse en expliquant que la question est mal posée ou injustifiée : cela est concevable en philosophie, pas en économie ! Et, de grâce, n'infligez pas au lecteur une définition de cours dès le premier paragraphe. Rappelez si nécessaire le cadre théorique et/ou historique, SI VOUS N'Y REVENEZ PLUS PAR LA SUITE : expliquer en introduction ce qu'est, par exemple, la concurrence pure et parfaite, permet de ne pas alourdir le discours par la suite.

B- Après avoir remis le sujet en perspective, reformulez-le adroitement, d'une phrase, en énonçant le sujet avec d'autres mots ; si vous avez bien compris le sujet, cela ne devrait pas poser de problèmes particuliers.
Exemple : « Les transformations du marché du travail dans les pays industrialisés suffisent-elles à expliquer les nouvelles formes d'actions collectives ? » Il est utile de préciser quelles sont ces nouvelles formes, qui s'est penché sur ces questions (A. Touraine, notamment, avec les Nouveaux Mouvements Sociaux), d'en donner un bref exemple et de s'interroger : « ces types d'action prennent-elles uniquement leur source dans les nombreuses mutations du marché du travail depuis un demi-siècle ? »

C- Enoncez clairement le plan : cette partie est essentielle, elle permet au lecteur d'avoir une vision claire de votre copie, et d'être certain que vous ne tombez pas dans la caricature ou le hors sujet.
Exemple : dans un sujet sur le chômage, si vous dites dès l'introduction que vous verrez en première partie le point de vue libéral avant de vous intéresser à la vision keynesienne, le lecteur ne vous reprochera pas votre manque de nuance quand vous écrirez, en première partie, que baisser les salaires crée des emplois.
Veillez à ne pas « griller » vos arguments dans l'introduction, à l'inverse, ne soyez pas trop synthétique, énoncez les principales sous-parties justifiant le plan choisi.
Ne soyez pas trop évasif, n'annoncez pas : « nous verrons en quoi les politiques libérales sont créatrices de croissance avant d'en mesurer les limites ». Expliquez : « Avant d'en mesurer les effets, nous expliquerons, en première partie, en quoi la remise en cause des principes keynésiens a conduit les Etats occidentaux à se désengager de l'économie. Puis, dans une seconde partie, nous verrons le rôle fondamental que conserve l'action publique et combien les Etats réputés libéraux laissent une place au rôle de l'Etat ». Voilà quatre sous-parties détaillées en quelques mots…

2 Rédaction : le terrain est défriché, il faut maintenant se lancer :

Bien sûr, la règle de base est de respecter le plan choisi, en articulant correctement les idées. Attention aux phrases de transitions, elles ne doivent pas être une énième paraphrase du sujet, ni une énième introduction, mais témoigner d'un lien logique entre les parties.

Exemple : bannissez « *nous avons vu que l'école était un moyen pour l'Etat de favoriser l'égalité des chances, voyons maintenant le rôle de l'Etat-Providence » ; préférez : « l'école est un levier essentiel dans la recherche d'égalité des chances, mais après son action, l'Etat dispose d'instruments propres pour mener cette ambition »*...

Il est parfois recommandé de titrer parties et sous-parties ; vous ne serez sans doute pas sanctionné si vous les oubliez, notamment pour les sous-parties. Interdisez-vous les couleurs, cadres, soulignages : ils constituent une perte de temps et servent surtout à mettre en relief le manque de fond de votre discours ! Dans une synthèse, il est intéressant de trouver deux titres de parties qui se répondent ou se complètent, la plupart du temps, une paraphrase (courte) de l'énoncé suffit.

UTILISEZ SYSTEMATIQUEMENT ou quasi-systématiquement les documents présentés en annexe, EN APPUI de votre démonstration, de votre argumentation. Ils ne doivent pas être utilisés pour eux-mêmes (UNE DISSERTATION N'EST PAS UNE ETUDE DE TEXTES !). Essayez d'en faire mention subtilement, <u>en illustration</u> de votre réflexion : ne débutez pas une phrase (surtout s'il s'agit de la première phrase d'une sous-partie) par : « *Le document 3 nous dit que...* » ; adoptez de préférence le schéma suivant : « *...(arguments personnels)......., ainsi qu'expliqué par Pierre Bourdieu lorsqu'il énonce : « citation »* (document 3). » Bien sûr, il ne faut pas être systématique et varier les présentations. Lorsque vous faites référence à un document chiffré, citez les principaux chiffres, sans répéter toute une colonne ou toute une ligne ! Ne perdez pas de temps non plus à redonner toutes les références bibliographiques des documents, cela donne une impression désagréable de remplissage. A l'inverse, ne vous contentez pas de simples renvois aux documents en priant le lecteur d'aller voir lui-même !

N'hésitez pas à faire se répondre les documents : « *Le titre de l'oeuvre d'Alain Thélot, « tel père tel fils » (doc. 3) résume bien l'idée de reproduction sociale, que confirment les chiffres du document 2 : 36 % des enfants de cadres supérieurs effectuent un troisième cycle universitaire, contre 4,8 % des enfants d'ouvriers* ».

Dans une synthèse, reprenez les questions comme « fil rouge » de votre argumentation, mais il est maladroit de s'y référer directement ; reprenez-en les idées, les sources, les exemples, en évitant de trop vous répéter par rapport au travail préparatoire. N'abusez donc pas trop d'exemples dans le travail préparatoire, gardez-en pour la synthèse !

STYLE : il est essentiel, selon l'adage bien connu « ce qui se conçoit bien s'énonce clairement. »

Faites des phrases courtes : la règle d'or devrait être : « une idée, une phrase ». Enchaînez vos arguments de manière à ne pas être trop « elliptique » (passer trop vite à la conclusion). Lorsque vous décrivez, par exemple, le processus de relance keynésienne, détachez bien chaque étape, précisez qui fait quoi et quels sont les effets de la consommation sur la demande, l'offre des entreprises, les prix, les taux d'intérêt...en faisant une phrase à chaque fois ! Ne cherchez pas à faire de beaux effets en résumant tout d'une phrase. Ces conseils sont aussi valables pour le travail préparatoire de questions...

Normalement, dans une dissertation, on suppose les concepts connus, il est donc inutile, la plupart du temps, de définir toutes les notions utilisées, sauf bien sûr si la définition est en soi un élément d'argumentation et/ou est le cœur du sujet. De même, il faut définir les termes compliqués.

Exemple : « l'effet d'éviction empêche une croissance soutenue du PIB », inutile d'expliquer ici ce qu'est le PIB, mais vous devez définir l'effet d'éviction. Si vous avez un sujet sur le rôle de l'Etat, épargnez au lecteur une longue tirade sur les fonctions régaliennes de l'Etat, voire sur la séparation des pouvoirs, le vote des budgets...vous ne rédigez pas une dissertation de droit constitutionnel ! Cette erreur est hélas fréquente...

Inutile de rappeler le sens de tous les acronymes (SMIC, INSEE, PNB, CDI...) mais évitez la répétition en évoquant plus loin le salaire minimum, la richesse nationale, les emplois typiques... Par contre définissez les sigles moins courants, notamment ceux utilisés par les chercheurs, comme « Nouveaux Mouvements Sociaux ».

N'abusez pas en début de phrase ou de paragraphe des petits mots de liaison type « effectivement, néanmoins, mais, donc… ». Souvent, ils alourdissent le discours tout en en atténuant le sens. Méfiez-vous du « en effet » ou du « effectivement » ; ils ne s'emploient que pour souligner qu'une vision théorique ou de portée générale se confirme dans les faits. Beaucoup l'emploient pour répéter la phrase précédente, sans rien apporter. Souvent, on peut remplacer avantageusement le « effectivement » par un « : ». (« Les libéraux contestent cette approche : Milton Friedman explique que… »).

Bien sûr, soignez votre syntaxe, faites la chasse aux « il y a », aux « malgré que » aux « au niveau de » et autres tics de langage. Evitez les mots entre guillemets, sauf citation ou références connues (le « trou de la sécu », par exemple) ; si un terme est maladroit, changez-le !
Choisissez bien le vocabulaire, attention aux mots trop forts, qui ne laissent aucune nuance, et aux expressions familières. Argumentez avec soin, mais ne confondez pas dissertation et démonstration mathématique : abstenez-vous des expressions « nous avons démontré que, nous avons réfuté l'hypothèse », qui font un peu vantard…Raisonnez en nuance ! Dans la rédaction, quand vous savez que vous reviendrez sur un élément contesté dans une autre partie, n'hésitez pas à le faire savoir : « nous verrons plus tard que des éléments viennent nuancer ce propos » : c'est très apprécié du lecteur qui n'a pas à écrire « exagéré », ou « critiquable » dans la marge.

Gare à l'utilisation abusive de mots connotés économie, mais sortis du contexte.
Exemple : l'Etat va gérer le problème, une personne s'investit dans un projet, ces entreprises ont un certain pouvoir de monopole, le taux de formation, les prix ont évolué (sans en préciser le sens) », tous ces termes sont à bannir !

Utilisez le vocabulaire adéquat qui enrichit la réflexion (plafond de verre, OPCVM…) mais ne tombez pas dans le jargon (remplacez « les agents économiques » par « les consommateurs », selon le sens, et FBCF peut dans le discours se remplacer par investissements) et n'utilisez pas de sigles ou d'abréviations personnels. La lecture de votre copie doit être fluide : si le correcteur marque un temps d'arrêt, doit s'interroger sur le sens d'un mot, d'une phrase, il le sanctionnera à la notation ! On n'insistera jamais assez sur l'importance de la clarté de l'expression et de l'orthographe, prévoyez un temps de relecture à cet effet.

On ne vous en voudra pas trop d'exprimer des idées personnelles, mais dans la mesure du possible, réfugiez-vous derrière des auteurs ou des courants de pensée connus, c'est plus prudent ! Evitez les discours programmes (« il faudrait dénationaliser », « il faudrait décider de taxer »,…) quel qu'en soit le sens ! Bref, n'oubliez pas la règle d'or : FAITES SIMPLE !

De l'utilisation raisonnable des pourcentages

Savoir replacer avec élégance les outils statistiques issus d'un tableau est essentiel dans un travail. Après avoir lu le tableau, dégagé les grandes tendances, les points d'inflexion, voyez quels chiffres semblent les plus significatifs pour étayer vos arguments. N'oubliez pas que les chiffres servent à illustrer un propos, à faire une image, alors ne compliquez pas ! Citez les bons chiffres, mais ne recopiez pas tout ! Si vous avez des données brutes (milliards d'euros) vous pouvez faire un simple calcul de pourcentages.
Si vous avez déjà des pourcentages, des taux, ne refaites pas de calculs inutiles, utilisez la notion de « point de pourcentage », mais uniquement pour éviter des répétitions.
Exemple :

	1981	**1986**	**1990**	**1996**	**2001**
Cotisations	76,8	76,3	79,5	74,8	66,5
Impôts, taxes	17,6	17,8	17,0	22,0	30,8
Autres	5,6	5,9	3,5	3,2	2,7

Répartition des ressources de la protection sociale en France, en pourcentages. Source : Insee, 2003

Voyons le tableau ci-dessus : il s'agit de parts, de pourcentages. Vérifions que la somme des colonnes fait bien 100 % : on a ainsi la clef de lecture du tableau. On s'interdira donc toute addition par ligne ! On peut en revanche additionner par colonne (si cela a de l'intérêt) : en 1996, les ressources de la protection sociale étaient constituées à 96,8 % des cotisations, impôts et taxes.

Plus intéressant, on observe qu'entre 1981 et 1990, la part des cotisations dans les ressources de la protection sociale a légèrement augmenté *(de 76,8 % à 79,5 %, soit +2,7 points) avant de fortement reculer pour s'inscrire en baisse de 13 points à 66,5 % en 2001. Dans le même temps, la part des impôts et taxes, quasi stable dans les années 1980, a bondi de 13,8 points à 30,8 %*. (Rappel : on écrit 1,99 point, au singulier !)

Ne vous amusez pas à calculer que la part des cotisations a reculé de 16,3 % à 66,5 % en 2001, les « pourcentages de pourcentages » n'ont pas de véritable intérêt et sont sources d'erreurs.
Conseil : forcez-vous à lire, de temps à autre, des journaux économiques, des articles un peu compliqués, voyez comment s'effectue la présentation des données et des arguments.

Méthodologie du Bac en langues

Voici comment se compose une épreuve de langue. L'anglais a été pris en exemple mais c'est le même principe pour chaque langue.

Série L LV1 :	Étude de texte : Traduction :	14 points 6 points
Série L LV2 :	Compréhension : (avec éventuellement traduction) Expression :	10 points 10 points
Série ES LV1 :	Compréhension : (avec éventuellement traduction) Expression :	10 points 10 points
Série ES LV2 :	Épreuve orale de 20 minutes	
Série S LV1 :	Compréhension : (avec éventuellement traduction) Expression :	10 points 10 points
Série S LV2 :	Compréhension : (avec éventuellement traduction) Expression :	10 points 10 points

Attention ! Les terminales S LV2 passent une épreuve écrite obligatoire de langue vivante 2.

L'épreuve est composée d'une compréhension de texte, d'une compétence linguistique et d'expression libre. Vous avez en plus une compétence linguistique pour les ES/S même si cette partie n'existe plus en tant que telle au baccalauréat. Cet exercice sera un plus pour travailler votre langue. Il faut savoir que la richesse et la finesse de votre langue seront jugées dans votre expression personnelle mais des exercices purs de compétence linguistique peuvent être d'une grande utilité.

Vous remarquerez également que les consignes des exercices sont en anglais comme le demandent maintenant les Institutions Officielles.

Le paragraphe à traduire pour les L est plus long, le deuxième paragraphe est destiné au T S et le troisième paragraphe pour les T ES. Les deux devront affiner leur traduction en faisant preuve de talent littéraire, grammatical et de style. Les traductions pour les ES et S sont moins importantes.

Pour vous aider dans votre travail, il serait bon que vous vous procuriez « Pratique de l'Anglais de A à Z », de Françoise Houdart et Michael Swan, édité chez Hatier. La nouvelle mouture, celle de 2003, argumentée, améliorée, devra vous guider et vous éclairer pour tout ce que vous entreprendrez.

L'épreuve du bac en sciences

L'épreuve écrite se subdivise en deux parties : une première, constituée de deux exercices à résoudre par tous les candidats, et une seconde, comportant un exercice différent suivant que l'élève a suivi ou non l'enseignement de spécialité.

La première partie est notée sur 12 points environ, la répartition des points entre physique et chimie n'étant pas fixée. Un premier exercice porte sur la physique (respectivement la chimie) si l'exercice de la seconde partie porte sur la chimie (respectivement la physique). Un deuxième exercice est conçu de façon à ce que l'ensemble de la partie écrite s'approche au mieux de la répartition 60% des points en physique et 40% des points en chimie (répartition correspondant aux durées d'enseignement respectives de la physique et de la chimie prévues par le programme).

L'exercice de la seconde partie est noté sur 4 points environ et porte sur la physique ou la chimie, en fonction du thème du premier exercice de la première partie.
Pour les candidats ayant suivi l'enseignement de spécialité, il porte sur le programme de cet enseignement. Pour les autres, il peut porter sur n'importe quel chapitre de l'enseignement obligatoire (y compris ceux déjà abordés en première partie).

La rédaction des questions doit être soignée. Une copie de physique chimie ne peut se résumer à une suite d'équations ; des justifications rédigées dans un français correct doivent accompagner chacune de vos réponses. On rappelle notamment qu'une copie rédigée au crayon n'est pas prise en compte (par contre les schémas peuvent bien sûr être réalisés au crayon). Soignez également votre écriture ainsi que la présentation générale de votre travail. N'oubliez pas qu'une copie mal soignée peut être pénalisée.

Les schémas demandés doivent être clairs et complets : traits tirés à la règle, annotations pertinentes et en quantité suffisante. L'utilisation de la couleur peut se révéler fort utile pour la clarté de l'ensemble (notamment en optique).

Les formules sont destinées (sauf indication contraire explicite) à être appliquées avec les grandeurs exprimées en unité SI. Il ne faut donc pas négliger de faire au préalable les conversions utiles.

Lors de la résolution d'une question calculatoire, on doit d'abord fournir une formule littérale (qu'il convient d'encadrer pour plus de clarté) avant de passer à l'application numérique.

Lors de l'établissement d'une formule, il faut penser à vérifier (au moins à la fin) l'homogénéité de l'expression trouvée. Pensez notamment au fait que l'argument des fonctions sinusoïdales, logarithme et exponentielle se doit d'être sans dimension…

Chaque résultat numérique doit être accompagné de son unité sous peine de n'être pas pris en compte.

Lors de l'écriture d'un résultat numérique, soyez cohérent dans le nombre de chiffres significatifs utilisés.
Les exercices de mécanique et d'électricité doivent être accompagnés d'un schéma clair précisant les conventions utilisées (repère choisi en mécanique, orientation des tensions et des courants en électricité). En l'absence de schéma, le correcteur déduira tout ou partie des points attribués à la question.

Lors de la résolution d'un QCM, lisez attentivement chaque réponse formulée. Pour valider une réponse, tout ce qui y est mentionné doit être correct. Pensez également qu'aucune, ou au contraire plusieurs réponses peuvent parfois s'avérer justes.

Méthodologie du bac en sciences

Chapitre 4

Gérez votre temps, ne passez pas la moitié du temps imparti sur le premier exercice au détriment des autres.

Jetez un coup d'œil rapide sur l'ensemble du sujet afin de décider par quel exercice commencer.

CONSEILS PRATIQUES

Un résultat numérique ne doit pas comporter plus de chiffres significatifs que la donnée la moins précise du problème. Par exemple, si on calcule 2,0 + 5,21, le résultat doit être 7,2 et non 7,21. La donnée la moins précise, 2,0 ne comportait en effet que deux chiffres significatifs.

Une manière simple de détecter une erreur dans l'établissement d'une formule est de vérifier que l'unité dans laquelle vous exprimez chacun des deux membres de l'équation est bien la même. Par exemple, dans l'expression de la période d'oscillation d'un pendule simple ($T_0 = 2\Pi\sqrt{\frac{1}{g}}$), T_0 est un temps exprimé en seconde, la longueur l s'exprime en mètre et g en mètre par seconde au carré. La formule est bien homogène.

Les épreuves

Les lycéens qui présentent le Baccalauréat scientifique peuvent avoir les Sciences de la Vie et de la Terre en enseignement obligatoire ou en enseignement de spécialité.

Votre sujet de SVT lors de votre passage du baccalauréat série scientifique sera composé de deux parties :

→ Les questions I et II a sont communes à tous les candidats.

→ La question II b est différente selon si l'enseignement est obligatoire ou de spécialité.

→ La première question (type I) est une restitution de connaissances, sans document. C'est en fait une question de cours (10 points).

→ La deuxième question (type II a) s'oriente sur l'utilisation des connaissances pour exploiter et analyser un document (4 points).

→ La deuxième question (type II b) porte sur l'étude de quelques documents qui sont souvent inconnus et doivent permettre au lycéen de compléter l'étude précédente et d'apporter une solution beaucoup plus élaborée. Pour l'enseignement obligatoire cette question peut porter sur la même partie du programme que la question II a (6 points).

Remarque (les élèves passant le baccalauréat en candidat libre en sont dispensés) :

Une séance de travaux pratiques sera organisée en fin d'année et durera trois quarts d'heure. Elle consistera dans la réalisation d'une préparation microscopique, ou de réglage du microscope, ou à faire une recherche au microscope, ou dans l'élaboration d'un dessin d'observation...Chaque élève manipulera seul. La note sera inscrite dans le livret scolaire.

En Sciences de la Vie et de la Terre, il faut toujours imaginer que la personne qui va vous lire ne connaît absolument rien sur le sujet traité. Il faut donc bien expliquer les choses de façon simple, détaillée et claire. Faites que les choses s'enchaînent de façon logique. Faites un schéma explicatif (ou récapitulatif) chaque fois que c'est possible. En sciences il vaut mieux un bon schéma avec des courtes explications que des pages de rédaction. Enfin, n'oublions pas cette maxime de Foch : « Pour réussir, il faut un but, un plan, une méthode, et en poursuivre l'application avec une active ténacité ».
Avoir des connaissances, c'est bien, Néanmoins, il faut savoir les présenter, les organiser, c'est le « savoir-faire » en SVT.

I. Restitution des connaissances (10 points)

La restitution des connaissances est, en fait, une question de cours qui vous sera posée pour vérifier, par rapport au sujet donné, les connaissances que vous avez acquises durant votre année scolaire.

Les conseils de méthodologie pour restituer ses connaissances sont :

→ **Lire le sujet**
Vous devez lire deux fois le texte, une première fois pour la compréhension globale et une deuxième fois pour repérer les faits essentiels. Il ne faudra pas oublier de souligner les mots importants.

→ **Utilisation d'un brouillon**
Sur une première feuille, faites apparaître toutes vos idées sans les ordonner. Par la suite, élaborez un plan.

→ **Le plan**
Le plan comprend trois parties : une introduction, un développement et une conclusion.

→ **L'introduction**
Votre introduction va être une étape où la problématique va être exposée. Elle devra comporter une définition et éventuellement un historique. Cinq à dix lignes suffisent. L'introduction sert à présenter votre développement.

→ **Le développement**
Le développement sera subdivisé en étapes successives. Chacune n'abordera qu'un aspect du problème et s'enchaînera le plus logiquement possible avec la précédente. C'est ce qu'on appelle la transition. Il faut prévoir l'emplacement des schémas et de leurs titres. N'oubliez pas qu'un bon schéma vaut mieux qu'une longue explication complexe. Un plan logique permet de répondre à toutes les questions posées. Après l'élaboration, la vérification : pas d'oubli, ni de hors sujet, tout en respectant une bonne cohérence avec l'introduction et la conclusion. Pour éviter le hors sujet, il faut cibler sa réponse avec précision. Ne perdez pas un temps précieux en utilisant des connaissances inutiles pour le sujet.

→ **La conclusion**
La conclusion peut s'écrire en une dizaine de lignes ou bien se présenter sous la forme d'un schéma de synthèse. Elle élabore un bilan de la problématique et démontre que cette dernière a bien été résolue. Elle permet d'ouvrir sur une perspective évolutive du sujet traité.

Remarques :
Pour traiter l'exercice de restitution des connaissances, nous vous conseillons de le faire en 1h30.

II. L'utilisation des connaissances pour exploiter des documents de SVT (4 points).

Cela va permettre d'évaluer la capacité du lycéen à extraire dans un document scientifique des informations utiles pour résoudre un problème de SVT. Le document qui est soumis à l'élève a été très souvent étudié en terminale scientifique. Il faudra l'analyser, c'est-à-dire dégager les informations utiles pour traiter cet exercice. Par la suite, il faudra interpréter ce que vous avez analysé grâce à vos connaissances et à l'observation des documents. Enfin, il faudra conclure, c'est-à-dire que votre conclusion apportera une réponse au problème.

Remarques :
Il ne faut pas exclusivement compléter votre exposé par vos connaissances. En effet, l'exploitation des documents va permettre à l'examinateur d'apprécier vos capacités à extraire des informations à partir de faits scientifiques qui vous sont présentés. Le temps que vous devez utiliser pour cet exercice se situe entre 45 minutes et 1 heure.

III. Rédaction d'une synthèse pour résoudre un problème en SVT (6 points)

Le texte officiel nous précise : « le second exercice permet d'évaluer, à partir de l'exploitation de 2 ou 3 documents, la capacité à résoudre le problème scientifique posé, en relation avec les connaissances du candidat. Ce second exercice est noté sur 6 points. Pour les candidats qui n'ont suivi que l'enseignement obligatoire, le deuxième exercice peut porter ou non sur la même partie du programme que le premier exercice». Pour faire cette synthèse, il faut une courte introduction, un développement organisé et structuré, une conclusion sous forme d'une rédaction ou d'un schéma explicatif. L'élève aura quelques documents souvent inconnus qui doivent lui permettre de compléter l'étude précédente et d'apporter une solution plus élaborée. Cette partie peut porter sur la même partie du programme que la question II a.
Il faudra relier les documents en les intégrant les uns aux autres dans un exposé clair et bien construit, ce qui permettra de répondre au problème posé.

Remarques :
Pour traiter cet exercice, nous vous conseillons une durée d'1 heure. Il ne faut pas essentiellement restituer ses connaissances, mais trouver une méthode de raisonnement, d'analyse, d'interprétation méthodique, ainsi qu'une mise en relation des informations qui vous sont transmises. Dans cet exercice, il ne faut pas analyser de façon exhaustive chaque document, mais il faut se limiter aux données qui sont en relation de façon directe avec la question posée. En un mot, il ne faut pas dépasser les limites de la question.

CONSEILS PRATIQUES
→ Apporter un soin particulier à l'orthographe (en particulier sur les mots scientifiques), à la clarté des schémas et à la présentation.
→ Eviter le rouge et le crayon à papier (sauf pour faire les schémas).
→ Faire un schéma au lieu d'une longue rédaction complexe. Vous risquerez moins de faire du hors sujet.
→ Traiter tous les sujets et faire attention au respect du temps que l'on vous a donné. N'oublions pas cette citation de Voltaire qui disait « le temps n'épargne pas ce que l'on a fait sans lui ».
→ Prenez 10 minutes pour relire votre devoir avant de le remettre à l'examinateur.
→ Toujours légender les schémas.
→ Pas plus de deux schémas par feuille.
→ Soyez synthétique dans vos schémas.
→ Ne mettez pas d'abréviations au niveau de vos schémas.

Voici donc quelques conseils pour élaborer un dessin d'observation.
Pour mettre en oeuvre un dessin d'observation, il faut :
→ Le dessin d'observation est une forme de communication et de transmission de votre savoir en Sciences de la Vie et de la Terre.
→ Le matériel de base est un crayon, une gomme et une règle.
→ Il ne faut jamais utiliser de couleur, de feutre. Seul le crayon est autorisé.
→ Les traits doivent être faits à la règle, et ne doivent pas se croiser.
→ Le schéma doit être clair, légendé. Ne rien inscrire à l'intérieur du schéma.
→ Faites un ou deux schémas par page.
→ Donnez un titre au schéma. Ce dernier s'écrit toujours sous le schéma et en majuscule.
→ Si l'observation a été faite à la loupe, au microscope... il faut le notifier.
→ Si il y a eu une préparation ou un grossissement pour l'observation, il faut le préciser.
→ La présentation doit être soignée et la mise en page correcte.
→ Pour les schémas, on peut utiliser du papier millimétré, si cela est demandé.

Annexe

A. LE XVIème SIECLE : L'HUMANISME

1. On fait commencer l'âge moderne en 1453, à la chute de Constantinople qui correspond à la fin de l'Empire romain d'Orient.

Le commerce international entre l'Empire et l'Asie est interrompu, il est essentiel, car de Chine et d'Inde proviennent le thé, la canne à sucre, la soie et les épices. Les épices jouent un rôle de grande importance dans la conservation des aliments.

2. L'Europe cherche un moyen de renouer avec l'Asie par l'Ouest, c'est la découverte en octobre 1492 de l'Amérique qui bouleverse la vision du monde.

L'homme devient le centre du monde et remplace Dieu.

3. La découverte de l'Italie et de l'antiquité romaine et grecque modifie la littérature française. Charles VIII avait déjà entrepris une expédition à Naples en 1495 mais en 1515 François Ier, par sa victoire à Marignan, conquiert l'Italie jusqu'en 1525, date de sa défaite à Pavie.

François Ier est ébloui par les arts et la culture italienne. Il ramène la Joconde et Léonard de Vinci qui entreprend les plans du château de Chambord.

Les architectes et ouvriers italiens construisent le château de Fontainebleau. L'architecture française sera dépendante de l'architecture italienne jusqu'au milieu du XVIIème siècle.

François Ier découvre une littérature en langue italienne et notamment Dante, l'auteur de la Divine Comédie.

En 1539 par l'Edit de Villers-Cotterêts, il impose la langue française dans les actes officiels et de justice.

Pour enrichir la langue française qui remplace le latin, François Ier encourage un mouvement littéraire : la Pléiade qui comprend **Du Bellay, Ronsard, Baïf, Rémy Belleau, Jodelle, Pontus de Tyard**.

Du Bellay, au nom de la Pléiade, publie en 1547, « *Défense et Illustration de la langue française.* » Il utilise trois procédés pour créer du vocabulaire :

- L'infinitif nom : à partir d'un verbe, il crée un nom.
  Exemple : un aller, un déjeuner, un dîner.

- L'adjectif substantivé : à partir d'un adjectif, il crée un nom.
  Exemple : le chaud, le froid, l'épais.

- La Pléiade introduit dans la langue française des mots issus de Picardie et du Vallon (Val de Loire) ainsi que des locutions latines.

B. LE XVIIème : LE CLASSICISME

Le classicisme est un mouvement contre le désordre et le libre génie de la Renaissance. Il exprime l'exigence d'un ordre, du bon goût et de la clarté.

Boileau déclare : "ce que l'on conçoit bien s'énonce clairement"

L'ordre se manifeste dans tous les domaines. Les jardins à la française dessinés par Le Nôtre à Versailles évoquent la rigueur et la droiture.

Le classicisme se définit par la sobriété, la mesure et le goût de plaire.

Molière : *"La grande règle de toutes les règles est de plaire"*

Racine dans la préface de Bérénice ajoute : *"La principale règle est de plaire et de toucher"*

Le XVIIème siècle est marqué par trois apports dans la littérature :

- **Malherbe** (1555-1628) reproche aux disciples de la Pléiade leurs négligences et leurs audaces. Il amorce une réforme de la langue. Il veut débarrasser la langue française des mots étrangers, des latinismes, des locutions patoises. Il propose de rejeter les mots que la langue courante n'a pas assimilés et de ne retenir que le bon usage de la cour. Il recommande aux écrivains un style simple et clair.
En 1635, Richelieu fonde l'Académie française. Le 1er dictionnaire paraît en 1694 et sert désormais de référence pour le vocabulaire.

- Un deuxième mouvement en opposition avec le précédent influence le XVIIème siècle : l'esprit précieux.
La préciosité recherche la distinction sous toutes ses formes. Elle s'oppose au vulgaire et à la grossièreté. Elle s'exprime par la dignité des mœurs, l'élégance de la tenue. Cette recherche du raffinement s'affirme par le costume à dentelles, des chapeaux à plumes et des parfums.
Les précieux se réunissent autour de Madame de Rambouillet, rue Saint Thomas près du Louvre. Ils exaltent l'héroïsme et divinisent l'amour. Mademoiselle de Scudéry imagine la carte du Tendre qui devient le code de l'amour précieux d'une élite mondaine.
Les précieux poussent à l'extrême les comparaisons galantes : *"la femme aimée obscurcit le soleil par l'éclat de ses yeux"*.

Ils multiplient les adverbes de manière comme : furieusement, terriblement, gracieusement. Ils recourent à des périphrases qui ont enrichi la langue française comme : *avoir l'intelligence épaisse, perdre son sérieux, être d'une humeur communicative, laisser mourir la conversation.*

Ils ont inventé des métaphores qui sont restées dans la langue comme : *coup de foudre, être étonné.*

La préciosité a orienté la littérature vers l'idéalisme et les oeuvres psychologiques. *La Princesse de Clèves* de **Madame de la Fayette**, parue en 1678, obéit au code de l'amour. L'atmosphère est morale et exalte le courage pour lutter contre un amour interdit. Pour l'esthétique précieuse, l'amour insatisfait permet de conserver l'idéal de pureté. La beauté d'une œuvre tient moins aux idées exprimées qu'à la façon de les exprimer. On recherche donc la forme.

- Le troisième mouvement, le plus fécond pour le classicisme se situe dans l'œuvre de **Descartes** (1596-1650).

Le Discours de la méthode publié en 1637 fonde la raison et l'ordre logique. **Descartes** célèbre la liberté humaine et montre l'importance de la volonté. Il se méfie des sens et donne une **primauté au rationnel**.

Dans les *Règles pour la direction de l'esprit*, il écrit en 1628 : "*Il n'est pas besoin d'imposer des bornes à l'esprit*", "*si quelqu'un veut chercher la vérité ... il ne doit songer qu'à accroître la lumière naturelle de sa raison*".

Molière dans *Dom Juan* reprend une explication arithmétique du monde : "*je crois que deux et deux font quatre, Sganarelle, et que quatre et quatre font huit*".

Le théâtre classique illustre l'ordre en reprenant les règles du théâtre grec du Vème siècle avant J.-C.

La règle des trois unités comprend :
- L'unité de temps,
- L'unité de lieu,
- L'unité d'action.

Le mélange des genres est proscrit dans le théâtre. Molière appliquera ces règles, sauf dans Dom Juan.

C. LE XVIIIème SIECLE : LES LUMIERES

Le siècle des philosophes ou des Lumières

A la mort de Louis XIV en 1715, l'autorité royale s'affaiblit. La régence du Duc d'Orléans de 1715 à 1723 est une période de recherche du plaisir et de grande liberté.

Voltaire déclare : "*Voici venu le temps de l'aimable Régence.*
Temps fortuné marqué par la licence".

Les philosophes réfléchissent sur les grands problèmes : l'origine du monde, la nature, la destinée des hommes.
Ils fondent leurs recherches sur la raison et l'expérience, ils critiquent la foi et la vérité révélée.

Les voyages sont à la mode, notamment vers l'Orient et l'Angleterre. Au début du XVIIIème siècle, les cafés littéraires deviennent à la mode comme le Procope, rue Dauphine, le café de l'entresol place Vendôme (l'actuel Hôtel Ritz), le café Gradot, le café Laurent sur les Champs Elysées. En 1715, on dénombre 300 cafés à Paris.

Montesquieu déclare à propos du café Laurent : "*On apprête le café de telle manière qu'il donne de l'esprit à ceux qui en prennent*".

Les salons privés se transforment en café, tables de jeux et de boissons.

Dans le salon de la Duchesse du Maine à Sceaux, on joue la comédie. Des grandes fêtes de nuit ont lieu à la lueur des flambeaux. Les divertissements et fêtes sont suivis de soupers fins.

Les entretiens littéraires et les discussions jettent des idées nouvelles. La science se mêle aux fêtes galantes. La Régence du Duc d'Orléans est une période frivole. Le Duc a le goût des fêtes galantes où l'élégance côtoie le raffinement de la table. Le train de vie de la cour à Versailles est fastueux.

Dans la première partie du XVIIIème siècle l'esprit de **Descartes** se développe avec **Montesquieu** (1689-1755). Il lutte contre les lettres de cachet (lettre du Roi qui donnait l'ordre d'emprisonner une personne), la torture, la guerre et les pénalités barbares. Il a le respect de la personne humaine : *"La raison veille à ne pas laisser l'âme sous la dépendance des passions"* ; *"Il est agréable d'aimer mais non pas d'être enchaîné par l'amour"*.

A partir de 1750 une réaction se produit contre la sécheresse de la raison. La raison semble parfois ennuyeuse. Madame de Puisieux déclare "Vivre sans passions, c'est dormir toute sa vie".

Les larmes, les soupirs, les effusions deviennent à la mode ainsi que les extases et les désespoirs.

On aime se promener non plus dans les jardins dessinés à la française, mais dans d'épaisses forêts ou dans des sentiers de montagne. On rêve d'une nature sauvage et solitaire.

Rousseau dans la *Nouvelle Héloïse* publiée en 1761 décrit les délices de la nature et analyse sa sensibilité amoureuse. Son imagination et sa sensibilité sont la source du romantisme qui se développera au XIXème siècle.

Le mot "nature" souvent employé au XVIIIème siècle prend plusieurs sens. Chez **Diderot**, la nature personnifie la force active qui fonde et conserve l'ordre du monde, c'est une façon de croire à l'être divin que l'on refuse d'identifier au Dieu des chrétiens.

Pour **Rousseau**, l'état de nature est antérieur au progrès. Dans l'état de nature, les hommes étaient libres et égaux. Mais la société les a corrompus. Rousseau voit donc dans la nature la source même de la vertu et du bonheur.

Voltaire développe **la notion de relativisme en philosophie.**

Dans le dictionnaire philosophique il déclare : *"Demandez à un crapaud ce qu'est la beauté, il vous répondra que c'est sa crapaude avec deux gros yeux sortis de sa petite tête ronde, une gueule longue et plate, un ventre jaune, un dos brun"*. Ce relativisme absolu aboutit à la négation des valeurs.

Dans *l'Ingénu* publié en 1767, Voltaire à travers le Huron développe l'altérité et la relativité. Voltaire influencé par le philosophe anglais Locke, qui établit que toutes nos idées viennent par les sens, déclare : *"il n'y a pas d'idées innées, toutes proviennent de nos sens"*. Il revient ainsi sur l'œuvre de Descartes.

Jean-Jacques **Rousseau** développe l'idée d'une nature bonne par essence. Dans le *Discours sur les Sciences et les Arts* il écrit : *"L'homme naît bon c'est la société qui le corrompt"* Il s'oppose à la déchéance de l'homme provoqué par le péché originel. L'idéal de Rousseau consiste à préserver la liberté naturelle de l'homme.

Trois mots reviennent sous la plume des philosophes : la raison, la nature et la vertu.

D. LE XIXème SIECLE : LE ROMANTISME

L'origine du romantisme remonte à la seconde moitié du XVIIIème siècle. Jean-Jacques **Rousseau**, et André **Chénier** sont les précurseurs du romantisme, ils accordent aux sentiments une place importante. Chateaubriand influencé par **Rousseau** illustrera dans *Atala* et *René* sa sensibilité et son imagination.

Le romantisme tend à exprimer des états d'âme. Les poètes expriment leurs souffrances, leurs angoisses et leurs extases.

Le salon de l'Arsenal entre 1824 et 1830 réunit **Victor Hugo, Alfred de Vigny, Lamartine, Gérard de Nerval**. *Le Lac*, poème publié en 1820, par **Lamartine**, sert de modèle aux artistes.

En 1827, **Victor Hugo** fonde le Cénacle et réunit dans son appartement rue N.-D. des Champs : **Alfred de Vigny, Alfred de Musset, Théophile Gautier, Gérard de Nerval, Alexandre Dumas, Honoré de Balzac.** Dans la préface d'*Hernani* en 1830, Victor Hugo définit le romantisme : "*Comme le libéralisme en littérature*" ; "*La liberté dans l'art, la liberté dans la société ... A peuple nouveau, art nouveau*"

Le Cénacle mène avec la représentation d'Hernani une bataille décisive contre le formalisme classique. Peu après ce triomphe, **le Cénacle** se disloque. **Alfred de Musset** s'affranchit de **Victor Hugo** et condamne le nouvel esprit qui exalte la mission sociale de l'écrivain.

Alfred de Musset : "*C'est un triste métier que de suivre la foule*". Il voit dans le romantisme l'expression d'une sensibilité exaltée.
Dans *Namouna* en 1831, il écrit : "*Sachez-le, c'est le cœur qui parle et qui soupire lorsque la main écrit*".
Après la bataille d'Hernani les poètes suivent leur génie individuel.

Le romantisme a consacré la vogue du roman qui cherche à faire revivre une époque historique, comme **Balzac** et **Stendhal**. Les œuvres d'**Alexandre Dumas** pénètrent les milieux populaires.

Le romantisme a favorisé un nouveau théâtre qui se caractérise par le mélange du tragique et du comique. Le romantisme a mis l'histoire à la mode. **Michelet** s'est assigné comme programme : "la résurrection intégrale du passé".

Aux écrivains classiques, les romantiques reprochent d'avoir posé en principe la souveraineté de la raison et d'avoir sacrifié les caprices de la rêverie ou les élans du cœur. Au XVIIème siècle, **Boileau** déclarait : "Aimez donc la raison", **Musset** au XIXème siècle lui répond : "Il faut déraisonner". Les poètes évoquent leurs amours, leurs aspirations, les profondeurs de leur sensibilité ; ou bien ils s'évadent en imagination vers des siècles disparus ou vers des contrées lointaines.

Les écrivains romantiques opposent aux règles de l'art, la liberté dans l'art. Selon **Victor Hugo** : "*il faut déniaiser l'Alexandrin*", c'est-à-dire varier les rythmes, assouplir la césure (moitié du vers).

Il est impossible pour **Hugo** d'exprimer la vie en séparant conventionnellement le comique et le tragique, impossible de dévoiler avec vraisemblance une intrigue historique si l'on s'obstine à représenter comme le voulait **Boileau** : "en un lieu, en un jour, un seul fait accompli". Il faut donc, au théâtre, mélanger les genres et renoncer à la règle des trois unités.

Les écrivains célèbrent le droit à la passion, le droit au bonheur. La mélancolie romantique exprime le malaise d'un monde bouleversé par les révolutions, les guerres, les troubles économiques et sociaux.

Tout le XIXème siècle est influencé par le mouvement romantique, et à partir de 1861 l'école parnassienne réagit contre la déclamation romantique.

La revue fantaisiste est fondée par Catulle Mendès. En 1866, l'éditeur Lemerre réunit les œuvres de 37 poètes dans un recueil intitulé le *Parnasse contemporain*. Y figurent **Gautier, Baudelaire, Leconte de Lisle, Théodore de Banville, Catulle Mendès, José Maria de Hérédia, Verlaine, Mallarmé.**

Ce recueil est suivi de deux autres qui paraissent en 1871 et 1876. Tous les collaborateurs du Parnasse sont d'accord pour proclamer leur culte de la perfection formelle.

Charles Baudelaire, après avoir subi les influences du romantisme et du Parnasse, crée une nouvelle poésie. Contrairement à la voie classique, le chemin de **Baudelaire** mène de la clarté au mystère. Il met en exergue le raisonnement analogique par le biais des synesthésies (correspondances entre les sens).

Dans *Correspondances*, il déclare :

"*Les parfums, les couleurs et les sons se répondent.*
Il est des parfums frais comme des chairs d'enfants. Doux comme des hautbois, verts comme les prairies".

Baudelaire marque sa poésie en utilisant l'assonance et l'allitération avec insistance. Le thème de la femme revient avec son visage ambigu, elle est femme douceur et femme torture. Baudelaire oscille en permanence dans des thèmes symétriques :

- l'amour, la haine,
- le bourreau, la victime,
- la mer monstrueuse, la mer liberté,
- la solitude et la foule,
- la vitre est fermeture mais également ouverture vers l'extérieur.

Après avoir été un Parnassien, maniant le sonnet comme jamais un autre poète ne l'a fait, **Baudelaire** s'exerce à la poésie en prose qu'il présente comme "la liberté absolue".
Il veut donner à l'expression poétique une forme nouvelle ou plutôt inventer une autre poésie.

Arthur Rimbaud à l'exemple de **Baudelaire** voulut découvrir, au-delà des apparences, le sens profond du mystère universel. Dans le *Bateau ivre*, il aspire en rêve à un monde inconnu. Il discerne à travers des images insolites un songe féerique. **Rimbaud**, dans les *Illuminations*, invente un langage poétique créé par des rythmes insaisissables et des images déconcertantes. Ses poèmes exercent sur la sensibilité et l'imagination, par la splendeur du vocabulaire, un prestige envoûtant.

Il propose de découvrir et d'exprimer après **Baudelaire** des correspondances entre les diverses sensations (synesthésies).

Pour parvenir à ce résultat il s'impose, comme il l'écrit dans la *Lettre du Voyant* en mai 1871 : "*un long, immense et raisonné dérèglement de tous les sens*"

E. LE XXème SIECLE : LE SURREALISME

Rimbaud est le précurseur du mouvement surréaliste. La révolte Dada naquit à Zurich en 1916 sous l'influence de Tristan Tzara qui l'implanta quatre ans plus tard à Paris avec le concours d'André Breton, de **Paul Eluard** et de **Louis Aragon**. Les dadaïstes refusent toutes les règles. Selon **André Breton** : "L'exploration de la vie consciente fournit les seules bases d'appréciations valables des mobiles qui font agir l'être humain". **André Breton** est influencé par **Freud.** Les surréalistes recherchent les associations spontanées qui se forment dans les songes. Ils s'intéressent à tout ce qui est extérieur à la pensée logique : aux mythes primitifs, illusions des fous, aux hallucinations.

Ils dénoncent l'opposition entre vérité et erreur, rêve et réalité, raison et folie.

Ils inventent l'écriture automatique, des mots qui affleurent à la conscience de l'esprit. Ils recherchent la suggestion dans les mots. La poésie surréaliste est proche de la sensation primitive et traduit son intimité avec la nature. Elle condamne le recours à des formes fixes de strophes, la recherche d'effets rythmiques, l'usage de la rime. Ces procédés compromettent la pureté de l'élan créateur.

Le XXème siècle est traversé par d'autres courants novateurs. **Céline** (1894-1961) inaugure un nouveau langage souvent argotique et ordurier.

Jean-Paul Sartre et **Albert Camus** créent après la Seconde Guerre mondiale le mouvement existentialiste. Pour **Jean-Paul Sartre**, l'existence précède l'essence : "L'existence ne se déduit pas, ne se démontre pas". Il s'oppose au "*Je pense donc je suis*" de **Descartes.**

Pour **Sartre**, l'homme doit assumer sa responsabilité dans le plein exercice de sa liberté et ne pas succomber à la mauvaise foi. "*L'homme n'est rien d'autre que ce qu'il fait*".

Albert Camus après un Cycle de l'absurde, illustré par « *l'Etranger* » en 1942, entame après la seconde guerre mondiale le Cycle de la révolte. Dans « *la Peste* » en 1947, il exalte les vertus d'une révolte créatrice. Dans *L'homme révolté* en 1951, il approfondit le sens de la révolte. Dans *La chute* en 1956, il décrit un écrivain en proie à la mauvaise conscience, il remet en question son optimisme humaniste. Il ressent pour l'homme une nécessité de créer ses propres valeurs. Camus fut l'homme de la recherche de la vérité, ses scrupules parurent des dérobades. Il disait de lui après son prix Nobel en 1957 : "*Je suis un homme presque jeune, riche de ses seuls doutes, et d'une œuvre encore en chantier*".

Sa recherche de vérité et d'honnêteté valait mieux que des certitudes mal assises.

Le XXème siècle tout juste achevé est toujours en jugement.

I.

1. Raisonnement par récurrence : il se fait en deux étapes :

- On démontre d'abord que la propriété P(n) est vraie pour n = 1, si n est un entier naturel non nul (pour n = 0 si n est un entier naturel).
- Ensuite, on démontre que si P(n) est vraie, alors P(n + 1) est vraie aussi.

2. Suites numériques

a. Pour étudier la **monotonie** d'une suite (u_n) on peut utiliser **une** des quatre méthodes suivantes :

- on étudie le signe de $u_{n+1} - u_n$,
- on utilise un raisonnement par récurrence,
- on compare le quotient $\frac{u_{n+1}}{u_n}$ à 1.

Attention *: cette méthode n'est valable que si la suite (u_n) est strictement* ***positive****.*

- on utilise l'étude de la fonction f sur $[0\ ;\ +\infty[$ pour une suite définie par $u_n = f(n)$.

b. Pour montrer qu'une suite (u_n) est **majorée** par M (ou minorée par m), on peut utiliser **une** des deux méthodes suivantes :

- un raisonnement par récurrence,
- on étudie le signe de $u_n - M$ (ou $u_n - m$).

c. Pour montrer qu'une suite (u_n) **converge** vers l, c'est-à-dire que $\lim\limits_{n \to +\infty} u_n = l$ (où l est un nombre réel) :

- On peut utiliser les propriétés connues sur les limites de fonctions :

Exemple : $\lim\limits_{n \to +\infty} \frac{1}{n} = 0$ $\lim\limits_{n \to +\infty} \frac{1}{n^2} = 0$ $\lim\limits_{n \to +\infty} \frac{4n+1}{n+2} = 4$

ou

- on peut utiliser une des deux propriétés suivantes si (u_n) est définie par $u_{n+1} = f(n)$:
  - une suite croissante et majorée est convergente.
  - une suite décroissante et minorée est convergente.

et on détermine l en résolvant l'équation : $f(l) = l$

Si une suite n'est pas convergente, on dit qu'elle est **divergente** (c'est-à-dire que $\lim\limits_{n \to +\infty} u_n = +\infty$ ou $\lim\limits_{n \to +\infty} u_n = -\infty$ ou que $\lim\limits_{n \to +\infty} u_n$ n'existe pas comme pour $u_n = (-1)^n$.

3. Limites de fonctions

a. Interprétation graphique

Soit f une fonction et C sa représentation graphique :

- $\lim\limits_{x \to a} f(x) = +\infty$ (ou $-\infty$)

$\Leftrightarrow$ La droite d'équation $x = a$ est asymptote (**verticale**) à C.

- $\lim\limits_{x \to +\infty} f(x) = b$ (ou $\lim\limits_{x \to -\infty} f(x) = b$)

$\Leftrightarrow$ La droite d'équation y = b est asymptote (**horizontale**) à C en $+\infty$ (ou en $-\infty$).

- $\lim\limits_{x \to +\infty} [f(x) - (a\,x + b)] = 0$ (ou $\lim\limits_{x \to -\infty} [f(x) - (a\,x + b)] = 0$)

$\Leftrightarrow$ La droite d'équation $y = a\,x + b$ est asymptote (**oblique**) à C en $+\infty$ (ou en $-\infty$).

b. Comparaison de limites

- Théorème des gendarmes :

$$\text{Si } \begin{cases} g(x) \leq f(x) \leq h(x) \\ \text{et } \lim\limits_{x \to +\infty} g(x) = a \\ \text{et } \lim\limits_{x \to +\infty} h(x) = a \end{cases}$$

$$\text{Alors } \lim\limits_{x \to a} f(x) = a$$

(Cette méthode est aussi valable si x tend vers - ∞ ou vers un réel donné.)

-

$$\text{Si } \begin{cases} f(x) \geqslant g(x) \\ \text{et } \lim\limits_{x \to +\infty} g(x) = +\infty \end{cases}$$

$$\text{Alors } \lim\limits_{x \to +\infty} f(x) = +\infty$$

-

$$\text{Si } \begin{cases} f(x) \leq g(x) \\ \text{et } \lim\limits_{x \to +\infty} g(x) = -\infty \end{cases}$$

$$\text{Alors } \lim\limits_{x \to +\infty} f(x) = -\infty$$

(Ces deux propriétés sont valables si x tend vers - ∞.)

c. Règles de calcul pour les limites

- Vous devez connaître les tableaux concernant la somme, le produit et le quotient de deux fonctions.

- Limite de la composée de deux fonctions :

Exemple : $\lim\limits_{x \to -\infty} (4x^2 + 5) = +\infty$ et $\lim\limits_{x \to +\infty} \sqrt{x} = +\infty$ donc $\lim\limits_{x \to -\infty} \sqrt{4x^2 + 5} = +\infty$

- Quelques exemples pour lever l'indétermination :

Exemple 1 : la limite d'un polynôme en + ∞ ou - ∞ est la limite de son terme de plus haut degré :

$$\lim\limits_{x \to +\infty} (4x^2 - 7x + 12) = \lim\limits_{x \to +\infty} 4x^2 = +\infty$$

Exemple 2 : la limite d'une fraction rationnelle en + ∞ ou - ∞ est la limite du quotient de ses termes de plus haut degré :

$$\lim\limits_{x \to +\infty} \frac{7x^2 + 8x + 1}{4x - 5} = \lim\limits_{x \to +\infty} \frac{7x^2}{4x} = \lim\limits_{x \to +\infty} \frac{7}{4}x = +\infty$$

Exemple 3 : $\lim_{x \to +\infty} \sqrt{4x^2+5} - 2x = "\infty - \infty"$ (forme indéterminée)

On utilise l'expression conjuguée :

$$\lim_{x \to +\infty} \sqrt{4x^2+5} - 2x = \lim_{x \to +\infty} \frac{\left(\sqrt{4x^2+5} - 2x\right)\left(\sqrt{4x^2+5} + 2x\right)}{\sqrt{4x^2+5} + 2x} = \lim_{x \to +\infty} \frac{4x^2+5-4x^2}{\sqrt{4x^2+5} + 2x}$$

$$= \lim_{x \to +\infty} \frac{5}{\sqrt{4x^2+5} + 2x} = 0$$

d. Continuité

- Une fonction est continue en a $\Leftrightarrow \lim_{x \to a} f(x) = f(a)$
- Les fonctions polynômes, sinus et cosinus sont continues sur $\mathbb{R}$.
- La fonction racine carrée est continue sur $[0 ; +\infty[$.
- **Attention** : si une fonction f est définie en a, mais si :
  $\lim_{\substack{x \to a \\ x > a}} f(x) \neq \lim_{\substack{x \to a \\ x < a}} f(x)$
  alors f n'est pas continue en a.

e. Théorème des valeurs intermédiaires (ou théorème de la bijection)

- Soit f une fonction continue et strictement croissante sur [a ; b].

Si $k \in [f(a) ; f(b)]$, alors l'équation $f(x) = k$ admet une unique solution sur [a ; b]

- Soit f une fonction continue et strictement décroissante sur $[a ; +\infty[$.

Si $k \in \left]\lim_{x \to +\infty} f(x) ; f(a)\right]$, alors l'équation $f(x) = k$ admet une unique solution sur $[a ; +\infty[$.

f. Dérivation

- f est dérivable en a $\Leftrightarrow \lim_{h \to 0} \frac{f(a+h) - f(a)}{h} = l$

On appelle alors l le nombre dérivé de f en a et on le note f'(a).

- si f est dérivable en a, alors f est continue en a. (La réciproque est fausse).

- soit f une fonction dérivable sur I.

Si $f'(x) > 0$ sur I, alors f est strictement croissante sur I.
Si $f'(x) < 0$ sur I, alors f est strictement décroissante sur I.

g. Le plan d'étude d'une fonction devra être suivi de manière très rigoureuse.
On dressera le tableau de variation complet (signe de la dérivée, sens de variation, limites, éventuels *extrema* locaux).

h. Suites adjacentes

- deux suites (u_n) et (v_n) sont adjacentes si :

$$\begin{cases} (u_n) \text{ est croissante} \\ (v_n) \text{ est décroissante} \\ \lim_{n \to +\infty} (v_n - u_n) = 0 \end{cases}$$

- si (u_n) et (v_n) sont deux suites adjacentes avec (u_n) croissante et (v_n) décroissante, alors $u_n \leq v$
- deux suites adjacentes sont convergentes et $\lim_{n \to +\infty} u_n = \lim_{n \to +\infty} v_n$.

i. Primitives et calcul intégral

- f est une fonction définie et continue sur I,
  F est une fonction dérivable sur I,
  a et b sont deux réels appartenant à I tels que a < b.

→ F est **une** primitive de f $\Leftrightarrow F'(x) = f(x)$

→ L'ensemble des primitives de f sur I est l'ensemble des fonctions G définies par :

$G(x) = F(x) + k,\ k \in \mathbb{R}$

$\int_a^b f(x)\,dx = [F(x)]_a^b = F(b) - F(a)$

→ Si f est une fonction positive sur [a ; b], alors $\int_a^b f(x)\,dx$ est **l'aire** du domaine situé entre l'axe des abscisses, la courbe représentative de f et les droites d'équations x = a et x = b

→ La valeur moyenne de f sur [a ; b] est : $\frac{1}{b-a}\int_a^b f(x)\,dx$

→ $\int_a^b f(x)\,dx = -\int_b^a f(x)\,dx$

→ Relation de Chasles : ($c \in I$) :

$\int_a^c f(x)\,dx = \int_a^b f(x)\,dx + \int_b^c f(x)\,dx$

→ Linéarité : ($\lambda \in \mathbb{R}$ et g continue sur I)

$\int_a^b (f+g)(x)\,dx = \int_a^b f(x)\,dx + \int_a^b g(x)\,dx$

$\int_a^b \lambda f(x)\,dx = \lambda \int_a^b f(x)\,dx$

→ si $f(x) \leq g(x)$ sur [a ; b] alors $\int_a^b f(x)\,dx \leq \int_a^b g(x)\,dx$

- intégration par parties

Soit u et v deux fonctions continues sur [a ; b] et u' et v' leurs dérivées continues sur [a ; b] :

$\int_a^b u(x)\,v'(x)\,dx = [u(x)\,v(x)]_a^b - \int_a^b u'(x)\,v(x)\,dx$

II.

1. Fonction exponentielle

- Elle se note $x \mapsto e^x$ (ou exp (x)).
  Elle est définie et dérivable sur $\mathbb{R}$ et **$(e^x)' = e^x$.**
  Elle est strictement croissante et positive sur $\mathbb{R}$.

- $\boxed{e^0 = 1}$

- $\lim\limits_{x \to -\infty} xe^x = 0$ et $\lim\limits_{x \to +\infty} e^x = +\infty$

- $\lim\limits_{x \to -\infty} e^x = 0$ et $\lim\limits_{x \to +\infty} \frac{e^x}{x} = +\infty$

- $\lim\limits_{x \to -\infty} x^n e^x = 0$ et $\lim\limits_{x \to +\infty} \frac{e^x}{x^n} = +\infty$ ($n \in \mathbb{N}$)

- $\lim\limits_{x \to 0} \frac{e^x - 1}{x} = 1$ (dérivabilité en 0)

- soit a et b, deux réels :
  $e^{a+b} = e^a \times e^b$
  $e^{a-b} = \frac{e^a}{e^b}$ ($\Rightarrow e^{-x} = \frac{1}{e^x}$)
  $e^{na} = (e^a)^n$ ($n \in \mathbb{Z}$)

- <u>équations et inéquations</u>

Soit x et y, deux réels :
$e^x = e^y \Leftrightarrow x = y$
$e^x \geq e^y \Leftrightarrow x \geq y$

- soit u une fonction dérivable sur un intervalle I : $(e^u)' = u'e^u$.

2. Fonction logarithme népérien

- C'est la fonction réciproque de la fonction exponentielle.
- Elle se note ln.
- Elle est définie et dérivable sur $]0 ; +\infty[$ et $(\ln x)' = \frac{1}{x}$
  elle est strictement croissante sur $]0 ; +\infty[$.
- $\boxed{\ln 1 = 0 \quad \ln e = 1}$
- $\lim\limits_{x \to 0} \ln x = -\infty$ et $\lim\limits_{x \to +\infty} \ln x = +\infty$
- soit a et b, deux réels strictement positifs :
  $\ln (a \times b) = \ln a + \ln b$
  $\ln \left(\frac{a}{b}\right) = \ln a - \ln b$
  pour tout réel x strictement positif :
  $\ln (x^a) = a \ln x$ et $e^{\ln x} = x$
  pour tout réel x : $\ln (e^x) = x$

- <u>équations et inéquations</u>
  Soit x et y, deux réels strictement positifs :
  $\ln x = \ln y \Leftrightarrow x = y$
  $\ln x \geq \ln y \Leftrightarrow x \geq y$
  Pour tout réel a : **$\ln x = a \Leftrightarrow x = e^a$**

- soit u une fonction dérivable et strictement positive sur un intervalle I :
  $(\ln u)' = \frac{u'}{u}$

3. Fonction logarithme décimal

Elle est définie sur]0 ; + ∞[par : $\log x = \frac{\ln x}{\ln 10}$

4. Fonction exponentielle de base a

(a est un réel strictement positif). Elle est définie sur ℝ par : $a^x = e^{x \ln a}$

5. Fonction racine $n^{\text{ième}}$

Elle est définie sur]0 ; + ∞[par : $\sqrt[n]{x} = x^{\frac{1}{n}}$ (n est un entier positif).

III. 1. Equation différentielle : y′ = ay + b

- soit a un réel :

Les fonctions solutions de l'équation y′ = ay sont les fonctions définies par :
$f(x) = ke^{ax}$, avec k constante réelle.

- soit a et b, deux réels avec a ≠ 0 :

Les fonctions solutions de l'équation y′ = ay + b sont les fonctions définies par :
$\boxed{f(x) = ke^{ax} - \frac{b}{a}}$, avec k constante réelle.

2. Nombres complexes

a. <u>Tout nombre complexe s'écrit</u> :
z = a + ib avec a et b réels, et **$i^2 = -1$** (ℂ est l'ensemble des nombres complexes)

- a est la partie réelle de z, notée Re(z)
  b est la partie imaginaire de z, notée Im (z)

- soit z = a + ib et z′ = a′ + ib′ alors z = z′ ⇔ a = a′ et b = b′

- à tout nombre complexe z = a + ib, on associe un point M(a ; b) dans un repère orthonormal $(O, \vec{u}, \vec{v})$.

  M est l'image de z   z est l'affixe de M

b. <u>Le nombre conjugué</u> de z est $\bar{z}$ **= a – ib**

- z est un réel ⇔ $z = \bar{z}$
  ⇔ $\ln(z) = 0$

- z est un imaginaire pour ⇔ $z = -\bar{z}$
  ⇔ Re(z) = 0

Propiétés

$\overline{z + z'} = \bar{z} + \bar{z'}$ $\overline{z - z'} = \bar{z} - \bar{z'}$

$\overline{z \times z'} = \overline{z} \times \overline{z'}$ $\qquad \overline{\left(\frac{z}{z'}\right)} = \frac{\overline{z}}{\overline{z'}}$ avec $z' \neq 0$

3. On appelle **module** du z le nombre : $|z| = \sqrt{a^2 + b^2}$

$z \times \overline{z} = |z|^2$
$|z \times z'| = |z| \times |z'|$
$\left|\frac{z}{z'}\right| = \frac{|z|}{|z'|}$ avec $z' \neq 0$

4. On appelle **argument** de z l'angle : **arg z = ($\overrightarrow{u}$, $\overrightarrow{OM}$)**
L'argument d'un nombre complexe z n'est pas unique, il est défini modulo 2π.

Propriétés

$\arg \overline{z} = -\arg z \ (2\pi)$
$\arg(-z) = \pi + \arg z \ (2\pi)$
$\arg(zz') = \arg z + \arg z' \ (2\pi)$
$\arg\left(\frac{z}{z'}\right) = \arg z - \arg z' \ (2\pi)$ (avec $z' \neq 0$)
$\arg(z^n) = n \arg z \ (2\pi)$

- La forme trigonométrique de z est :
  $z = r(\cos\sigma + i\sin\sigma)$
  avec $r = |z|$ et $\sigma = \arg z \ (2\pi)$
- La notation exponentielle de z est : $z = re^{i\sigma}$ ($e^{i\sigma} = \cos\sigma + i\sin\sigma$)

- Formules
  $(\cos\sigma + i\sin\sigma)^n = \cos n\sigma + i\sin n\sigma$
  $(\cos\sigma - i\sin\sigma)^n = \cos n\sigma - i\sin\sigma$
  $\cos\sigma = \frac{e^{i\sigma} + e^{-i\sigma}}{2}$ et $\sin\sigma = \frac{e^{i\sigma} - e^{-i\sigma}}{2i}$

- Solutions de l'équation $z^2 = \alpha$
  Si $\alpha \geq 0$, les solutions sont $\sqrt{\alpha}$ et $-\sqrt{\alpha}$.
  Si $\alpha < 0$, les solutions sont $i\sqrt{\alpha}$ et $-i\sqrt{\alpha}$.
  Donc si on résout **dans** $\mathbb{C}$ l'équation $az^2 + bz + c = 0$ et si Δ est négatif, les solutions sont :

$$z_1 = \frac{-b - \sqrt{-\Delta}}{2a} \quad \text{et } z_2 = \frac{-b + i\sqrt{-\Delta}}{2a}$$

- Translation de vecteur $\overrightarrow{w}$ (d'affixe $z_{\vec{w}}$) :
  le point M(z) a pour image M' (z') par cette translation $\Leftrightarrow z' = z + z_{\vec{w}}$

- Homothétie de centre Ω (ω) et de rapport k :
  le point M(z) a pour image M'(z') par cette homothétie $\Leftrightarrow z' - \omega = k(z - \omega)$

- Rotation de centre Ω (ω)et d'angle α, :
  le point M(z) a pour image M'(z') par cette rotation $\Leftrightarrow z' - \omega = e^{i\alpha}(z - \omega)$

5. **Produit scalaire**

a. Dans le plan

- soit $\vec{u}$ $(x ; y)$ et $\vec{v}$ $(x' ; y')$, 2 vecteurs du plan. Le produit scalaire de $\vec{u}$ et $\vec{v}$ est défini par : $\vec{u} \cdot \vec{v} = \|\vec{u}\| \times \|\vec{v}\| \times \cos(\vec{u}, \vec{v})$

  $= x x' + y y'$ *(en repère orthonormé seulement)*

- $\vec{u}$ et $\vec{v}$ sont orthogonaux $\Leftrightarrow \vec{u} \cdot \vec{v} = 0$

  $\Leftrightarrow x x' + y y' = 0$

- $\|\vec{u}\| = \sqrt{x^2 + y^2}$

- $\vec{n}$ (a ; b) est un vecteur normal de la droite D d'équation $ax + by + c = 0$

b. Dans l'espace

- soit $\vec{u}$ $(x ; y ; z)$ et $\vec{v}$ $(x' ; y' ; z')$, 2 vecteurs de l'espace

  $\vec{u} \cdot \vec{v} = \|\vec{u}\| \times \|\vec{v}\| \times \cos(\vec{u}, \vec{v})$

  $= x x' + y y' + z z'$ *(en repère orthonormé seulement)*

- $\vec{u}$ et $\vec{v}$ sont orthogonaux $\Leftrightarrow \vec{u} \cdot \vec{v} = 0$

  $\Leftrightarrow x x' + y y' + z z' = 0$ *(en repère orthonormé seulement)*

- $\|\vec{u}\| = \sqrt{x^2 + y^2 + z^2}$ *(en repère orthonormé seulement)*

- $\vec{n}$ (a ; b ; c) est un vecteur normal du plan P d'équation $ax + by + cz + d = 0$

6. **Représentation paramétrique d'une droite dans l'espace**

Soit D une droite passant par A $(x_A ; y_A ; z_A)$ et de vecteur directeur $\vec{u}$ (a ; b ; c).
La représentation paramétrique de D est :

$$\begin{cases} x = ka + x_A \\ y = kb + y_A \\ z = kc + z_A \end{cases} \quad \text{avec } k \in \mathbb{R}$$

7. **Intersections de droites et plans**

- L'intersection de deux plans est :
  - un plan s'ils sont confondus,
  - l'ensemble vide s'ils sont strictement parallèles,
  - une droite s'ils sont sécants.

- L'intersection d'un plan et d'une droite D est :
  - la droite D, si D appartient au plan,
  - l'ensemble vide s'ils sont strictement parallèles,
  - un point s'ils sont sécants

8. Similitudes

a. Définition : on appelle similitude de rapport k ($k \in \mathbb{R}^{+*}$) toute transformation S du plan qui multiplie les distances par k.
cas particulier : on appelle isométrie une similitude de rapport 1

b. Nombres complexes
Un point M(z) a pour image le point M' (z') par une similitude S de rapport k.
$\Leftrightarrow z' = az + b$ ou $z' = a\bar{z} + b$

- si $z' = az + b$: S est une **similitude directe**
  si a = 1, S est la translation de vecteur $\vec{t}$ d'affixe b
  si $a \neq 1$, S est la composée de l'homothétie de centre Ω d'affixe ω (que **l'on déterminera en résolvant l'équation $\omega = a\,\omega + b$**, d'inconnue ω) et de rapport $k = |a|$ et de la rotation de centre Ω et d'angle $\sigma = \arg a\ (2\Pi)$

c. si $z' = a\bar{z} + b$: S est une **similitude indirecte**

1. Probabilités

a. Probabilités conditionnelles
La probabilité de l'événement A sachant que B est :
$$p_B(A) = p(A/B) = \frac{p(A \cap B)}{p(B)}$$

b. Evènements indépendants
Les évènements A et B sont indépendants si : $p(A \cap B) = p(A) \times p(B)$

c. Probabilités totales
Soit $A_1, A_2, \ldots, A_n$ des évènements de probabilité non nulle réalisant une partition de l'univers Ω.
Pour tout événement B de Ω on a :
$$p(B) = p(A_1 \cap B) + p(A_2 \cap B) + \ldots + p(A_n \cap B)$$
Il n'y a aucun critère imposé d'indépendance entre A_B et B.

2. Combinaisons

a. Notation factorielle
$n! = n \times (n-1) \times \ldots \times 2 \times 1$ et se lit « factorielle n »

b. Combinaisons

- soit n et p des entiers naturels tels que $p \leq n$ et E un ensemble de n éléments. Le nombre de combinaisons de p éléments de E se note : $\binom{n}{p}$ et se lit « p parmi n » et vaut :
- $\binom{n}{p} = \frac{n!}{p!\,(n-p)!}$
- formule du binôme : $(a+b)^n = \sum_{i=0}^{n} \binom{n}{i} a^{n-i} b^i$

3. Loi binomiale

On appelle schéma de Bernoulli la répétition de n épreuves de Bernoulli identiques et indépendantes.
Soit X la variable aléatoire qui associe à chaque liste de n résultats, le nombre de succès d'un schéma de Bernoulli

Soit p la probabilité d'un succès.
On dit que X suit la loi binomiale de paramètres n et p (notée B(n ; p).)°

La probabilité de k succès est : $\boxed{P(X = k) = \binom{n}{k} p^k (1 - p)^{n-k}}$ (avec $k \in \{0, 1, \ldots, n\}$)

4. Lois de probabilités continues

- une loi de probabilité P continue sur un intervalle [a ; b] est déterminée par une fonction f :
  - définie, continue et positive sur [a; b]
  - telle que $\int_a^b f(x)\,dx = 1$

  (on appelle f : la densité de P)

- **Donc** : pour tout intervalle [α ; β] inclus dans [a ; b] : $P([\alpha ; \beta]) = \int_\alpha^\beta f(x)\,d(x)$ et si on appelle X la variable aléatoire qui suit la loi P, on a :
  $\boxed{P(X \leq t) = P([0 ; t]) = \int_0^t f(x)\,d(x)}$

- loi exponentielle : elle a pour densité la fonction définie par $f(x) = \lambda e^{-\lambda x}$

5. Divisibilité dans λ

a. Multiples et diviseurs

- soit a et b, 2 entiers relatifs.
  a est un multiple de b (et b est un diviseur de a) s'il existe un entier relatif k tel que a = kb

- soit a, b, c des entiers relatifs. Si a et b sont des multiples de c, alors toute **combinaison linéaire** $ax + by$ (x et y entiers relatifs) est **un multiple de c**.

b. Division euclidienne

Soit a un entier relatif et b un entier strictement positif. Il existe un unique couple (q ; r) d'entiers naturels tels que : a= b xq+r et r< b.

a = bq + r

- q est le quotient de la division euclidienne de a par b

- r est le reste de cette division

6. PGCD - PPCM - Nombres premiers

- soit a et b, 2 entiers relatifs non nuls.
  On note PGCD (a, b) le plus grand commun diviseur de a et b.
  On note PPCM (a, b) le plus petit commun multiple de a et b.

- algorithme d'Euclide : utile pour calculer le PGCD de deux nombres.

Exemple : calculons PGCD (256, 96) :
256 = 96 x 2 + 64
PGCD (256, 96) = PGCD (96, 64)   96 = 64 x 1 + 32
PGCD (96, 64) = PGCD (64, 32)   64 = 32 x 2 + 0
Le PGCD est le dernier reste non nul donc PGCD (256, 96) = 32

- un nombre premier est un entier naturel, supérieur ou égal à 2, qui n'est divisible que par lui-même et par 1.

- 2 entiers relatifs non nuls sont premiers entre eux si leur PGCD vaut 1.

- Tout entier naturel (supérieur à 2) se décompose d'une façon unique en produit de facteurs premiers.

- Théorème de Fermat : soit p un nombre premier.
  Pour tout entier **a premier avec p, a^{p-1} -1 est divisible par p.**

I. TRANSFORMATION DE LA MATIERE :

L'objectif est d'établir un bilan de matière.

La transformation chimique d'un système est associée à une réaction chimique qui rend compte macroscopiquement de l'évolution du système et qui donne lieu à une écriture symbolique appelée équation.

Il s'agit de la mise en place d'un modèle plus élaboré faisant intervenir des intermédiaires réactionnels et les équations correspondantes, outils de description macroscopique du système impliquant la définition de la mole.

La transformation subie par le système est différente de la réaction chimique qui mobilise cette transformation.

En nous aidant d'un outil : le tableau descriptif du système au cours de la transformation, nous allons analyser cette transformation en introduisant la notion d'avancement et établir un bilan de matière.

1. Outil de description d'un système

De l'échelle microscopique à l'échelle macroscopique.

Comment peut-on mesurer une quantité de matière ?

La mole :

Une mole est la quantité de matière qui contient autant d'entités désignées (atomes, molécules, ions, électrons, etc) qu'il y a d'atomes dans exactement 12 g de l'isotope 12 du carbone 12 C. Le nombre d'entités que construit une mole est la constante d'Avogadro, dont le symbole est N_A.

$N_A = 6{,}023 \times 10^{23}\ mol^{-1}$

Le terme mole est employé par les chimistes pour désigner une quantité de matière. Ce mot est devenu habituel dans le langage chimique vers la fin du XIXème siècle, et il provient d'un mot latin qui signifiait tas ou pile.

La constante d'Avogadro permet un changement d'échelle : passage du niveau microscopique (atome, molécule, ou ions) à un niveau macroscopique (la mole).

Il est difficile d'imaginer à quoi correspond le nombre d'Avogadro : Si un atome de carbone avait la grosseur d'un petit pois $6{,}023 \times 10^{23}$ atomes formeraient une couche de plus de 100 m d'épaisseur recouvrant la totalité de la surface de la terre .

La quantité de substance (mol) × constante d'Avogadro = nombre d'entités précisées.

Ainsi 0,25 mol d'atomes de carbone contient $1{,}50 \times 10^{23}$ atomes,
tandis que 0,5 mol de molécules d'oxygène contient $3{,}10 \times 10^{23}$ molécules.

Masse molaire « atomique » : M (g. mol^{-1})

Masse d'une mole d'une entité chimique.
Le symbole de la masse molaire est M. Celle-ci a pour unités des g. mol^{-1}. La nature de l'entité chimique doit être précisée.

Ainsi la masse molaire d'atomes d'hydrogène, M(H) = 1 g. mol^{-1}.
La masse molaire de molécules d'hydrogène, M(H_2) = 2 g. mol^{-1}.
La masse molaire des atomes d'un élément est numériquement égale à la masse atomique relative dudit élément. Ainsi la masse atomique relative du carbone est 12. La masse d'une mole d'atome de carbone est 12 g. mol^{-1}.

La masse molaire d'une substance se calcule en additionnant les masses molaires des atomes qui apparaissent dans la formule de la dite substance.

$M_t (H_2O) = [(2 \times 1 \text{ g. mol}^{-1}) + 16 \text{ g. mol}^{-1}] = 18 \text{ g. mol}^{-1}$
$M_t (Cu\ SO_4) = [63{,}5 \text{ g. mol}^{-1} + 32 \text{ g. mol}^{-1} + (4 \times 16 \text{ g. mol}^{-1})] = 159{,}5 \text{ g. mol}^{-1}$
$M_t (Cu\ SO_4,\ 5H_2O) = [159{,}5 \text{ g. mol}^{-1} + (5 \times 18 \text{ g. mol}^{-1})] = 249{,}5 \text{ g. mol}^{-1}$

De ce fait, les chimistes mesurent préalablement des masses ou des volumes, puis calculent la quantité de matières en moles connaissant la masse molaire, la concentration ou le volume molaire de la substance ou de l'entité en question.

- Pour toute substance pure :

$$\text{Quantité de substance (mol)} = \frac{\text{masse de substance (g)}}{\text{masse molaire (g.mol}^{-1}\text{)}}$$

- Pour une solution :

Quantité de substance (mol) = Volume de la solution (L) x Concentration de la solution (mol / L)

- Dans un gaz :

$$\text{Quantité de substance (mol)} = \frac{\text{Volume du gaz à une température et à une pression précises (m}^3\text{)}}{\text{Volume molaire de n'importe quel gaz dans les mêmes conditions (m}^3\text{. mol}^{-1}\text{)}}$$

Remarque : le volume molaire V_m de n'importe quel gaz est le même dans des conditions définies de température et de pression (273 K et 101,3 × 10^3 Nm^{-2}) est égal à :

22 400 cm3 ou 22,4 l. mol^{-1}
V_m = 22,4 L mol^{-1} dans les conditions TPN.

(voir aussi la loi d'Avogadro et l'équation des gaz propanes)
Les conditions normales de température et de pressions : 0°C et 1 bar (ou 1 atmosphère).

2. Méthode

Calculer des quantités de matière grâce au volume molaire

Exposé de la méthode

Soit le volume V d'un composé gazeux considéré dans les conditions où le volume molaire est V_m.

• On détermine la quantité de matière n (en mol) qu'il contient en exprimant la proportionnalité entre le volume et la quantité de matière :

volume : V $\Longleftrightarrow$ n mol
volume : V_m $\Longleftrightarrow$ 1 mol

$$\frac{V}{V_m} = \frac{n}{1} \quad \text{ou} \quad n = \frac{V}{V_m}$$

On obtient la quantité de matière n d'un composé gazeux en divisant son volume V par le volume molaire V_m.

Attention : les volumes V et V_m doivent être exprimés dans la même unité : le litre, par exemple.

• On reprend la formule : $\frac{V}{V_m} = \frac{n}{1}$

et on fait les produits en croix :

$V \times 1 = n \times V_m$ ou $V = nV_m$

On obtient le volume V d'un composé gazeux en multipliant le volume molaire V_m par la quantité de matière n (en mol).

3. Exercice d'application

Énoncé

a. Une bouteille en matière plastique de 1,5 L a été remplie de dioxyde de carbone dans les **conditions normales.**
Quelle quantité de dioxyde de carbone (en mol) contient-elle ?
Quelle est la masse du gaz contenu dans la bouteille ?

b. Quel est le volume occupé, dans les conditions où le volume molaire est V_m = 24 L.mol-1, par 4,8 g de méthane ?

• Masses molaires atomiques :

M (H) = 1 $g.mol^{-1}$; M (C) = 12 $g.mol^{-1}$

4. Solution

a. Vous devez connaître le **volume molaire normal** :

$V_m = 22,4 \text{ L} . \text{mol}^{-1}$.

On obtient la quantité de matière de dioxyde de carbone en divisant son volume V par le volume molaire

V_m :

$$n_{CO_2} = \frac{V_{CO_2}}{V_m} = \frac{1,5}{22,4} \simeq 0,067 \text{ mol.}$$

La masse de ce gaz s'obtient grâce à sa masse molaire :

$M(CO_2) = M(C) + 2M(O) = 12 + 2 \times 16 = 44 \text{ g.mol}^{-1}$.

Et : $n_{CO_2} = n_{CO_2} \times M(CO_2) = 0,067 \times 44 \simeq 2,95$ g.

b. On commence par rechercher la quantité de méthane (en mol) :

$M(CH_4) = M(C) + 4M(H) = 12 + 4 \times 1 = 16 \text{ g.mol}^{-1}$.

$$n_{CH_4} = \frac{m_{CH_4}}{M(CH_4)} = \frac{4,8}{16} = 0,3 \text{ mol.}$$

Le volume de ce gaz s'obtient en multipliant le volume molaire par la quantité de matière :

$$V_{CH_4} = n_{CH_4} \times V_m = 0,3 \times 24 = 7,2 \text{ L.}$$

Concentration molaire des espèces moléculaires en solution :

Notion de solvant : liquide capable de dissoudre une substance solutée.
Substance solutée : substance qui se dissout dans un solvant en donnant une solution.

Solution aqueuse : mélange monophasique homogène contenant un ou plusieurs corps dissous (solutés) dans de l'eau en guise de solvant le symbole (aq) dans les équations chimiques indique que l'espèce considérée se trouve en solution aqueuse.

Solutions : mélanges monophasiques qui se forment lorsque des solides, des liquides ou des gaz se dissolvent dans un solvant.

Solutions saturées : solutions qui, à une température déterminée, contiennent une substance dissoute au maximum du possible. Toute solution saturée est en équilibre avec un excès non dissous de la substance en solution.

La concentration de la solution saturée correspond à la solubilité de la substance dissoute à la température considérée.

Concentration des solutions :

$$C \text{ mol/L} = \frac{\text{quantité de soluté mol}}{\text{Volume de solution L}}$$

C : mol. L^{-1}

C = [ ] par exemple $[Ca\,Cl_2] = 0,1$ mol / L

Il existe d'autres manières de mesurer des [ ] , notamment en fractions molaires ou en part par millions ppm.

Exemple : Quelle est la concentration d'une solution de permanganate de potassium [$KMnO_4$] obtenue en dissolvant 3,95 g de ce solide dans de l'eau puis en portant la solution à 500 cm3 ?

Solution :

$$M (KM_nO_4) = 158{,}0 \text{ g. mol}^{-1}$$

$$n\ KM_nO_4 = \frac{3{,}95 \text{ g}}{158{,}0\text{g.mol}} = 0{,}025 \text{ mol}$$

$$\text{Volume de la solution} = \frac{500}{1000} \text{ dm}^3 = 0{,}5 \text{ dm}^3$$

$$[KM_nO_4] = \frac{0{,}025 \text{ mol}}{0{,}5\text{dm}^3} = 0{,}05 \text{ mol/L}$$

Dilution : opération visant à diminuer, par ajout le solvant (eau distillée) la concentration d'un soluté dans une solution.

Pour calculer le volume requis lorsqu'on dilue une solution, il est impératif de se rappeler que la quantité de moles de soluté (réactif) dans la solution finale doit être égale à la quantité de moles qu'il y avait dans l'échantillon issu de la solution concentrée. Si c'est la concentration en mol/ L et V le volume en dm^3 ou en L.

La quantité de moles de réactif prélevé ou la solution concentrée = C_AV_A.
La quantité de moles de réactif dans la solution diluée = C_BV_B.
De sorte que $C_AV_A = C_BV_B$.

Exemple d'application :

Quel volume d'une solution à 1,00 mol/L du sulfate du cuivre (II) faut-il prélever pour préparer 100 cm3 d'une solution à 0,1 (mol/L) ?

INDICATION : Il faut tout d'abord exécuter une conversion pour exprimer le volume de la solution diluée en litres L . V_A peut être calculé puisque tous les autres termes de la relation $C_AV_A = C_BV_A$ sont connus.

Solution :

Le volume final de la solution diluée doit être :

$$100 \text{ cm}^3 \times 1 \text{ L} / 1000 \text{ cm}^3 = 0{,}1 \text{ L}$$

$$1{,}0 \text{ mol. dm}^{-3} \times VA = 0{,}1 \text{ mol. dm}^{-3} \times 0{,}1 \text{ L}$$

$$V_A = \frac{0{,}1 \text{ mol / L x } 0{,}1\text{L}}{1{,}0 \text{ mol / L}} = 10 \text{ cm}^3$$

Pour obtenir la solution diluée voulue, il faut donc pipeter 10 cm3 de la solution concentrée, introduire ce volume dans une fiole graduée de 100 cm3 et compléter avec de l'eau distillée jusqu'au trait.

II. TRANSFORMATION CHIMIQUE D'UN SYSTÈME

Comment décrire le système chimique et son évolution ?

Les paramètres nécessaires à la description du système chimique sont : la pression P, la température T, la nature des espèces chimiques présentes, leur état (solide, s, liquide, l, gazeux, g, solution, le plus souvent aqueuse, aq) et leurs quantités respectives (le mole, la concentration molaire en solution en se limitant aux espèces molécules), VM, pour les gaz.

Question : Décrire un système ?

La transformation chimique du système est associée à une réaction chimique qui rend compte macroscopiquement de l'évolution du système et qui donne lieu à une écriture symbolique appelée EQUATION.

La réaction chimique est le processus par lequel une ou plusieurs substances se transforment en une ou plusieurs autres substances.

(REACTIFS)	(DONNENT)
(PRODUITS)	REACTIFS ⟶ PRODUITS

Exemple : Synthèse de l'eau dans les conditions ambiantes (P = 1 bar, T = 25°C.)

Ecriture symbolique	$2H_2$ (g) +	O_2 (g)	⟶	2 H_2O (l)
	2 molécules	1 molécule		2 molécules
	2 mol	1 mol		2 mol

On a 2 molécules d'H_2 (ou 2 mol) réagissant avec 1 molécule d'O_2 (ou 1 mol) pour former 2 molécules d'H_2O (ou 2 mol).

L'équation-bilan de réaction représente la transformation des réactifs en produits.
La formation de 2 moles d'eau s'accompagne de la consommation de 2 moles de dihydrogène et d'une mole de dioxygène.

Notes :

1ère ES et S - Sujet N°1

Français - Durée 4 heures

Enoncé du devoir

DOCUMENTS

A) Molière, L'École des femmes, 1662.
B) Jean Racine, Mithridate, 1673.
C) Victor Hugo, Hernani, 1830.
D) Eugène Ionesco, Le roi se meurt, 1962.

ÉCRITURE

Vous répondrez d'abord à la question suivante : *(4 points)*

• Quel point commun est présenté dans les quatre scènes proposées ? Identifiez le registre de chacune d'elles.

• Comment s'expriment, dans ces scènes, les réactions des jeunes femmes ? À cet égard, quelle scène se distingue des autres ? Pourquoi ?

Vous traiterez ensuite un de ces sujets au choix : *(16 points)*

• Sujet I : Commentaire

Vous ferez le commentaire des vers 28 à 49 d'Hernani de Hugo.

• Sujet II : Dissertation

"Voilà le fond dont on eût pu faire, avec un égal succès, une tragédie, une comédie, un drame, un opéra, etc. [...] Le genre d'une pièce, comme celui de toute autre action, dépend moins du fond des choses que des caractères qui les mettent en œuvre." (Beaumarchais) En vous appuyant sur le corpus de documents et sur les pièces que vous connaissez, vous commenterez et apprécierez cette affirmation.

• Sujet III : Écriture d'invention

"Je suis maître, je parle : allez, obéissez" (Corneille, Sertorius, et Molière, L'École des femmes). Imaginez deux scènes de théâtre, l'une comique et l'autre tragique, dans lesquelles figurera cette réplique.

1ère ES et S - Sujet N°1

Français - Durée 4 heures

Document A

Le bourgeois Arnolphe a fait élever dans l'ignorance une jeune fille, au couvent, pour qu'elle devienne sa femme. Bien qu'elle soit séquestrée, celle-ci a su se faire aimer du jeune Horace et communiquer avec lui. Arnolphe a appris la situation mais tente de persuader Agnès de l'aimer.

ARNOLPHE
Hé bien ! Faisons la paix ; va, petite traîtresse,
Je te pardonne tout, et te rends ma tendresse.
Considère par là l'amour que j'ai pour toi,
Et, me voyant si bon, en revanche aime-moi.
AGNES
Du meilleur de mon cœur je voudrais vous complaire.
Que me coûterait-il, si je le pouvais faire ?
ARNOLPHE
Mon pauvre petit bec[1], tu le peux, si tu veux.
(Il fait un soupir.)
Écoute seulement ce soupir amoureux ;
Vois ce regard mourant, contemple ma personne,
Et quitte ce morveux[2] et l'amour qu'il te donne.
C'est quelque sort qu'il faut qu'il ait jeté sur toi,
Et tu seras cent fois plus heureuse avec moi.
Ta force passion est d'être brave et leste[3].
Tu le seras toujours, va, je te le proteste.
Sans cesse nuit et jour je te caresserai,
Je te bouchonnerai[4], baiserai, mangerai.
Tout comme tu voudras tu pourras te conduire.
Je ne m'explique point, et cela c'est tout dire.
(À part.)
Jusqu'où la passion peut-elle faire aller ?
(Haut.)
Enfin, à mon amour rien ne peut s'égaler.
Quelle preuve veux-tu que je t'en donne, ingrate ?
Me veux-tu voir pleurer ? Veux-tu que je me batte ?
Veux-tu que je m'arrache un côté de cheveux ?
Veux-tu que je me tue ? Oui, dis si tu le veux.
Je suis tout prêt, cruelle, à te prouver ma flamme.
AGNES
Tenez, tous vos discours ne me touchent point l'âme.
Horace avec deux mots en ferait plus que vous.
ARNOLPHE
Ah ! C'est trop me braver, trop pousser mon courroux.
Je suivrai mon dessein, bête trop indocile,
Et vous dénicherez[5] à l'instant de la ville.
Vous rebutez[6] mes vœux, et me mettez à bout,
Mais un cul de couvent[7] me vengera de tout.

Molière, *L'École des femmes*, acte V, scène 4, 1662.

1 Petit bec : petit minois.
2 Ce morveux : le jeune Horace.
3 Brave et leste : bien vêtue et d'une élégance pimpante.
4 Bouchonner : cajoler (très familier).
5 Dénicherez : partirez.
6 Rebutez : repoussez.
7 Cul de couvent : lieu le plus retiré d'un couvent.

1ère ES et S - Sujet N°1

Français - Durée 4 heures

Document B

Le vieux roi Mithridate (132-63 av. J.-C.) a fait croire à la jeune Monime qu'il la donnait en mariage à son fils, mais il la détrompe : c'est à lui-même qu'il la destine…

MONIME
Quoi ? Seigneur, vous m'auriez donc trompée ?
MITHRIDATE
Perfide ! Il vous sied bien de tenir ce discours,
Vous qui, gardant au cœur d'infidèles amours,
Quand je vous élevais au comble de la gloire,
M'avez des trahisons préparé la plus noire.
Ne vous souvient-il plus, cœur ingrat et sans foi,
Plus que tous les Romains[1] conjuré contre moi,
De quel rang glorieux j'ai bien voulu descendre
Pour vous porter au trône où vous n'osiez prétendre ?
Ne me regardez point vaincu, persécuté :
Revoyez-moi vainqueur, et partout redouté.
Songez de quelle ardeur dans Éphèse[2] adorée,
Aux filles de cent rois je vous ai préférée ;
Et, négligeant pour vous tant d'heureux alliés,
Quelle foule d'États je mettais à vos pieds.
Ah ! si d'un autre amour le penchant invincible
Dès lors à mes bontés vous rendait insensible,
Pourquoi chercher si loin un odieux époux ?
Avant que de partir, pourquoi vous taisiez-vous ?
Attendiez-vous, pour faire un aveu si funeste,
Que le sort ennemi m'eût ravi tout le reste,
Et que de toutes parts me voyant accabler,
J'eusse en vous le seul bien qui me pût consoler ?

Jean Racine, *Mithridate*, acte IV, scène 4, 1673.

---

1 Mithridate a sans cesse combattu les Romains pour les chasser d'Asie.
2 Éphèse : antique cité de l'Asie Mineure.

1ère ES et S - Sujet N°1

Français - Durée 4 heures

Document C

La jeune Doña Sol est amoureuse du hors-la-loi Hernani. Mais elle est sur le point d'épouser Don Ruy Gomez de Silva, son vieil oncle.

LE VIEILLARD
LE CHÂTEAU DE SILVA
Dans les montagnes d'Aragon.
La galerie des portraits de la famille de Silva ; grande salle, dont ces portraits, entourés de riches bordures et surmontés de couronnes ducales et d'écussons dorés, font la décoration. Au fond une haute porte gothique. Entre chaque portrait, une panoplie complète de toutes ces armures de siècles différents.

SCENE PREMIERE. - DOÑA SOL, *blanche, et debout près d'une table ;* DON RUY GOMEZ DE SILVA, *assis dans son grand fauteuil ducal en bois de chêne, puis,* UN PAGE.

DON RUY GOMEZ, *se levant et allant à elle.*
Écoute, on n'est pas maître
De soi-même, amoureux comme je suis de toi,
Et vieux. On est jaloux, on est méchant, pourquoi ?
Parce que l'on est vieux. Parce que beauté, grâce,
Jeunesse, dans autrui, tout fait peur, tout menace.
Parce qu'on est jaloux des autres, et honteux
De soi. Dérision ! que cet amour boiteux,
Qui vous remet au cœur tant d'ivresse et de flamme,
Ait oublié le corps en rajeunissant l'âme !
Quand passe un jeune pâtre - oui, c'en est là ! - souvent,
Tandis que nous allons, lui chantant, moi rêvant,
Lui dans son pré vert, moi dans mes noires allées,
Souvent je dis tout bas : Ô mes tours crénelées,
Mon vieux donjon ducal, que je vous donnerais,
Oh ! que je donnerais mes blés et mes forêts,
Et les vastes troupeaux qui tondent mes collines,
Mon vieux nom, mon vieux titre, et toutes mes ruines,
Et tous mes vieux aïeux qui bientôt m'attendront,
Pour sa chaumière neuve, et pour son jeune front !
Car ses cheveux sont noirs, car son œil reluit comme
Le tien ; tu peux le voir, et dire : Ce jeune homme !
Et puis penser à moi qui suis vieux. Je le sais !
Pourtant j'ai nom Silva, mais ce n'est plus assez !
Oui, je me dis cela. Vois à quel point je t'aime !
Le tout, pour être jeune et beau, comme toi-même !
Mais à quoi vais-je ici rêver ? Moi, jeune et beau ?
Qui te dois de si loin devancer au tombeau !
DOÑA SOL
Qui sait ?

1ère ES et S - Sujet N°1

Français - Durée 4 heures

Document C (suite)

DON RUY GOMEZ
Mais va, crois-moi, ces cavaliers frivoles[1]
N'ont pas d'amour si grand qu'il ne s'use en paroles.
Qu'une fille aime et croie un de ces jouvenceaux[2],
Elle en meurt, il en rit. Tous ces jeunes oiseaux,
À l'aile vive et peinte, au langoureux ramage[3],
Ont un amour qui mue ainsi que leur plumage.
Les vieux, dont l'âge éteint la voix et les couleurs,
Ont l'aile plus fidèle, et, moins beaux, sont meilleurs.
Nous aimons bien. Nos pas sont lourds ? Nos yeux arides ?
Nos fronts ridés ? Au cœur on n'a jamais de rides.
Hélas ! Quand un vieillard aime, il faut l'épargner.

Le cœur est toujours jeune et peut toujours saigner.
Oh ! Mon amour n'est point comme un jouet de verre
Qui brille et tremble ; oh ! Non, c'est un amour sévère,
Profond, solide, sûr, paternel, amical,
De bois de chêne ainsi que mon fauteuil ducal !
Voilà comme je t'aime, et puis je t'aime encore
De cent autres façons, comme on aime l'aurore,
Comme on aime les fleurs, comme on aime les cieux !
De te voir tous les jours, toi, ton pas gracieux,
Ton front pur, le beau feu de ta fière prunelle,
Je ris, et j'ai dans l'âme une fête éternelle !

Victor Hugo, *Hernani*, acte III, scène 1, 1830.

1 Cavaliers frivoles : désigne les jeunes gens.
2 Jouvenceaux : terme péjoratif qui désigne les jeunes gens.
3 Ramage : chant des oiseaux.

1ère ES et S - Sujet N°1

Français - Durée 4 heures

Document D

Dans un pays indéterminé, menacé par la ruine, un roi à l'agonie s'accroche à ses possessions délabrées. Ses deux reines l'entourent : Marie, aimante et douce, et Marguerite, implacable.

MARGUERITE, *à Marie.* - Tu peux parler, maintenant. Nous te le permettons.
MARIE, *au Roi.* - Dis-moi de faire quelque chose, je le ferai. Donne-moi un ordre. Ordonne, Sire, ordonne. Je t'obéis.
MARGUERITE, *au Médecin.* - Elle pense que ce qu'elle appelle l'amour peut réussir l'impossible. Superstition sentimentale. Les choses ont changé. Il n'en est plus question. Nous sommes déjà au-delà de cela. Déjà au-delà.
MARIE, *qui s'est dirigée à reculons vers la droite et se trouve maintenant près de la fenêtre.* - Ordonne, mon Roi. Ordonne, mon amour. Regarde comme je suis belle. Je sens bon. Ordonnez que je vienne vers vous, que je vous embrasse.
LE ROI, *à Marie.* - Viens vers moi, embrasse-moi. *(Marie reste immobile.)* Entends-tu ?
MARIE. - Mais oui, je vous entends. Je le ferai.
LE ROI. - Viens vers moi.
MARIE. - Je voudrais bien. Je vais le faire. Je vais le faire. Mes bras retombent.
LE ROI. - Alors, danse. *(Marie ne bouge pas.)* Danse. Alors, au moins, tourne-toi, va vers la fenêtre, ouvre-la et referme.
MARIE. - Je ne peux pas.
LE ROI. - Tu as sans doute un torticolis, tu as certainement un torticolis. Avance vers moi.
MARIE. - Oui, Sire.
LE ROI. - Avance vers moi en souriant.
MARIE. - Oui, Sire.
LE ROI. - Fais-le donc !
MARIE. - Je ne sais plus comment faire pour marcher. J'ai oublié subitement.
MARGUERITE, *à Marie.* - Fais quelques pas vers lui.
Marie avance un peu en direction du Roi.
LE ROI. - Vous voyez, elle avance.
MARGUERITE. - C'est moi qu'elle a écoutée. *(À Marie.)* Arrête. Arrête-toi.
MARIE. - Pardonne-moi, Majesté, ce n'est pas ma faute.
MARGUERITE, *au Roi.* - Te faut-il d'autres preuves ?

Eugène Ionesco, *Le roi se meurt,* 1962, Gallimard.

1ère ES et S - Sujet N°1

Français - Durée 4 heures

Aide méthodologique

A - QUESTION

Pour la question 1

Quel point commun est présenté dans les quatre scènes proposées ? Identifiez le registre de chacune d'elles ? *(2 points)*

- *Commencez par introduire la question en la recopiant.*
- *Comparez ces quatre scènes en montrant leur point commun.*
- *Justifier votre réponse en citant les extraits vous permettant de relever le point commun.*
- *Il faut préciser le registre pour chaque scène : donner un exemple pour justifier votre réponse.*

Pour la question 2

Comment s'expriment, dans ces scènes, les réactions des jeunes femmes ? A cet égard, quelle scène se distingue des autres ? Pourquoi ? (2 points)

- *Au brouillon : analyser les réactions dans chaque scène.*
- *Sur votre copie : rédiger un petit paragraphe dans lequel vous exposerez et expliquerez les réactions des femmes.*
- *Puis analyser la scène qui se distingue des autres.*

B - COMMENTAIRE

- Un commentaire est composé d'une introduction, d'un développement et d'une conclusion. Il ne faut pas utiliser le pronom personnel " je ", mais le " nous " pour parler de votre analyse.

- Introduction (10 lignes) :
Elle se fait en trois parties :

1) Présentation du texte (Hernani), de l'auteur (Hugo) et du contexte (extrait à analyser).
2) Formulation de la problématique : ici, l'amour selon Don Ruy Gomez.
3) Annonce du plan : " Dans un premier temps, nous verrons que... Puis dans une seconde partie, nous analyserons... ".

- Développement (30 lignes par partie) : votre commentaire peut comporter 2 ou 3 parties, qui doivent être intégralement rédigées.
Pensez qu'il s'agit ici d'un drame romantique.
Commencez par introduire votre idée, puis citez le texte afin d'argumenter votre analyse : attention à ne pas trop recopier le texte.
Bien faire la distinction entre le recopiage (la paraphrase) et l'analyse.
En fin de chaque partie, vous devez conclure cette dernière en une phrase, puis introduire la partie suivante en une phrase.

- Conclusion (5 à 10 lignes) : la conclusion est essentielle. Elle vous permet de revenir sur les éléments clefs de l'extrait et donc de votre analyse. Vous pouvez ensuite ouvrir sur un autre point. (Ici, par exemple la portée de la tirade sur Dona Sol).

1ère ES et S - Sujet N°1

Français - Durée 4 heures

C - LA DISSERTATION

Une dissertation comporte toujours une introduction, un développement et une conclusion. Il ne faut pas utiliser le pronom personnel " je ", mais " nous ".

- Introduction (10 à 15 lignes) : Elle se fait en trois parties :

1) Présentation du sujet.
2) Formulation de la problématique : il faut recopier la citation de Beaumarchais en la plaçant entre parenthèses.
3) Annonce du plan : " Dans un premier temps, nous verrons que... Puis dans une seconde partie, nous analyserons... ".

- Développement (30 lignes par partie) : votre dissertation peut comporter 2 ou 3 parties, qui doivent être intégralement rédigées.
Commencez par introduire votre idée, puis donnez un exemple (Le titre de l'œuvre doit être souligné) qui argumentera votre réflexion.
Développez toujours vos exemples.
Attention à la différence entre les notions de registres (comique, tragique etc.) et de genres (comédie, tragédie, drame etc.).

Ici, il faut bien maîtriser les différentes notions suivantes :
Tragi-comédie : " Tragédie dont l'action est romanesque et le dénouement heureux ", Le Petit Robert.
Comédie : " Pièce de théâtre ayant pour but de divertir en représentant les travers, les ridicules des caractères et des mœurs d'une société (au début, elle dépeint les bourgeois) ", Le Petit Robert.
Tragédie : " œuvre dramatique en vers, présentant une action tragique dont les événements, par le jeu de certaines règles ou bienséances se traduisent essentiellement en conflits intérieurs chez des personnages illustres aux prises avec un destin exceptionnel ; le genre auquel appartient ce type de pièce (opposé à comédie)", Le Petit Robert.
Drame : " Genre dramatique comportant des pièces en vers ou en prose, dont l'action généralement tragique, pathétique, s'accompagne d'éléments réalistes, familiers, comiques ; pièce de théâtre appartenant à ce genre ", Le Petit Robert.
Opéra : " Poème, ouvrage dramatique mis en musique, dépourvu de dialogue parlé, qui est composé de récitatifs, d'airs (==> 1. chant, bel canto), de chœurs et parfois de danses (==> ballet) avec accompagnement d'orchestre ", Le Petit Robert.

En fin de chaque partie, vous devez conclure cette dernière en une phrase, puis introduire la partie suivante en une phrase.

- Conclusion (5 à 10 lignes) : la conclusion est essentielle. Elle vous permet de revenir sur les éléments clefs de votre dissertation. Vous pouvez ensuite ouvrir sur un autre point. (Ici, par exemple la possibilité d'étendre cette citation à d'autres genres littéraires : Les Fables de La Fontaine)

1ère ES et S - Sujet N°1

Français - Durée 4 heures

D - ÉCRITURE D'INVENTION

- Attention à l'intitulé : il faut rédiger deux scènes : une comique et une tragique.
Il faut s'assurer d'avoir bien compris ce que sont le comique et le tragique.
Comique : *votre scène doit donc provoquer le rire.*
Tragique : *" évoque une situation où l'homme prend douloureusement conscience d'un destin ou d'une fatalité qui pèse sur sa vie, sa nature ou sa condition même ", Le Petit Robert.*

- Introduire le sujet : dire pourquoi vous allez écrire deux scènes. Préciser le lieu et le temps de votre action.

- Rédigez ensuite vos deux scènes, sans oublier d'y introduire la citation " Je suis maître, je parle : allez, obéissez ".

1ère L - Sujet N°2
Français

Enoncé du devoir

DOCUMENTS

A) Cyrano de Bergerac, *Les Etats et Empires du soleil,* 1662.
B) Jean de La Fontaine, *Les Obsèques de la lionne, Fable 14, livre VIII,* 1678.
C) Montesquieu, *Lettres XXX, Lettres Persanes,* 1721.

A - Question de préparation

Comparez ces trois textes en montrant leurs différences et leur point commun, vous préciserez notamment par quel moyen essentiel la critique est rendue possible.

B - Commentaire.

Vous ferez le commentaire de la fable de La Fontaine.

C - Dissertation.

Les auteurs de ce corpus ont recours au " regard extérieur ". Cette technique argumentative vous semble-t-elle efficace ?

D - Ecriture d'invention.

Imaginez la réponse de l'homme au réquisitoire du juge dans le texte de Bergerac, sous la forme d'un plaidoyer en faveur de l'Humanité.

1ère L - Sujet N°2

Français

Document A

Une perdrix nommée Guillemette la Charnue, blessée par la balle d'un chasseur, a demandé devant un tribunal, réparation " à l'encontre du genre humain ".

Plaidoyer fait au Parlement des oiseaux, les Chambres assemblées, contre un animal accusé d'être homme.

" Examinons donc, messieurs, les difficultés de ce procès avec toute la contention[1] de laquelle nos divins esprits sont capables.

" Le nœud de l'affaire consiste à savoir si cet animal est homme ; et puis en cas que nous avérions qu'il le soit, si pour cela il mérite la mort.

" Pour moi, je ne fais point de difficultés qu'il ne le soit, premièrement, par un sentiment d'horreur dont nous nous sommes tous sentis saisis à sa vue sans en pouvoir dire la cause ; secondement, en ce qu'il rit comme un fou, troisièmement, en ce qu'il pleure comme un sot ; quatrièmement, en ce qu'il se mouche comme un vilain ; cinquièmement, en ce qu'il est plumé comme un galeux ; sixièmement, en ce qu'il a toujours une quantité de petits grès carrés dans la bouche qu'il n'a pas l'esprit de cracher ni d'avaler ; septièmement, et pour conclusion, en ce qu'il lève en haut tous les matins ses yeux, son nez et son large bec, colle ses mains ouvertes la pointe au ciel plat contre plat, et n'en fait qu'une attachée, comme s'il s'ennuyait d'en avoir deux libres ; se casse les deux jambes par la moitié, en sorte qu'il tombe sur ses gigots ; puis avec des paroles magiques qu'il bourdonne, j'ai pris garde que ses jambes rompues se rattachent, et qu'il se relève après aussi gai qu'auparavant. Or, vous savez, messieurs, que de tous les animaux, il n'y a que l'homme seul dont l'âme soit assez noire pour s'adonner à la magie, et par conséquent celui-ci est homme. Il faut maintenant examiner si, pour être homme, il mérite la mort.

" Je pense, messieurs, qu'on n'a jamais révoqué en doute que toutes les créatures sont produites par notre commune mère, pour vivre en société. Or, si je prouve que l'homme semble n'être né que pour la rompre, ne prouverai-je pas qu'en allant contre la fin de sa création, il mérite que la nature se repente de son ouvrage ?

" La première et la plus fondamentale loi pour la manutention[2] d'une république, c'est l'égalité ; mais l'homme ne la saurait endurer éternellement : il se rue sur nous pour nous manger ; il se fait accroire que nous n'avons été faits que pour lui ; il prend, pour argument de sa supériorité prétendue, la barbarie avec laquelle il nous massacre, et le peu de résistance qu'il trouve à forcer notre faiblesse, et ne veut pas cependant avouer à ses maîtres, les aigles, les condors, et les griffons, par qui les plus robustes d'entre eux sont surmontés.

" Mais pourquoi cette grandeur et disposition de membres marquerait-elle diversité d'espèce, puisque entre eux-mêmes il se rencontre des nains et des géants ?

" Encore est-ce un droit imaginaire que cet empire dont ils se flattent : ils sont au contraire si enclins à la servitude, que de peur de manquer à servir, ils se vendent les uns aux autres leur liberté. C'est ainsi que les jeunes sont esclaves des vieux, les pauvres des riches, les paysans des gentilshommes, les princes des monarques, et les monarques mêmes des lois qu'ils ont établies. Mais avec tout cela ces pauvres serfs ont si peur de manquer de maîtres, que comme s'ils appréhendaient que la liberté ne leur vint de quelque endroit non attendu, ils se forgent des dieux de toutes parts, dans l'eau, dans l'air, dans le feu, sous la terre.

Cyrano de Bergerac, *Les Etats et Empires du soleil,* 1662

---

1 Contention : effort, application.
2. Manutention : maintien.

1ère L - Sujet N°2
Français

DOCUMENT B

Les Obsèques de la lionne

La femme du Lion mourut :
Aussitôt chacun accourut
Pour s'acquitter envers le Prince
De certains compliments de consolations,
Qui sont surcroît d'affliction.
Il fit avertir sa Province[1]
Que les obsèques se feraient
Un tel jour, en tel lieu ; ses Prévôts[2] y seraient
Pour régler la cérémonie,
Et pour placer la compagnie.
Jugez si chacun s'y trouva.
Le Prince aux cris s'abandonna,
Et tout son antre en résonna.
Les Lions n'ont point d'autre temple.
On entendit à son exemple
Rugir en leurs patois Messieurs les Courtisans.
Je définis la cour un pays où les gens
Tristes, gais, prêts à tout, à tout indifférents,
Sont ce qu'il plaît au Prince, ou s'ils ne peuvent l'être,
Tâchent au moins de le paraître,
Peuple caméléon, peuple singe du maître,
On dirait qu'un esprit anime mille corps ;
C'est bien là que les gens sont de simples ressorts.
Pour revenir à notre affaire
Le Cerf ne pleura point, comment eût-il pu faire ?
Cette mort le vengeait : la Reine avait jadis
Étranglé sa femme et son fils.
Bref il ne pleura point. Un flatteur l'alla dire,
Et soutint qu'il l'avait vu rire.
La colère du Roi, comme dit Salomon,
Est terrible, et surtout celle du roi Lion :
Mais ce Cerf n'avait pas accoutumé de lire.
Le Monarque lui dit : Chérif hôte des bois
Tu ris, tu ne suis pas ces gémissantes voix.
Nous n'appliquerons point sur tes membres profanes
Nos sacrés ongles ; venez Loups,
Vengez la Reine, immolez tous
Ce traître à ses augustes mânes[3].
Est passé : la douleur est ici superflue.
Votre digne moitié couchée entre des fleurs.
Tout près d'ici m'est apparue ;
Et je l'ai d'abord reconnue.
Ami, m'a-t-elle dit, garde[4], que ce convoi

1ère L - Sujet N°2
Français

DOCUMENT B (suite)

Quand je vais chez les Dieux, ne t'oblige à des larmes.
Aux Champs Élyséens[5] j'ai goûté mille charmes,
Conversant avec ceux qui sont saints comme moi.
Laisse agir quelques temps le désespoir du Roi.
J'y prends plaisir. À peine on eut ouï la chose,
Qu'on se mit à crier : Miracle, apothéose[6] !

Le Cerf eut un présent, bien loin d'être puni.
Amusez les Rois par des songes,
Flattez-les, payez-les d'agréables mensonges,
Quelque indignation dont leur cœur soit rempli,
Ils goberont l'appât, vous serez leur ami.

Jean de La Fontaine, " *Les Obsèques de la lionne* ", *Fable 14, Livre VIII*, 1678

---

1 Son royaume.
2. Ses officiers.
3. Les mânes sont, dans la mythologie, les âmes des morts, élevées au rang de divinités auxquelles on peut faire des sacrifices.
4. " prends garde que… "
5. Les Champs Élysées : séjour des bienheureux dans la mythologie grecque.
6. Passage d'un mortel au rang des dieux.

1ère L - Sujet N°2
Français

(1ère partie)

DOCUMENT C

Lettre XXX
Rica au même[1], à Smyrne

Les habitants de Paris sont d'une curiosité qui va jusqu'à l'extravagance. Lorsque j'arrivai, je fus regardé comme si j'avais été envoyé du ciel : vieillards, hommes, femmes, enfants, tous voulaient me voir. Si je sortais, tout le monde se mettait aux fenêtres ; si j'étais aux Tuileries, je voyais aussitôt un cercle se former autour de moi ; les femmes mêmes faisaient un arc-en-ciel nuancé de mille couleurs, qui m'entourait ; si j'étais aux spectacles, je trouvais d'abord cent lorgnettes dressées contre ma figure : enfin jamais homme n'a tant été vu que moi. Je souriais quelquefois d'entendre des gens qui n'étaient presque jamais sortis de leur chambre, qui disaient entre eux : " Il faut avouer qu'il a l'air bien Persan. " Chose admirable ! Je trouvais de mes portraits partout ; je me voyais multiplié dans toutes les boutiques, sur toutes les cheminées, tant on craignait de ne m'avoir pas assez vu.

Tant d'honneurs ne laissent[2] pas d'être à charge[3] : je ne me croyais pas un homme si curieux et si rare : et quoique j'aie très bonne opinion de moi, je ne me serais jamais imaginé que je dusse troubler le repos d'une grande ville où je n'étais point connu. Cela me fit résoudre à quitter l'habit persan et à en endosser un à l'européenne, pour voir s'il resterait encore dans ma physionomie quelque chose d'admirable. Cet essai me fit connaître ce que je valais réellement : libre de tous les ornements étrangers, je me vis apprécié au plus juste. J'eus sujet de me plaindre de mon tailleur, qui m'avait fait perdre en un instant l'attention et l'estime publique : car j'entrai tout à coup dans un néant affreux. Je demeurais quelquefois une heure dans une compagnie sans qu'on m'eût regardé, et qu'on m'eût mis en occasion d'ouvrir la bouche. Mais, si quelqu'un, par hasard, apprenait à la compagnie que j'étais Persan, j'entendais aussitôt autour de moi un bourdonnement : " Ah ! Ah ! Monsieur est Persan ? C'est une chose bien extraordinaire ! Comment peut-on être persan ? "

Montesquieu, de *Paris, le 6 de la lune de Chalval, 1712, extrait des Lettres persanes,* 1721

1. À son ami Usbek.
2. Ne laissent pas : n'empêchent pas.
3. Être à charge : causer une gène.

1ère L - Sujet N°2
Français

Aide méthodologique

A - Pour la question

- Recopiez la question : " Comparez ces trois textes en montrant leurs différences et leur point commun, vous préciserez notamment par quel moyen essentiel la critique est rendue possible. "
- Procédez par étapes puisqu'on demande ici une comparaison entre les trois textes du corpus.
- Soyez attentif au fait que " différences " est au pluriel, et " point commun " au singulier !
- Sur votre brouillon : Relevez les éléments clefs de chaque texte.

Classez ces éléments selon qu'ils sont présents dans les trois extraits ou au contraire spécifiques à un texte.

- Sur votre copie finale : Introduisez la question en donnant le titre des textes et le nom des auteurs.
- Annoncez votre plan :
  1) Les différences
  2) Les points communs
  3) Le moyen essentiel de la critique.

Rédigez ces trois parties en argumentant, pensez à vous appuyer sur le texte (Environ 10 lignes par partie).
Votre réponse doit faire environ 1 page.

B - Commentaire

- Un commentaire est composé d'une introduction, d'un développement et d'une conclusion. Il ne faut pas utiliser le pronom personnel " je ", mais le " nous " pour parler de votre analyse.

- **Introduction** (10 lignes) : Elle se fait en trois parties :
  1) Présentation du texte, de l'auteur et du contexte.
  2) Formulation de la problématique
  3) Annonce du plan : " Dans un premier temps, nous verrons que… Puis dans une seconde partie, nous analyserons… ".

- **Développement** (20 à 30 lignes par partie) : Votre commentaire peut comporter 2 ou 3 parties, qui doivent être intégralement rédigées.

Si votre développement comprend 2 parties : 30 lignes par partie.
Si votre développement comprend 3 parties : 20 lignes par partie.
Commencez par introduire votre idée, puis citez le texte afin d'argumenter votre analyse.
En fin de chaque partie, vous devez conclure cette dernière en une phrase, puis introduire la partie suivante en une phrase.

- **Conclusion** (5 à 10 lignes) : La conclusion est essentielle. Elle vous permet de revenir sur les éléments clefs de l'extrait et donc de votre analyse. Vous pouvez ensuite ouvrir sur un autre point. (Ici, par exemple la critique des beaux parleurs dans Le Corbeau et le Renard)

1ère L - Sujet N°2
Français

C - Dissertation

Une dissertation comporte toujours une introduction, un développement et une conclusion. Il ne faut pas utiliser le pronom personnel " je ", mais " nous ".

- Introduction (10 à 15 lignes) : elle se fait en trois parties :
1) Présentation du sujet.
2) Formulation de la problématique
3) Annonce du plan : " Dans un premier temps, nous verrons que... Puis dans une seconde partie, nous analyserons... ".

- Développement (30 lignes par partie) : Votre dissertation peut comporter 2 ou 3 parties, qui doivent être intégralement rédigées.
Commencez par introduire votre idée, puis donnez un exemple qui argumentera votre pensée.
En fin de chaque partie, vous devez conclure cette dernière en une phrase, puis introduire la partie suivante en une phrase et faire une phrase de transition pour annoncer la partie suivante.

- Conclusion (5 à 10 lignes) : La conclusion est essentielle. Elle vous permet de revenir sur les éléments clefs de votre dissertation. Vous pouvez ensuite ouvrir sur un autre point. (Ici, par exemple l'importance du regard intérieur combiné au regard extérieur afin de s'accepter pour mieux accepter l'Autre)

D - Ecriture d'invention

- Attention à l'intitulé : il faut rédiger un plaidoyer, c'est-à-dire : " Discours prononcé à l'audience pour défendre le droit d'une partie ", Le Petit Robert.
- Introduire le sujet.
- Penser à argumenter votre plaidoyer : vous devez fonder votre réflexion et l'appuyer par des exemples clairs et bien développés.
- Conclure votre plaidoyer.

T erm L - Sujet N°5

Philosophie - Durée 4 heures

Enoncé du devoir

Sujet :

Pourquoi prive-t-on l'animal de conscience ?

T erm L - Sujet N°5
Philosophie - Durée 4 heures

Aide méthodologique

1) Thèmes à exploiter

La conscience, le langage

2) Les pièges et erreurs à éviter

Axer uniquement le développement sur les recherches scientifiques actuelles concernant l'animal et énumérer des exemples tendant à affirmer que l'animal " pense "

3) Les bonnes questions à se poser face au sujet

S'interroger sur le sens du pourquoi : devons nous comprendre le " pourquoi " dans sa dimension causale autrement dit quelles sont les causes qui expliqueraient cette attitude de l'homme face à l'animal ? Pouvons-nous également appréhender le " pourquoi " en faisant référence aux buts et enjeux (" pour quoi ", en vue de quoi, quels sont les apports d'une telle position et pour qui ?)

Le " on " requiert une attention particulière : que recouvre ce " on " ? S'agit-il des hommes en général (nous les hommes, hommes contemporains comme ceux du passé), de quelques-uns en particulier ? Si oui, qui sont-ils ? Des philosophes ? Des religieux ? Des savants ? Mais surgissent les questions suivantes, à examiner ultérieurement : avancent-ils des preuves indubitables, ou bien ont-ils une telle position au regard de leurs valeurs (lesquelles ?), de leurs préjugés (acceptation de normes, critères et valeurs sans remise en question) ?

Mais au-delà de ces questions d'ensemble et valables pour tout énoncé qui comporterait ces termes, il convient d'approfondir le libellé. En effet, si " on " prive l'animal de conscience cela suppose une action délibérée, la volonté de supprimer, d'ôter quelque chose à quelqu'un qui détient cette chose ou qui pourrait en disposer. Ainsi, le présupposé qu'induit le verbe d'action " priver " laisserait entendre que l'animal aurait bel et bien cette conscience. Or ce présupposé est lui aussi à questionner.

Enfin l'animal pourrait paraître un sujet d'interrogation bien peu intéressant pour un sujet de philosophie si nous ne le rapprochions de l'homme. Autrement dit, quel intérêt pouvons nous dégager de la comparaison (classique) entre l'homme et l'animal ? Qu'est-ce que cela peut nous apprendre non sur l'animal en tant que tel, mais sur l'attitude intellectuelle et pratique de l'homme vis-à-vis de l'animal ?

Si l'on résume succinctement le bilan de cette analyse, nous voyons émerger des directions ou des axes importants constitutifs de notre développement : quelles sont les raisons qui justifient la négation de la conscience animale ? (Nous débutons par cette approche parce qu'elle se révèle à la fois traditionnelle et évidente). Quels sont alors les bénéfices d'une telle position pour l'homme ? (Nous examinons l'impact sur l'homme et pour l'homme de cette négation posée a priori). Que révèle cette position de l'homme ? (Nous élargissons le débat en montrant sur quoi -valeurs, préjugés, critères, mentalités- repose une telle attitude).

L'introduction présente une problématique (issue de l'analyse de la question) inscrite dans un contexte. Cette introduction peut opposer des points de vue, des thèses, des situations, faire référence à des aspects communs afin de les relativiser, ou bien partir de la doxa pour en montrer les limites.

T erm L - Sujet N°4
Anglais

Enoncé du devoir

The interview (70 points)

The most promising interview took place in Muhammad Ali's birthplace, Louisville, Kentucky. One of my former classmates had gotten a job at The Louisville Courrier-journal and told me they were hiring. I went through the usual battery of interviews. When the day ended, I was drained but confident I'd landed a gig. They asked how soon I could start and told me to report to personnel the next day to complete my application.

The following day, when filling out the application, I ran across the question that always haunted me. "Have you ever been convicted of a felony ? If the answer is yes, please explain." That queasy feeling returned to my stomach. I hadn't told them about my rap sheet, and I had another full year left on probation. What should I do ? If I don't tell, I've got this gig in the bag. I left the question blank. When the personnel director picked up the application, I stopped her and whispered, "Excuse me. May I speak with you a moment ?"

A middle-aged woman with an easy smile, the director said, "Sure, what do you need ?"

"I need to explain something to you. I left this section blank for a reason," I said, pointing to the application. "I have a criminal record. I served time. For armed robbery."

She stiffened[2] and looked at me. "Oh... well, I'll need to talk with someone else about this... Wait right here. I'll be right back."

I squirmed in my hallway seat for more than an hour, trying to picture the high-level discussions that were probably going on. When the personnel director came back, she forced a smile. "O.K., we're all done... We'll be in touch with you soon."

She didn't offer to tell me what was said by her higher-ups, and I didn't ask. But her tone and expression gave her away. I knew the lowdown[3]. I knew I wouldn't get the job.

On the flight home, I cursed myself for letting them put me through that dog and pony show[4] . I kept asking myself over and over, Why do you take yourself through this shit ?

I didn't get the job, of course. I don't remember what, if any, reason they gave for not hiring me, but I'm sure it was because I came clean. I couldn't handle[5] that. I'd served my time. I'd been punished for the crime and suffered, I thought, more than enough. I wondered, Why do I have to keep paying for it, and what benefit is there in telling interviewers the truth ?

That's when I decided to take a more realistic approach when dealing with white folks, including my parole officer, who insisted I tell the truth about my record when seeking jobs. I decided that from then on, I'd get my foot in the door first and prove myself. Then maybe, maybe, I'd tell them about my past.

Nathan McCALL, *Makes Me Wanna Holler : A Young Black Man in America* (1994)

---

1. had gotten (US) = had got
2. stiffen : se raidir (stiff : raide)
3. I knew the lowdown : je captais le message
4. dog and pony show : ici, mascarade
5. handle : ici, accepter

T erm L - Sujet N°4
Anglais

I - UNDERSTANDING THE TEXT (30 points)

What did the narrator try to do ? What were the consequences ?

Part 1 (from the beginning to L. 20)

1) True or false ? Circle the correct answer and justify by quoting from the text.
T F The narrator had read a classified ad in a newspaper.

....

2) Deduce the meaning of former (L. 2) and give a synonym :

....

3) What were the narrator's feelings ?

a) Pick out two adjectives showing that the narrator was optimistic at first.

1. .... 2. ....

b) Quote two reasons why he was optimistic.

1. ....

2. ....

c)Use your answers to guess the meaning of I " was drained " (L. 4) :

4) Pick out the sentences revealing that the narrator :

a) was afraid of being asked about his past : ....

b) was hesitant : ....

c) didn't answer all the questions : ....

5) What do we learn about the narrator's past ? (Quote.)

6) True or false ? Circle the correct answer and justify by quoting from the text.
T F The narrator was now totally free to do what he wanted.

....

7) What do we learn about the personnel director ? ☐ male ☐ female ☐ age :

8) Pick out two elements showing the personnel director's change of attitude.

a) .... b) ....

T erm L - Sujet N°4
Anglais

9) True or false ? Circle the correct answer and justify by quoting from the text.

a) [T] [F] The narrator was kept waiting.

....

b) [T] [F] The personnel director took the decision on her own. (two quotes)

....
....

10) What does the sentence "We'll be in touch with you soon." (L. 20) imply ?

....

Part 2 (from L. 21 to the end)

11) True or false ? Circle the correct answer and justify by quoting from the text.

[T] [F] A lot of things were left unsaid. (two quotes)

a) ....

b) ....

12) How does the narrator explain the firm's decision ? Quote a sentence from the text and explain what it means in your own words.

....

....

13) Which sentence shows that the narrator thought he had already paid for his past mistakes ?

....

14) What tactic was he going to adopt now ? (Quote the text.)

....

II - TRANSLATION

From line 1 "the most promising..." to line 5 " to complete my application".
Free production. Write down both essays.

Topic 1 (10 points)
What would you have done in the narrator's place ? *(150 words.)*

Topic 2 (15 points)
Do you think one should always tell the truth ? Justify your opinion. *(200 words.)*

T erm L - Sujet N°5
Anglais

Aide méthodologique

Le texte
De nombreuses expressions américaines propres à la langue parlée ; l'élève doit bien sûr éviter de traduire mot à mot et au contraire s'efforcer de dégager le sens global du texte.
Il est conseillé de lire deux fois le texte, et, au besoin, de s'aider des questions pour avoir un éclairage différent sur le texte.

I - COMPREHENSION

Emploi des temps :
preterit : le temps du récit
plu-perfect : l'énonciation d'un fait antérieur au récit

Traduction

- **s'adapter au niveau de langue du texte**

- **insister sur la nécessité de faire des phrases qui ont un sens en français !**

- **pièges à éviter :**
left : j'avais encore un an
former : précédent (et non supérieur, comme beaucoup l'ont cru !)
classmate : camarade de classe (pas d'armée)
to land a gig : décrocher un job

II - Expression

Vocabulaire utile :

- **l'expression d'une opinion**

à mon avis : ***according to me***
il semble que : ***it seems...***
il apparaît que : ***it appears that...***
je suis d'accord : ***I agree/ I don't agree***
je suis opposé à : ***I object to (+ing)***
je reconnais que : ***I acknowledge that...***
sans aucun doute : ***obviously***

- **conclusion :**

en conclusion : ***as a conclusion***
en d'autres termes : ***in other words***
dans l'ensemble : ***on the who***

1ère L et ES - Sujet N°3

Français - Durée 4 heures

Enoncé du devoir

LE BIOGRAPHIQUE

SUJET
Les souvenirs d'enfance

Documents

A) **JEAN-JACQUES ROUSSEAU (1712-1778),** *Les Confessions*, livre I, 1782.
B) **COLETTE (1873-1954),** *La Maison de Claudine*, 1922.
C) **ALBERT COHEN,** *Le Livre de ma mère*, 1954.

ÉCRITURE

Vous répondrez d'abord à la question suivante. *(4 points)*

- En quoi le titre des œuvres oriente-t-il la lecture des passages proposés ?

Vous traiterez ensuite un de ces sujets au choix. *(16 points)*

- **Sujet I : Commentaire**

  Vous commenterez le texte d'Albert Cohen (document C)

- **Sujet II : Dissertation**

  Pour quelles raisons les souvenirs d'enfance tiennent-ils une place si importante dans les textes autobiographiques ? Vous répondrez à cette question en un développement composé qui prendra appui sur les textes qui vous sont proposés, ceux que vous avez étudiés en classe et vos lectures personnelles.

- **Sujet III : Écriture d'invention**

  Une revue littéraire prépare un numéro sur le récit autobiographique. Vous êtes chargé d'y écrire un article dans lequel vous montrerez en quoi l'écriture autobiographique peut être une aide pour les autres et pour soi. Vous développerez votre argumentation en utilisant les textes du corpus et les lectures que vous avez faites par ailleurs.

1ère L et ES - Sujet N°3

Français - Durée 4 heures

Document A

Jean-Jacques Rousseau est placé en apprentissage, à l'âge de quatorze ans, chez un maître graveur qui le néglige et le maltraite.

Ce sont presque toujours de bons sentiments mal dirigés qui font faire aux enfants le premier pas vers le mal. Malgré les privations et les tentations continuelles, j'avais demeuré plus d'un an chez mon maître sans pouvoir me résoudre à rien prendre, pas même des choses à manger. Mon premier vol fut une affaire de complaisance ; mais il ouvrit la porte à d'autres qui n'avaient pas une si louable fin.

Il y avait chez mon maître un compagnon[1] appelé M. Verrat, dont la maison, dans le voisinage, avait un jardin assez éloigné qui produisait de très belles asperges. Il prit envie à M. Verrat, qui n'avait pas beaucoup d'argent, de voler à sa mère des asperges dans leur primeur, et de les vendre pour faire quelques bons déjeuners. Comme il ne voulait pas s'exposer lui-même et qu'il n'était pas fort ingambe[2], il me choisit pour cette expédition. Après quelques cajoleries préliminaires, qui me gagnèrent d'autant mieux que je n'en voyais pas le but, il me la proposa comme une idée qui lui venait sur-le-champ. Je disputai[3] beaucoup ; il insista. Je n'ai jamais pu résister aux caresses[4] ; je me rendis. J'allais tous les matins moissonner les plus belles asperges ; je les portais au Molard, où quelque bonne femme, qui voyait que je venais de les voler, me le disait pour les avoir à meilleur compte. Dans ma frayeur je prenais ce qu'elle voulait bien me donner ; je le portais à M. Verrat. Cela se changeait promptement en un déjeuner dont j'étais le pourvoyeur, et qu'il partageait avec un autre camarade ; car pour moi, très content d'en avoir quelque bribe, je ne touchais pas même à leur vin.

Ce petit manège dura plusieurs jours sans qu'il me vînt même à l'esprit de voler le voleur, et de dîmer[5] sur M. Verrat le produit de ses asperges. J'exécutais ma friponnerie avec la plus grande fidélité ; mon seul motif était de complaire à celui qui me la faisait faire. Cependant, si j'eusse été surpris, que de coups, que d'injures, quels traitements cruels n'eussé-je point essuyés, tandis que le misérable, en me démentant, eût été cru sur sa parole, et moi doublement puni pour avoir osé le charger, attendu qu'il était compagnon et que je n'étais qu'apprenti ! Voilà comment en tout état le fort coupable se sauve aux dépens du faible innocent.

Jean-Jacques Rousseau, *Les Confessions, livre I,* 1782.

---

1 Compagnon : ouvrier qualifié qui n'est plus apprenti.
2 Ingambe : qui a les jambes lestes, qui est agile.
3 Je disputai : j'opposai des arguments.
4 Caresses : compliments.
5 Dîmer : prélever une part.

1ère L et ES - Sujet N°3

Français - Durée 4 heures

Document B

Colette connaît le succès dès l'âge de vingt ans en publiant une série de romans plus ou moins inspirés de sa vie d'adolescente et de jeune femme : Claudine à l'école, Claudine à Paris, Claudine en ménage, Claudine s'en va. En 1922, elle publie un recueil de nouvelles, La Maison de Claudine, où elle évoque entre autres différentes scènes de son enfance. Elle décrit ici la maison où elle vécut jusqu'à l'âge de dix-sept ans.

Grande maison grave, revêche[1] , avec sa porte à clochette d'orphelinat, son entrée cochère à gros verrou de geôle[2] ancienne, maison qui ne souriait que d'un côté. Son revers, invisible au passant, doré par le soleil, portait manteau de glycine et de bignonier[3] mêlés, lourds à l'armature de fer fatiguée, creusée en son milieu comme un hamac, qui ombrageait une petite terrasse dallée et le seuil du salon... Le reste vaut-il que je le peigne, à l'aide de pauvres mots ? Je n'aiderai personne à contempler ce qui s'attache de splendeur, dans mon souvenir, aux cordons rouges d'une vigne d'automne que ruinait son propre poids, cramponnée au cours de sa chute à quelque bras de pin. Ces lilas massifs dont la fleur compacte, bleue dans l'ombre, pourpre au soleil, pourrissait tôt, étouffée par sa propre exubérance, ces lilas morts depuis longtemps ne remonteront pas grâce à moi vers la lumière, ni le terrifiant clair de lune – argent, plomb gris, mercure, facettes d'améthystes[4] coupantes, blessants saphirs[4] aigus – qui dépendait de certaine vitre bleue, dans le kiosque au fond du jardin.
Maison et jardin vivent encore, je le sais, mais qu'importe si la magie les a quittés, si le secret est perdu qui ouvrait – lumière, odeurs, harmonie d'arbres et d'oiseaux, murmure de voix humaines qu'a déjà suspendu la mort – un monde dont j'ai cessé d'être digne...

Colette, *La Maison de Claudine,* Gallimard, 1922

1. Revêche : peu accueillante.
2. Geôle : prison
3. Glycine, bignonier : plantes grimpantes.
4. Améthystes et saphirs : pierres précieuses violettes et bleues.

1ère L et ES - Sujet N°3

Français - Durée 4 heures

Document C

Albert Cohen naît à Corfou mais ses parents, petits commerçants juifs, quittent la Grèce en 1900 pour s'installer à Marseille.

Je me souviens aussi de nos promenades du dimanche, en été, elle et moi, tout jeune garçon. On n'était pas riches et le tour de la Corniche ne coûtait que trois sous. Ce tour, que le tramway faisait en une heure, c'était, en été, nos villégiatures[1], nos mondanités, nos chasses à courre. Elle et moi, deux faibles et bien vêtus, et aimants à en remontrer à Dieu[2]. Je revois un de ces dimanches. Ce devait être à l'époque du Président Fallières, gros rouge ordinaire, qui m'avait fait frissonner de respect lorsqu'il était venu visiter notre lycée. " Le chef de la France ", m'étais-je répété, avec une chair de poule d'admiration.

En ce dimanche, ma mère et moi nous étions ridiculement bien habillés et je considère avec pitié ces deux naïfs d'antan, si inutilement bien habillés, car personne n'était avec eux, personne ne se préoccupait d'eux. Ils s'habillaient très bien pour personne. Moi, en inopportun costume de petit prince et avec un visage de fille, angélique et ravi à me faire lapider[3]. Elle, reine de Saba[4] déguisée en bourgeoise, corsetée, émue et un peu égarée d'être luxueuse. Je revois ses longs gants de dentelle noire, son corsage à ruches avec des plissés[5], des bouillons et des fronces , sa voilette, son boa de plumes, son éventail, sa longue jupe à taille de guêpe et à volants qu'elle soutenait de la main et qui découvrait des bottines à boutons de nacre avec un petit rond de métal au milieu. Bref, pour cette promenade dominicale, on s'habillait comme des chanteurs d'après-midi mondaine et il ne nous manquait que le rouleau de musique à la main.

Arrivés à l'arrêt de La Plage, en face d'un casino rongé d'humidité, on prenait place solennellement, émotifs et peu dégourdis, sur des chaises de fer et devant une table verte. Au garçon de la petite baraque, qui s'appelait "Au Kass'Kroutt's", on demandait timidement une bouteille de bière, des assiettes, des fourchettes et, pour se le concilier, des olives vertes. Le garçon parti, c'est-à-dire le danger passé, on se souriait avec satisfaction, ma mère et moi, un peu empotés. Elle sortait alors les provisions emballées et elle me servait, avec quelque gêne si d'autres consommateurs nous regardaient, toutes sortes de splendeurs orientales, boulettes aux épinards, feuilletés au fromage, boutargue[6], rissoles aux raisins de Corinthe et autres merveilles. Elle me tendait une serviette un peu raide, amoureusement repassée la veille par ma mère si heureuse de penser, tandis qu'elle repassait en fredonnant un air de Lucie de Lammermoor [7], qu'elle irait demain avec son fils au bord de la mer. Elle est morte.

Albert Cohen, *Le Livre de ma mère,* Gallimard, 1954.

---

1. Villégiatures : lieux de vacances.
2. Aimants à en remontrer à Dieu : s'aimant d'un amour infini, supérieur à l'amour divin.
3. Lapider : poursuivre ou tuer à coups de pierre.
4. Reine de Saba : reine légendaire d'Arabie.
5. Corsage à ruches avec des plissés, des bouillons et des fronces : corsage composé d'étoffes extrêmement travaillées.
6. Boutargue : préparation méridionale à base d'œufs de poisson confits dans du vinaigre.
7. Lucie de Lammermoor : opéra de Donizetti (1835).

1ère L et ES - Sujet N°3

Français - Durée 4 heures

Aide méthodologique

A - POUR LA QUESTION

- Commencez par introduire la question en la recopiant : Comparez ces trois textes en montrant en quoi les titres importent dans la compréhension de l'objet d'étude. N'hésitez pas à commenter l'emploi de " ma " faite par Cohen dans " Le Livre de ma mère ".

B - ÉCRITURE D'INVENTION

- Attention à l'intitulé : il faut rédiger un article, c'est-à-dire : "Partie (numérotée ou non) qui forme une division (d'un texte légal, juridique, diplomatique, religieux, littéraire). ", Le Petit Robert.
- Introduire le sujet.
- Penser à argumenter votre article : vous devez fonder votre réflexion et l'appuyer par des exemples clairs et bien développés.
- Conclure votre article.

C - COMMENTAIRE

- Un commentaire est composé d'une introduction, d'un développement et d'une conclusion. Il ne faut pas utiliser le pronom personnel " je ", mais le "nous" pour parler de votre analyse.

- Introduction (10 lignes) : Elle se fait en trois parties :

  1) Présentation du texte, de l'auteur et du contexte.
  2) Formulation de la problématique : ici, le fils et la mère.
  3) Annonce du plan : " Dans un premier temps, nous verrons que.... Puis dans une seconde partie, nous analyserons... ".

- Développement (30 lignes par partie) : Votre commentaire peut comporter 2 ou 3 parties, qui doivent être intégralement rédigées.
  Commencez par introduire votre idée, puis citez le texte afin d'argumenter votre analyse.
  Ne pas recopier tout un paragraphe. Il faut citer l'essentiel.
  Faire attention à la paraphrase. Toujours bien expliquer le texte.
  En fin de chaque partie, vous devez conclure cette dernière en une phrase, puis introduire la partie suivante en une phrase. Attention donc à l'enchaînement logique de votre analyse.

- Conclusion (5 à 10 lignes) : La conclusion est essentielle. Elle vous permet de revenir sur les éléments clefs de l'extrait et donc de votre analyse. Vous pouvez ensuite ouvrir sur un autre point. (Ici, par exemple le regard oppressant de la mère de Cohen sur ce dernier).

1ère L et ES - Sujet N°3

Français - **Durée 4 heures**

D - LA DISSERTATION

Une dissertation comporte toujours une introduction, un développement et une conclusion. Il ne faut pas utiliser le pronom personnel " je ", mais " nous ".

- Introduction (10 lignes) : Elle se fait en trois parties :
  1) Présentation du sujet.
  2) Formulation de la problématique : ici, la place des souvenirs d'enfance dans le texte autobiographique.
  3) Annonce du plan : " Dans un premier temps, nous verrons que... Puis dans une seconde partie, nous analyserons... ".

- Développement (30 lignes par partie) : Votre dissertation peut comporter 2 ou 3 parties, qui doivent être intégralement rédigées.
  Commencez par introduire votre idée, puis donnez un exemple qui argumentera votre pensée.
  Si vous avez le droit de vous appuyer sur les textes du corpus, il faut toujours donner les titres des œuvres et le nom de l'auteur.

Attention à ce que votre argumentation soit cohérente et assez abondante.
Vous pouvez citer d'autres exemples d'ouvrages contemporains de votre époque, à condition qu'ils s'inscrivent dans la réflexion induite par la question posée.
En fin de chaque partie, vous devez conclure cette dernière en une phrase, puis introduire la partie suivante en une phrase.

- Conclusion (5 à 10 lignes) : La conclusion est essentielle. Elle vous permet de revenir sur les éléments clefs de votre dissertation. Vous pouvez ensuite ouvrir sur un autre point. (Ici, par exemple, sur les limites du souvenir d'enfance. Ou encore sur l'absence de souvenirs d'enfance dans une autobiographie qui porterait sur un évènement postérieur à l'enfance).

T erm L - Sujet N°6
Anglais

Enoncé du devoir

Shortly after the riots, like many other white Detroiters, my parents began looking for a house in the suburbs. The suburb they had their sights on was the affluent lakefront district of the automagnates : Grosse Pointe.

It was much harder than they ever expected. In the Cadillac, scouting the five Grosse Pointe (the Park, the City, the Farms, the Woods, the Shores), my parents saw FOR SALE signs on many lawns. But when they stopped in at the realty offices and filled out applications, they found that the houses suddenly went off the market, or were sold, or doubled in price.

After two months of searching, Milton was down to his last real estate agent, a Miss Jane Marsh of Great Lakes Realty. He had growing suspicions.

"This property is rather eccentric," Miss Marsh is telling Milton one September afternoon as she leads him up the driveway. "It takes a buyer with a little vision." She opens the front door and leads him inside. "But it does have quite a pedigree. It was designed by Hudson Clark." She waits for recognition. "Of the Prairie School[1]".

Milton nods, dubiously[2] . He swivels his head, looking over the place. He hadn't much cared for the picture Miss Marsh had shown him over at the office. Too boxy-looking. Too modern.

"I'm not sure my wife would go for this kind of thing, Miss Marsh."

"I'm afraid we don't have anything more traditional to show at the moment."

She leads him along a spare white hallway and down a small flight of open stairs. And now, as they step into the sunken living room, Miss Marsh's head begins to swivel, too. Smiling a polite smile that reveals a rabbity expanse of upper gum[3], she examines Milton's complexion, his hair, his shoes. She glances at his real estate application again.

"Stephanides. What kind of name is that?"

"It's Greek."

"Greek. How interesting."

More upper gum flashes as Miss Marsh makes a notation on her pad. Then she resumes the tour: "Sunken living room. Greenhouse adjoining the dining area. And, as you can see, the house is well supplied with windows."

"It pretty much is a window, Miss Marsh." Milton moves closer to the glass and examines the backyard. Meanwhile, a few feet behind, Miss Marsh examines Milton.

"May I ask what business you're in, Mr. Stephanides?"

"The restaurant business."

Another mark of pen on pad. "Can I tell you what churches we have in the area? What denomination are you?"

"I don't go in for that sort of thing. My wife takes the kids to the Greek church."

"She's a Grecian, too?"

"She's a Detroiter. We're both East Siders."

"And you need space for your two children, is that right?"

"Yes, ma'am. Plus we have my folks living with us, too."

"Oh, I see." And now pink gums disappear as Miss Marsh begins to add it all up.

Let's see. Southern Mediterranean. One point. Not in one of the professions. One point. Religion ? Greek church. That's some kind of Catholic, isn't it? So there's another point there. And he has his parents living with him! Two more points! Which makes – five ! Oh, that won't do. That won't do at all.

Term L - Sujet N°6
Anglais

Discreetly, Miss Marsh now draws a tiny "5" next to "Stephanides" and circles it. As she does so, however, she feels something. A kind of regret. The point system isn't her idea, after all. It was in place long before she came to Grosse Pointe.

"Tell me more about this Hudson Clark fella," he now asks.

"Clark? Well, to be honest, he's a minor figure."

"Prairie School, eh?"

"Hudson Clark was no Frank Lloyd Wright, if that's what you mean." "What are these outbuildings I see here?"

"I wouldn't call them outbuildings, Mr. Stephanides. That's making it a bit grand. One's a bathhouse. Rather decrepit, I'm afraid. I'm not sure it even works. Behind that is the guest house. Which also needs a lot of work."

"Bathhouse? That's different. You don't have to show me any more. Decrepit outbuildings or not, I'll take it."

There is a pause. Miss Marsh smiles with her double-decker gums. "That's wonderful, Mr. Stephanides," she says without enthusiasm. "Of course, it's all contingent[4] on the approval of the loan."

But now it is Milton's turn to smile. "You don't have to bother with that," my father said, relishing the moment. "I'll pay cash."

Over the barrier of the Point System, my father managed to get us a house in Grosse Pointe.

Adapted from **Jeffrey EUGENIDES,** *Middlesex*, 2002

1. Prairie School (L. 13): 20th century school of architecture made famous by Frank Lloyd Wright (L.50)
2. dubious (L. 14) : uncertain
3. gum (L. 20): pink flesh inside the mouth above the teeth
4. contingent on (L. 58) : dependent on

T erm L - Sujet N°6
Anglais

Enoncé du devoir

I - COMPREHENSION

READ FROM LINE 1 TO LINE 9.

1) a) In what country and what region does the story take place ?
b) In your own words, say where Grosse Pointe is situated and what sort of people live there.
c) What is the name of the narrator's father ?

2) a) What do the narrator's parents want to do in Grosse Pointe ?
b) In your own words, explain why the narrator's father is becoming suspicious (L. 9) *(20-30 words)*

READ FROM LINE 10 TO LINE 39.

3) Explain what Miss Marsh's job consists in.

4) What is Milton's opinion of the house ? Pick out four elements to justify your answer.

5) a) L. 11 : "It takes a buyer with a little vision." What does Miss Marsh mean ? (20-30 words)
b) L. 12: "It was designed by Hudson Clark." What effect does she think that name will have on Milton ?
c) Why does Milton nod "dubiously" (L. 14) ?

6) Focus on Milton's answers to Miss Marsh's questions.
What exactly do we learn about Milton and his family ? (origin, religion, job, household) *(30-40 words)*

READ FROM LINE 41 TO THE END.

7) a) Focus on lines 40 to 45. Why is this passage in italics ?
b) L. 43 : "Oh, that won't do. That won't do at all." Explain what Miss Marsh means.

8) a) In your own words, explain how the "Point System" works. (30-40 words)
b) What does it reveal about the community of Grosse Pointe ? (20 words)

9) a) In one sentence say what Miss Marsh's goal has become.
b) What arguments does she now use ? (20-30 words)

READ THE WHOLE TEXT AGAIN.

10) Focus on the expressions on Miss Marsh's face (L. 19-20 ; 25 ; 39). How can these expressions be interpreted ? (30-40 words)

11) a) From line 46 onwards, what shows that Milton is gaining control of the situation ? *(30-40 words)*
b) L. 59 : *"But now it is Milton's turn to smile."* Explain this sentence. *(30-40 words)*

Aide méthodologique

Texte

Pas de difficultés majeures

Vocabulaire :

Riots : émeutes
auto magnates : les rois de l'automobile
to nod : faire un signe de tête
to swivel : tourner la tête
drive away : allée
gum : gencive

I - EXPRESSION

Vocabulaire utile :

- **L'expression d'une opinion**

à mon avis : according to me
il semble que : it seems...
il apparaît que : it appears that...
je suis d'accord : I agree/I don't agree
je suis opposé à : I object to (+ing)
je reconnais que : I acknowledge that...
sans aucun doute : obviously

- **L'argent :**

l'argent mène le monde : money rules the world
il est né avec une cuillère en argent dans la bouche : he was born with a silver spoon in his mouth

- **Conclusion :**

en conclusion : as a conclusion
en d'autres termes : in other words
dans l'ensemble : on the whole

Correction des exercices - Chapitre 1

Comment prendre des notes :

Exercice 1 :

Reprenez le texte ci-dessous et remplacez le maximum de mots par des abréviations :

Extrait du livre de Christian Combaz, *Éloge de l'âge*, Éditions Robert Laffont.

Qd avais 10 ans, ma main sur celle de mon gd-père. Ns=dissemblables de la m^ espèce. Chose troublante qd enfilai veste de son costume pr voir si ma peau grise c^ la sienne, tortures, ms blafard & songeur dvt glace, 1 jour aurais cheveux blancs, plis coin de la bouche, costume rayé.
Gde satisfaction : vieillesse = accomplissement d'1 ambition.
Gd-père avec 1 peu de fatigue ms privilégié d'être vieux.
Suis né avt la modernité. Suis allé à l'école des curés + bonne éducat°.
Sagesse = Victor Hugo, vieillard célèbre c^ manuels d'Hist.

Comment rédiger sous forme de notes :

Exercice 2 :

Un exercice plus difficile : résumer un texte, c'est comme résumer un cours et prendre des notes ! Vous devez synthétiser ce texte (comme si c'était un cours et le rendre plus court en reprenant toutes les informations importantes).

Résumé :
Dans un court article paru dans La Presse du 16 octobre 1982 intitulé "L'homme en cage", Huguette O'Neil met en avant l'idée qu'il faut miser sur la réhabilitation des prisonniers plutôt que sur la punition; c'est une question de dignité humaine. En fait, dans les prisons, on traite les humains comme les animaux dans les zoos; cet enfermement dans une cage ou une cellule entraîne la même réaction à long terme : refus de sortir, ou récidive par peur de la liberté et des responsabilités qui en découlent. On enferme ou enchaîne un animal ou un être humain pour les mêmes raisons : parce qu'on en a peur, qu'on les perçoit comme une menace. Pour les humains, on veut plus précisément punir et se venger. Tout le monde est alors prisonnier du système, même le juge, dont le rôle, essentiellement négatif, consiste à matraquer le matraqueur... C'est une mutilation psychologique officialisée qui mène à la paralysie d'action et à la dépendance, la soumission, une véritable destruction de l'individu.

La violence en milieu carcéral s'explique par des facteurs extérieurs aux prisonniers eux-mêmes; cette influence les rend mauvais, tant au niveau de la pensée que de l'action (Ils ne pensent qu'au mal.) Au lieu de punir, il faut miser sur la capacité de changer et, donc sur la réhabilitation : réapprendre à penser positivement et retrouver le sens des valeurs et sa dignité. Il ne faut pas traiter les humains comme des bêtes, puisqu'ils n'en sont pas.

D'après **Thérèse-Isabelle Saulnier**
Pour le département de philosophie
Cégep de Victoriaville

Correction des exercices - Chapitre 1

Exercice 3 - Les types de texte

Comment prendre des notes :

Apprenez la leçon d'histoire suivante
Recherchez les mots compliqués dans le dictionnaire etc... :

Naissance et diffusion du christianisme

La naissance du christianisme

La Judée au Ier siècle :

La Judée (qui s'appelait Palestine) est devenue une province romaine en 63 av J.C. Elle est un protectorat dont la direction est assurée par des rois (parmi lesquels Hérode).
En 6 av J.C, la Judée passe sous l'administration directe de Rome par l'intermédiaire d'un procurateur (le plus connu Ponce Pilate est procurateur de 26 à 36 de notre ère).

Le judaïsme, religion monothéiste, assure l'identité et l'unité du peuple hébreu.
Au cours de cette période, 4 principales sectes dominent :
Les Sadducéens qui dirigent le Temple et qui "collaborent "avec les occupants Romains.
Les Pharisiens qui prônent un respect total de la Tradition et qui contestent la place des Sadducéens.
Les Esséniens qui vivent en communauté et à l'écart.
Les Zélotes, intégristes qui souhaitent renverser les Romains.

Jésus et son message :
Jésus est né entre -4 et -6 (4 et 6 avant JC), sous Hérode le Grand. Il passe sa jeunesse à Nazareth.
Sa vie publique démarre à l'âge de 30 ans.
Accompagné de disciples, il prêche la "bonne nouvelle ", il va se heurter aux juifs traditionalistes qui voient en lui un usurpateur, un agitateur !
Vers 30 de notre ère, il arrive à Jérusalem quelques jours avant la Pâque juive ; ceci suscite de vives inquiétudes de la part des prêtres de Temple qui n'hésitent pas à le faire arrêter.
Il est crucifié la veille de Pâque, 2 jours plus tard son corps ayant disparu, on le considère comme ressuscité.

Jésus se présente comme l'envoyé de Dieu, c'est-à-dire le Messie (qui signifie Christ en grec). Il est venu annoncer la nouvelle Alliance entre Dieu et les hommes. Jésus s'adresse alors à tous les hommes, qu'ils soient nés libres ou esclaves, juifs ou "gentils" (Païens, mot hébreux). C'étaient les étrangers pour les anciens Hébreux, puis les païens pour les premiers chrétiens.

Les apôtres, qui au départ étaient tous juifs, ont adhéré au christianisme en croyant en la résurrection de Jésus. Ils forment une communauté qui petit à petit va s'organiser autour des prêtres : le baptême est un sacrement essentiel.
La rupture avec les Juifs sera consommée en 66-67, lorsque les Juifs se révoltent contre les Romains, ce qui entraînera la destruction du Temple en 70 et la persécution des Juifs. Les Chrétiens ne participent pas à cette révolte.

L'apôtre Paul, citoyen romain converti au christianisme, va tout entreprendre pour diffuser cette nouvelle religion en Syrie, en Asie mineure et en Grèce. Il est l'auteur des Epîtres qui déterminent les règles de la vie de la communauté ainsi que la doctrine.
Arrêté en 59, il est décapité en 67 à Rome.
Les apôtres Marc, Matthieu, Luc et Jean rédigent les Evangiles entre 65 et 100 de notre ère.

Mots compliqués cherchés dans le dictionnaire :

1) Le sujet porte sur le Christianisme, mot à encadrer donc. C'est une nouvelle religion, monothéiste, née en Palestine. La foi des chrétiens est fondée sur la croyance en la résurrection du Christ, crucifié vers 33.

2) Le sujet de composition est de type évolutif. Le plan qui s'impose donc, est un plan chronologique.

3) La période à étudier s'étend du Ier siècle, avec la naissance des premières communautés chrétiennes ou églises à 380, date à laquelle l'empereur Thèodose fait du christianisme la religion officielle de l'empire romain (édit de thèssalonique).

4) L'espace concerné est l'empire romain.

5) Il s'agit de démontrer que le christianisme réunissant au départ quelques petites communautés, se répand peu à peu dans l'empire romain, en s'organisant, en élaborant un dogme. Persécutés, les chrétiens ne se découragent pas, au contraire leur foi est fortifiée et les conversions sont de plus en plus nombreuses. Au IVe siècle, ils obtiennent la liberté de culte (rôle de l'empereur Constantin) puis leur religion devient religion d'état. .

Correction des exercices - Chapitre 2

Exercice 1

Complétez les phrases suivantes par un article le cas échéant :

a. What ......a... tiring treck !

b. She's ......a... bank manager.

c. I'd love to go to ......the... Netherlands with you.

d. He left because he had ...a...... headache.

e. Her father, ...a... brilliant architect, was ......a... member of ......the... Lions' Club.

Exercice 2 :

Extrait d'un ouvrage d'Emile Zola.

Dans la plaine rase, sous la nuit sans étoiles, d'une obscurité et d'une épaisseur d'encre, un homme suivait seul la grande route de Marchiennes à Montsou, dix kilomètres de pavé coupant tout droit à travers les champs de betteraves. Devant lui, il ne voyait même pas le sol noir, et il n'avait la sensation de l'immense horizon plat que par les souffles du vent de mars, des rafales larges comme sur une mer, glacées d'avoir balayé des lieues de marais et de terres nues. Aucune ombre d'arbre ne tachait le ciel, le pavé se déroulait avec la rectitude d'une jetée, au milieu de l'embrun aveuglant des ténèbres.

(Emile Zola, Germinal)

Questions :

1) Relevez et analysez une comparaison.

"des rafales larges comme sur une mer"

Les rafales de vent qui déferlent sur la terre, que traverse le personnage d'Emile Zola, sont comparées aux rafales qui soufflent sur la mer.

Cette comparaison est introduite par l'adverbe comparatif "comme " qui souligne explicitement le rapport de ressemblance.

Ces rafales, "glacées d'avoir balayé des lieux de marais et de terre nues ", sont aussi larges, sans doute aussi violentes que celles qui s'abattraient sur la mer. Ces "souffles du vent de mars "emportent l'homme, rendant plus difficile sa marche.

2) Relevez et analysez le champ lexical de l'obscurité.

Le champ lexical de l'obscurité traverse tout ce passage : "nuit sans étoile ", "obscurité ", "sol noir", "ombre ", "aveuglant ", "ténèbres ". Il encourage la description d'un espace inhospitalier où l'homme plongé dans une nuit, dont l'épaisseur et l'obscurité sont comparées à l'épaisseur et à l'obscurité de l'encre, ne voit rien. Il ne se représente le paysage qui l'environne que grâce aux sensations que lui procure le vent.

L'identification de l'obscurité aux ténèbres renforce sa perception négative.

Dans un commentaire littéraire, l'analyse du champ lexical de l'obscurité devrait être associée à celle d'autres figures de style qui en encouragent la perception comme les métaphores: "d'une obscurité et d'une épaisseur d'encre "ou "aucune ombre d'arbre ne tachait le ciel ".

Correction des exercices - Chapitre 2

Exercice 3 : Géographie

Source : Trends in total migrant stock

PAYS	NOMBRE D'EMIGRES
Mexique	4 446 000
Bangladesh	4 048 000
Philippines	2 962 000
Chine	2 429 000
Indonésie	2 400 000
Vietnam	1 013 000

Division de la population Nations Unies 1998.

1) Emigration : départ de populations d'un pays vers un autre. Elles partent soit pour des raisons politiques pour échapper à une dictature, une guerre, soit pour des raisons économiques, soit pour des raisons familiales.

Immigration : arrivée de populations étrangères dans un pays.

Migrations internationales : déplacements, mouvements de populations entre Etats en vue d'une installation définitive. Ce type de migration suppose le franchissement d'une frontière, légalement ou illégalement.

2) Le document est un tableau de statistiques crédibles car il est issu d'un organisme international : l'organisation des Nations Unies qui a étudié avec sérieux le problème des émigrations et qui dispose de chiffres fiables. Cependant, il y a toujours des émigrés clandestins qui ne sont pas comptabilisés.

3) Seul le Mexique appartient au continent américain. Les autres Etats cités se situent en Asie.

4) Tous les pays cités font partie des pays en développement.

Mots croisés

1 - graphique
2 - problème
3 - enquête
4 - interpréter
5 - Delfino
6 - consigne
7 - indices
8 - somnoler
9 - lire

Bilan auto correctif

1-b
2-a
3-b
4-a
5-b
6-a
7-b
8-a
9-b

Correction des exercices - Chapitre 3

Exercice 1

Maintenant, c'est à vous de réaliser des fiches sur ce qui vient d'être vu.
Il ne faut mettre que les idées principales.

Exercice 2 :

Faites une fiche à partir de cette leçon de français :

Les procédés rhétoriques

- Equivalences de signification (la synonymie).
- Oppositions de signification (l'antonymie).
- Transferts de signification (comparaisons, métaphores, métonymies).
- Figures d'insistance (répétition, accumulations ...).
- Réseaux de significations (les champs lexicaux).

1) Les équivalences de signification, la synonymie

Degré d'expressivité : certains mots → 1 jugement, fonct° du registre de langue auquel ils appartiennent : *Pleurer* (registre courant), *chialer*, *pleurnicher* (registre familier), *gémir* (registre soutenu).

Degré d'intensité : *sale < dégoûtant < répugnant*.

2) Les oppositions de signification

Antonymes : mots s'opposant l'1 à l'autre. Express° des mouvements contraires : monter/descendre ; perceptions contraires : doux/rêche ...

Antithèse et Oxymore : 2 figures de style créant 1 relation d'opposition expressive ou de contradiction entre 2 termes ou 2 idées, dans une m̂ phrase ou un m̂ groupe de mots.

Ver de terre amoureux d'une étoile (V. Hugo) → Antithèse.

S'il me perd, je prétends qu'il me retrouve en toi (Racine) → Antithèse.

Cette obscure clarté qui tombe des étoiles (Corneille) → Oxymore.

Le soleil noir de la mélancolie (Nerval) → Oxymore.

3) Les transferts de signification, relations d'analogie ou relations logiques

Comparaison → ressemblance ; introduite ds la phrase par : comme, ainsi, pareil à, sembler, on dirait ...

Mais comme lune infuse dans mes veines.
Celle tu fus, es et seras DELIE (M. Scève).

Sur un clocher jauni
La lune comme un point sur un i (A. Musset).

Correction des exercices - Chapitre 3

• **Métaphore** → 2 termes ayant une caractéristique commune, mais sans mettre en évidence la relation qui unit

- Dans nos deux esprits, ces miroirs jumeaux.
(C. Baudelaire).
- La nature est un temple où de vivants piliers (= les arbres)
(C. Baudelaire).

I. Une métaphore filée est une image qui se poursuit en un long développement.

Métonymie rapproche 2termes liés non pas par la ressemblance ms par 1 contiguïté logique. Elle fonctionne par substitut° & 1 rapport de voisinage expressif entre 2 termes. 1 réalité en nommant seulement 1 de ses éléments.

- Ô mon fils ! Ô ma joie … (Corneille).

II. Le mot joie se substitue au mot fils, la métonymie met en valeur la relation entre la cause et l'effet. Le fils est celui qui apporte la joie.

- Boire un verre.

III. Ici, la métonymie désigne le contenant pour le contenu.

4) Les figures d'insistance

• **Répétition,** redondance et pléonasme.

• **Anaphore,** ou répétition d'1 terme en début de phrase:
Ce sang qui tant de fois garantit vos murailles
Ce sang qui tant de fois vous gagna des batailles
Ce sang qui tout sorti fume encore du courroux (Corneille).

• **Gradation,** ou énumération de termes de force croissante ou décroissante :
- *Va, cours, vole* et nous venge. (Corneille).
- Et ce masque nouveau qui nous collait au visage, qui se rétrécissait, *nous comprimait* le crâne, *nous meurtrissait, nous déformait* le cerveau.

• **Accumulation,**
- (...) troncs, rameaux, feuilles, fibres, touffes, vrilles, sarments, épines, s'étaient mêlés (V. Hugo).

• **Hyperbole** 1 terme exagéré (grossit).
• **Litote** dit - pour suggérer plus (atténue).
• **Euphémisme** atténue réalité.
• **Ellipse** omet volontairement 1 élément de la phrase.

5) Les reseaux de signification ou champs lexicaux

Ds texte, champ lexical = ensemble des termes qui, par leur sens ou leur connotation, renvoient à 1 m̂ thème, à 1 m̂ réalité. Bcp de champs lexicaux ds m̂ texte.

Correction des exercices - Chapitre 3

Exercice 3

I. TRAVAIL ET EMPLOI

A. APPROCHES ECONOMIQUES ET SOCIOLOGIQUES DU CONCEPT DE "TRAVAIL"

1) Conception économique

W considéré c 1 activité de production. Déf éco. de cette notion : W productif = W des biens &/ou des services rémunérés en monnaie ou en nature.

Exemples :
- en monnaie (emploi c ouvrier ds 1 usine automobile ou W au noir c réparer la voiture de ses voisins & se faire payer ce service)
- en nature (réparer la voiture de ses voisins contre 1 poulet ou garde des enfants)

W est 1 élément essentiel de la vie sociale ds sociétés occidentales c la nôtre. W= moyen d'épanouissement et satisfaction personnelle pr construction de l'identité sociale de l'individu. H=utile pr scté.
H ss W = mal vu par la scté. W= statut social, place ds scté.
Sctés africaines : W juste pour manger, vivre ni + ni -. Famille, rites, loisirs + importants.

L'INSEE travail rémunéré déclaré pour définir notion de W. L'INSEE déf de la pop. active selon 2 critères: âge (+de 15 ans) & fait d'exercer 1 activité professionnelle ou déclarer en chercher une si pas de W.

2) Distinctions

- Travail déclaré : W ds cadre d'1 emploi, 1 activité prof. officiellement. W déclaré car rémunérat° soumise prélèvements obligatoires (impôts, cotisations sociales c pr retraites...)

- Travail "non déclaré" ou "informel» : activité rémunérée, non déclarée = pas de charges sociales pour pers.

Ex : ==> activité domestique ou w domestique : activité, travail pratiqué ds 1 ménage ms pas rémunérée sauf échange de services. W = 1 bien (ex : repas...) ou 1 service (ex : laver le linge...) ms pas reconnu c emploi, activité prof.
==> w au noir : w rémunéré par 1 professionnel en étant déclaré. (Ex : garagiste répare voiture de son voisin chez lui).
==> w clandestin : activité illégale/illicite contraire à la loi, défendue. Ens de ces activités = "l'économie souterraine". (Exemples : prostitution, drogue, contrebande...)

B. L'EMPLOI:

Emploi w rémunéré auquel est attaché un statut d'employeur, de salarié, de travailleur indépendant. Exercice d'1 profess° rémunérée par 1 statut.
[Statut = ens. de textes réglant situat° d'1 personne (au sens juridique), situation de fait dans la scté, posit°.]
==> Relat° salariale & contrat de w: convent° par laquelle le salarié s'engage à mettre son activité à la disposit° d'1employeur. Sous son autorité, respect du contrat. W= rémunérat°. Salarié = travailleur avec rémunérat° avec contrat de w qui le lie à un "employeur".
- employeur : pers. ou E employant du personnel auquel verse un salaire.

==> Travailleur indépendant : travailleur = son propre employeur. Ex : médecin généraliste, avocat ayant son propre cabinet...
2 statuts d'emploi : salarié & travailleur indépendant.
(majorité de la populat° active=salariée.)
Pr salariés : # entre emploi typique & emploi atypique.
Emploi typique : CDI à temps plein.
Emploi atypique : ttes l situat° d'emploi.

Correction des exercices - Chapitre 3

Exercice 4

Faites une fiche sur cette leçon d'anglais.

**LES PAYS DE LANGUE ANGLAISE/
ENGLISH SPEAKING COUNTRIES**

English in the world

Britain → colonies in America, Africa, Asia.
Became independent. After the loss in 1776 of 13 colonies which formed the USA, Britain adopted the dominion system of giving its overseas territories almost complete independence.
British Commonwealth → British Empire. Old British Empire came to an end with World War II. With new British Commonwealth, colonies were given a choice : could break all ties with Britain or stay within the Commonwealth. A lot of them decided to stay in Commonwealth.

Some English speaking countries :
Australia
Before it was discovered by the Europeans, it was inhabited by the Aborigines.
In 1770, Captain Cook discovered the place. Later, Australia
became a British dependency used as a penal colony.

Canada
It was discovered by French and English explorers. In the 18th century England and France fought over Canada. England defeated France and France had to cede its territories. Canada was proclaimed a self-governing Dominion within the British Empire in 1931. 2 official languages : English and French.

Ireland :
The British offered dominion status to Ulster (6 counties) and Southern Ireland (26 counties) in 1921.
The constitution of The Irish free State, a British dominion was adopted in 1922. The Republic of Ireland became an independent country in the British Isles. Northern Ireland remains part of the United Kingdom.

South Africa :
This country borders Namibia, Botswana, Zimbabwe, Mozambique and Swaziland. It comprises four provinces : The Cape, Natal, Transvaal and the Orange Free State.
The settlement was begun by Dutch who established a colony at Cape Town. Imported many black slaves. In 1815, the British took control of the situation. The Union of South Africa was formed in 1910. South Africa became a member of The Commonwealth. In the fifties, Apartheid was developed. In 1961, the country withdrew from the Commonwealth.

Vocabulaire + conjugaison
the loss : la perte
overseas : outremer / étranger
a tie : un lien
a convict : un prisonnier / un détenu (plus exactement)
to defeat : battre
to remain : rester
to border : avoir une frontière avec
to comprise : comprendre
to improve : s 'améliorer
to lift : lever

Verbes irréguliers :
to become, became, become : devenir
to come, came, come : venir
to begin, began, begun : commencer
to take, took, taken : prendre
to fight, fought, fought : combattre
to withdraw, withdrew, withdrawn : se retirer

Correction des exercices - Chapitre 3

Bilan auto correctif

1- Pour apprendre une leçon,
b) je fais mes propres fiches.

2- Pour apprendre une leçon d'histoire,
b) je choisis la forme de fiche qui me convient le mieux.

3- Pour faire ma fiche,
a) je relis ma leçon afin de relever les idées principales.

4-Pour rédiger ma fiche,
b) je soigne correctement ma fiche.

5- Pour faire une fiche en géométrie,
b) je reproduis la ou les figures à connaître par cœur.

6- Pour retenir le vocabulaire en anglais,
b) je me fais un répertoire avec les mots nouveaux pour chaque leçon.

7- Sur ma fiche, je note
b) les idées les plus importantes.

8- Pour bien apprendre la leçon,
b) il faut la comprendre, retenir l'essentiel par exemple en faisant une fiche, puis approfondir les notions apprises.

QCM N°1

1. Une dissertation, c'est avant tout :
B. Présenter une analyse pertinente d'un sujet donné et l'illustrer précisément.

2. Lorsque je découvre le sujet de dissertation :
A. Je prends le temps de le lire attentivement et de m'interroger sur son sens.

3. Pour trouver des idées :
C. Je peux prendre des idées des textes du corpus, mais aussi du cours et de mes lectures.

4. Je peux envisager un plan :
B. En deux ou trois parties.

5. Dans ma dissertation :
C. J'essaie de présenter une vision nuancée.

6. Dans ma dissertation :
C. Je tâche d'employer surtout des tournures impersonnelles.

7. Pour l'introduction :
C. Je rappelle le sujet, et y intègre implicitement la démarche donnée par les consignes.

8. A la fin du devoir :
C. Je relis plusieurs fois.

Correction des exercices - Chapitre 3

QCM N°2

1. Mon étude de texte
B. doit rendre compte de l'extrait selon deux ou trois axes.

2. Mon introduction :
B. comporte trois étapes.

3. Sur ma copie :
C. Tout est rédigé. Les mots de liaison et les transitions indiquent la progression de mon commentaire.

4. Ma conclusion
B. Je résume ce que j'ai dit dans mon commentaire et j'élargis le propos.

5. La relecture
B. Je relis mon commentaire plusieurs fois.

6. Les titres des oeuvres sont :
A. Soulignés.

7. Je rédige :
C. mon introduction, mon plan détaillé et ma conclusion au brouillon. Mon commentaire directement sur la copie.

8. Les exemples:
B. doivent toujours être expliqués, exploités.

QCM N°3

1. Lorsque je découvre le sujet d'invention :
B. je regarde attentivement les consignes.

2. Je rédige :
A. tout mon devoir sur le brouillon.

3. Si l'on me demande d'imiter un texte :
B. je dois d'abord regarder attentivement le texte de départ.

4. Si l'on me demande de continuer un texte :
B. je dois respecter la situation de départ puisqu' on ne me dit pas de la changer.

5. A la fin
C. je relis quand même : il peut y avoir encore des fautes.

6 Pour le sujet d'invention :
C. il faut connaître certains «trucs» et faire preuve de créativité!

Correction des exercices - Chapitre 3

QCM N°4 - correction du QCM de SVT

1 :
a) faux, on ne peut pas conclure avant de développer.
b) faux, l'historique n'est pas une obligation.
c) vrai.
d) voir fiche.

2 :
a) faux, il faut l'utiliser essentiellement pour les éléments importants.
b) vrai.
c) faux, non ceci est une perte de temps.
d) voir fiche.

3 :
a) faux, l'introduction se situe avant le développement.
b) vrai.
c) faux, elle fait suite au développement.
d) voir fiche.

4 :
a) faux, il faut démontrer que la problématique a été comprise et résolue.
b) vrai.
c) faux, l'introduction se fait au début de votre sujet.
d) voir fiche.

5 :
a) vrai.
b) faux, il faut que l'élève puisse avoir une orientation lors de sa réflexion.
c) faux, cela serait contraire à la réglementation.
d) voir fiche.

QCM N°5

1 :
a) faux, cela ne peut pas se faire lors d'un examen officiel.
b) vrai.
c) faux, il faut utiliser une couleur neutre.
d) voir fiche.

2 :
a) faux, il peut y avoir des confusions.
b) vrai.
c) faux, l'orthographe doit être respectée surtout sur les mots scientifiques.
d) voir fiche.

3 :
a) vrai.
b) faux, car il y a un risque de bavures !
c) faux, risque de confusion entre les schémas.
d) voir fiche.

4 :
a) vrai.
b) faux, il faut que cela soit précisé.
c) faux, le rouge est l'encre du correcteur.
d) voir fiche.

5 :
a) faux, l'historique est facultatif
b) faux, si vous mettez un historique il faut qu'il soit après la définition.
c) vrai.
d) voir fiche.

Correction des exercices - Chapitre 4

SUJET N°1 : Epreuve du baccalauréat / Epreuve de FRANÇAIS (section ES et S)

A - QUESTIONS

1) Quel point commun est présenté dans les quatre scènes proposées ? Identifiez le registre de chacune d'elles ?
Il faut citer le titre des œuvres et le nom des auteurs : "L'Ecole des femmes" de Molière, "Mithridate"de Racine, Hernani de Hugo et "Le roi se meurt" d'Ionesco.
Ensuite, il faut analyser les dialogues sur le désir masculin de posséder une femme : par exemple, Arnolphe qui a fait élever Agnès au couvent afin de la faire sienne.
Enfin, vous pouvez désormais souligner que le point commun présent dans les quatre scènes proposées est le rapport de l'homme voulant jouer de son pouvoir afin d'épouser ou de garder à ses côtés une femme qu'il choisit, sans égard pour les sentiments de cette dernière.

"L'Ecole des femmes" de Molière appartient au registre comique (Citez quelques vers permettant de justifier votre réponse, par exemple : "pauvre petit bec [...] je te bouchonnerai [...] Me veux-tu voir pleurer ?").
"Mithridate" de Racine appartient au registre tragique (relevez certains éléments : "trompée... gloire").
"Hernani"de Hugo appartient au registre dramatique.
"Le roi se meurt" d'Ionesco appartient au registre comique (soulignez le jeu des acteurs à l'aide des didascalies).

2) Comment s'expriment, dans ces scènes, les réactions des jeunes femmes ? A cet égard, quelle scène se distingue des autres ? Pourquoi ?

Les réactions des jeunes femmes s'expriment par de brèves réponses, un simple "Qui sait ?" pour Dona Sol. Développez cette analyse en étudiant le vocabulaire utilisé par les femmes. Cependant nous pouvons dire que la scène du "Roi se meurt" se distingue des autres parce qu'il y a ici deux femmes, et que toutes les deux ont un rôle actif ; notamment Marguerite qui guide Marie : "C'est moi qu'elle a écoutée".

B - Sujet I : COMMENTAIRE

Vous ferez le commentaire des vers 28 à 49 d'*Hernani* de Hugo

Introduction :

Victor Hugo rédige "Hernani" en 1829. Cette pièce déclenche une bataille à laquelle vont prendre part Théophile Gautier et Alexandre Dumas en menant les troupes des romantiques dans les salles de spectacle. Les romantiques souhaitaient contrecarrer les attaques et indignations des classiques qui critiquaient les premiers vers de la pièce, avec "l'escalier/Dérobé" (rejet). En effet les classiques voyaient dans ces premiers mots une provocation. Aujourd'hui cette pièce, dont l'action se déroule dans l'Espagne du XVIe siècle, demeure l'une des pièces les plus représentées. Dans le présent extrait, acte III scène 1, nous retrouvons Dona Sol face à son vieil oncle Don Ruy Gomez de Silva auquel elle est promise. Notre commentaire ne portera cependant que sur la dernière tirade de Don Ruy Gomez, c'est-à-dire sur les vers 28 à 49. Nous nous intéresserons dans une première partie à la déclaration d'amour de l'oncle à sa Dona Sol à travers le champ lexical de l'amour, afin d'analyser dans un deuxième temps la conception de l'amour peinte dans ce passage.

I) L'amour

a) Le champ lexical de l'amour

Dans cette sous partie, il faut relever les éléments du dialogue de Don Ruy Gomez ayant trait à l'amour : "amour, aime, jeunes oiseaux, langoureux, amour, fidèle, meilleurs, aimons, cœur, aime".
Puis analyser ces éléments.

b) La déclaration de l'oncle

Partir du vers "Voilà comme je t'aime, et puis je t'aime encore", v. 44.
Analyser les différents champs lexicaux : pouvoir, sagesse, protection "paternel".
En dernier mentionner la jeunesse et la vieillesse, qui seront les éléments de transition.

II) L'amour, la promesse de fidélité

a) La jeunesse et la vieillesse

Analyser tous les termes définissant la jeunesse : «frivoles, paroles, jouvenceaux, qui mue ainsi que leur plumage».
Approfondir la notion d'inconstance mise en valeur dans cette tirade.
Relever ensuite les termes définissant la vieillesse ; puis montrer la différence avec la jeunesse.

b) Les promesses de Don Ruy Gomez

A l'aide de toutes les analyses réalisées précédemment, vous pouvez définir la conception de l'amour selon Don Ruy Gomez.

Montrer que cet amour est une promesse faite par l'homme à la femme.

Conclusion :

Dans cette tirade, Don Ruy Gomez expose à Dona Sol les raisons pour lesquelles elle doit le choisir et non succomber aux charmes de la jeunesse. En effet, le comparatif qui est fait entre la jeunesse et la vieillesse a pour fonction de ravir Dona Sol à Hernani. Cependant, nous pouvons nous demander si ce dit-amour aux multiples facettes «paternel, amical» saura convaincre Dona Sol de renoncer à l'amour pour le hors-la-loi dont elle est éprise.

C - Sujet II : DISSERTATION.

"Voilà le fond dont on eût pu faire, avec un égal succès, une tragédie, une comédie, un drame, un opéra, etc. [..] Le genre d'une pièce, comme celui de toute autre action, dépend moins du fond des choses que des caractères qui les mettent en oeuvre." (Beaumarchais) En vous appuyant sur le corpus de documents et sur les pièces que vous connaissez, vous commenterez et apprécierez cette affirmation.

Introduction :

Dans "La Leçon" de Ionesco, une jeune fille se présente chez un répétiteur pervers afin d'obtenir un diplôme de haut niveau. C'est dans cette comédie, écrite après la seconde guerre mondiale, que l'auteur choisit de traiter d'un sujet grave à travers le caractère du professeur et de dénoncer ainsi les arrière-pensées perverses du pouvoir. Cette utilisation du registre comique au service de la dénonciation permet de croire que : "*Le genre d'une pièce, comme celui de toute autre action, dépend moins du fond des choses que des caractères qui les mettent en œuvre*", comme l'affirme Beaumarchais dans sa "Lettre modérée sur la chute et la critique du Barbier de Séville". Dans une première partie, nous analyserons donc les liens existant entre le genre et les caractères ; afin de montrer en quoi le fond ne semble pas nécessairement déterminer du genre.

I) Genre et jeu des acteurs

a) Dans cette première sous-partie, l'enjeu est de définir les termes du sujet.

Il faut donc bien comprendre ce qu'est un genre : tragédie (Phèdre de Racine), comédie (La Leçon d'Ionesco), tragi-comédie (Le Cid de Corneille), drame (Ruy Blas de Hugo), opéra (Les noces de Figaro de Mozart).

b) A partir de ces analyses, vous pouvez en dégager les traits caractéristiques des personnages selon les genres : par exemple le comique du personnage de l'Avare.

II) Le fond ne détermine pas le genre

a) Un sujet grave dans une comédie

Vous pouvez penser au Dom Juan de Molière : ce personnage trouve la mort dans la comédie qui porte son nom.

Donnez d'autres exemples, en les approfondissant : toujours argumenter.

b) Les limites de cette affirmation peuvent être contenues dans ces deux interrogations : Peut-on rire de tout ? Peut-on faire pleurer à partir d'un élément comique ?

S'il apparaît que l'on peut faire rire avec des sujets délicats (C'est le cas de "La Leçon" d'Ionesco), il faut néanmoins que les termes choisis prennent en compte la souffrance des possibles victimes à partir desquelles l'on crée l'œuvre.

Vous pouvez conclure en posant cette limite à l'affirmation de Beaumarchais : peut-on s'attrister de quelque chose de comique ?

Conclusion :

Comme nous avons pu le voir et comme l'affirme Beaumarchais, il apparaît bien que "le genre d'une pièce [...] dépend moins du fond des choses que des caractères qui les mettent en œuvre". Ainsi, le genre ne permet pas tant de catégoriser une œuvre que de donner à son auteur la liberté d'exprimer ses idées et de déjouer parfois la censure. Nous pourrions alors élargir cette citation à d'autres genres littéraires que le théâtre. En effet, dans la fable (Pensons aux Fables de La Fontaine) le recours au genre comique permet de divertir et d'instruire tout en évitant la censure.

D - Sujet III : ECRITURE D'INVENTION

"Je suis maître, je parle : allez, obéissez" (Corneille, Sertorius, et Molière, L'Ecole des femmes). Imaginez deux scènes de théâtre, l'une comique et l'autre tragique, dans lesquelles figurera cette réplique.
Dans Sertorius de Corneille et L'Ecole des femmes de Molière figure la réplique suivante : "Je suis maître, je parle : allez, obéissez". Nous allons donc rédiger deux scènes de théâtre, l'une comique, l'autre tragique dans lesquelles figurera cette réplique.

Scène comique :

Introduire votre pièce en lui donnant un titre, par exemple L'Ecole des fourbes ; puis situer l'action de votre scène.
Préciser le nombre de personnages présents dans cet extrait : par exemple, le maître appelé Monsieur Robert et son serviteur, Jean.
Vous pouvez ne rédiger que la tirade du maître, tout en stipulant que le serviteur est également sur scène, prêt à exécuter les ordres de son maître.

"Vous me parlez de votre statut de soumis
Moi, je flatterais votre rôle de commis
N'est-il pas merveilleux d'œuvrer à me plaire
Regardez donc ! Il ne vous reste qu'à vous taire !
Votre position ressemble à un bonheur
C'est à moi que revient toujours chaque malheur
Vous êtes là pour servir, protégé, tranquille
Alors que je risque ma vie pour la Grâce vile
D'inconnus dont je suis, Moi, le Roi, dit-on !
Mais comme j'ai peur du Pouvoir, du trublion
Comme c'est facile pour vous ! Oh ! Oui ! Facile !
Je pleure de mon obligation ! Servile !"

Le maître se met à pleurer ; le serviteur s'approche. Le maître se jette dans ses bras. Puis tout en sanglotant
"Je parle ! Je parle ! Puis vous vous taisez !"

Le serviteur hoche la tête. Alors le maître se met à crier :
"Je suis maître, je parle : allez, obéissez !"
Alors, le serviteur prend peur et part en courant ; le maître poursuit

"Ne partez pas ! Me voilà âme abandonnée
Que faire de ma belle force illimitée
Une guerre pour enfin tous les occuper
A moins qu'un bon somme ne sache m'apaiser".

Pour la scène tragique, apporter les mêmes précisions que pour la scène comique.
Cette fois, il faut donner plus de caractère au maître, ne pas le faire pleurer.

Corrigé du Professeur

SUJET N°2 : Epreuve du baccalauréat / Epreuve de FRANÇAIS (section L)
A - Question

Les trois textes sont un extrait des Etats et Empires du soleil (1662) de Cyrano de Bergerac, la fable "Les Obsèques de la lionne" (1678) de Jean de La Fontaine et la Lettre XXX des Lettres persanes (1721) de Montesquieu.
Les différences se situent à plusieurs niveaux :
- Les courants littéraires auxquels appartiennent les auteurs. Presque un siècle sépare Les Etats et Empires du soleil des Lettres persanes.
- Le genre littéraire utilisé : le texte de Cyrano de Bergerac est un plaidoyer, la fable de La Fontaine appartient à l'apologue, enfin l'extrait de Montesquieu est du genre épistolaire.
- Enfin, l'étranger, l'être différent n'a pas les mêmes traits dans les trois extraits. Bergerac offre à la lecture un "animal accusé d'être homme", chez La Fontaine c'est un Cerf qui marque sa différence. Dans la lettre de Montesquieu, l'étranger est un Persan.

Le point commun à ces trois textes est la dénonciation de l'être différent. En effet, dans l'extrait de Cyrano de Bergerac, nous avons affaire à un plaidoyer "contre un animal accusé d'être homme". Dans la fable de La Fontaine, c'est le Cerf qui apparaît comme l'être marginal, celui qui ose s'opposer au Roi en ne partageant pas son chagrin. Enfin, dans la lettre de Montesquieu, l'homme que l'on regarde "comme s'il avait été envoyé du ciel" est le Persan Rica.
Le moyen essentiel par lequel la critique est rendue possible dans ces trois textes est la critique du peuple et du pouvoir dans son rapport à la différence.

B - Commentaire

Introduction

Jean de La Fontaine, fabuliste du XVIIe siècle, a rédigé les Fables afin d'instruire les hommes tout en les divertissant. En effet, alors que la fable n'apparaissait que comme un genre naïf et n'avait qu'un rôle pédagogique et moralisateur, La Fontaine va donner plus de vie aux fables. Dans "Les Obsèques de la lionne", fable 14 du Livre VIII des Fables écrite en 1678, La Fontaine emprunte les traits des lions, notamment ceux du Roi pour dénoncer la société. Dans un premier temps, nous nous intéresserons à la mise en valeur de la cérémonie mortuaire afin d'analyser la critique du paraître. Puis dans un troisième et dernier temps, nous étudierons la position du pouvoir face au divertissement.

I - La cérémonie

A - La mort, occasion de cérémonie

1) Le champ lexical de la mort : "obsèques" dans le titre, "mourut" v. 1, "consolations" v. 4, "obsèques" v. 7, "cérémonie" v. 9, "mort" v. 26.

2) Relever les occurrences ayant trait à la "cérémonie".

B - Le trublion met en valeur la soumission du peuple au désir du Roi

1) La cérémonie révèle la nécessité pour le peuple de se conformer aux sentiments des personnes au pouvoir. Cependant, un être résiste à cette effusion collective de pleurs : le Cerf. "Le Cerf ne pleura point" v. 25, "Bref il ne pleura point" v. 28.

2) Mais le Cerf permet ici de mettre en valeur le fait "qu'un esprit anime mille corps" v. 22.

II Le paraître et la conformité

A - La nécessité d'être tous identiques

1) On remarque qu'il y a une force du mimétisme à travers la douleur du Prince : "Le Prince aux cris s'abandonna (...] On entendit à son exemple Rugir en leurs patois Messieurs les Courtisans". Mimétisme souligné notamment par ce vers "Peuple caméléon, peuple singe du maître" v. 21, à travers lequel La Fontaine dénonce l'incapacité du peuple à penser et agir de manière autonome.

2) La critique de la cour : "la cour un pays où les gens [...] à tout indifférents" v. 17-18.

B - De grandes figures du Pouvoir

1) On relève les références au Pouvoir comme étant absolu : le Prince possède "sa Province" v. 6. De plus, lorsque le Roi s'énerve "La colère du Roi" v. 30 est renforcée par la référence à "Salomon" v. 30

2) Du Monarque, on passe à la comparaison avec les Dieux : "Quand je vais chez les Dieux (...) Conversant avec ceux qui sont saints comme moi" v. 45 et v. 47.

III - Le Pouvoir soumis à son désir de distraction

A - Le pouvoir absolu

1) Comme nous l'avons vu, le Monarque ne peut souffrir qu'un Cerf lui résiste. Il menace alors ce dernier, exigeant des Loups qu'ils "immolent [...le] traître" v. 37 et 38.

2) Relever les verbes qui définissent l'attitude du Prince : "s'abandonna, plaît, tâchent, vengez, immolez".

B - Le divertissement

1) Le Cerf se dégage de son rôle de trublion, afin d'accéder à celui de flatteur : "Le Cerf eut un présent" v. 51.

2) La morale de cette fable "Amusez les Rois par des songes".

Conclusion

Dans cette fable, La Fontaine prend en exemple le décès d'une lionne afin de montrer l'ambivalence existant entre la nécessité du peuple à être conforme aux attentes du Roi et les conséquences de l'émancipation du Cerf. Le Cerf qui d'abord promis à une mort atroce, se retrouve divertissement du Roi. A travers ce retournement de situation, La Fontaine dénonce l'incapacité des monarques à régenter avec discernement.

C Dissertation

Introduction

Dans la lettre XXX des Lettres persanes, Montesquieu offre le témoignage d'un étranger à Paris. Ce regard de Rica sur Paris et les Parisiens est un "regard extérieur" permettant à l'auteur de faire la critique de la société, des "habitants de Paris". Nous remarquons que Cyrano de Bergerac dans Les Etats et Empires du soleil et La Fontaine dans sa fable "Les Obsèques de la lionne" ont eux aussi recours au "regard extérieur". Cette observation nous amène dès lors à nous interroger sur l'efficacité de cette technique argumentative. Dans un premier temps, nous nous intéresserons donc à la notion du regard extérieur. Peut-on parler de regard extérieur et de regard sur soi mis au service d'une critique de la société ? Enfin dans une deuxième partie, nous analyserons les enjeux et les limites du "regard extérieur" comme technique argumentative.

I - Le regard extérieur, un regard sur soi et la société

A - Un regard sur soi.

Définir le "regard extérieur" : prendre en exemple la lettre de Montesquieu. Nous avons Rica, le Persan, un étranger à Paris.
Mais souligner que ce regard est aussi un regard sur soi ; à savoir que de l'extérieur, l'étranger l'est par rapport à ce qu'est l'auteur.
Dans le regard extérieur, nous retrouvons donc la présence de l'auteur et la dénonciation de la société.

B - Une critique de la société

Prendre en exemple, l'extrait de Cyrano de Bergerac afin de montrer quelle est la critique faite par l'auteur sur la société. Relevez le regard porté sur l'étranger : regard de l'auteur et regard de la société.

II - Le regard extérieur, la limite argumentative.

A - La complexité d'écriture et la difficile réception.

Souligner qu'il existe cependant une certaine complexité dans un travail où le regard est extérieur. Relever l'ironie présente dans le texte de Cyrano de Bergerac et dans la fable de La Fontaine.
Puis montrer que la réception de l'œuvre pour le lecteur peut être plus complexe que dans les satires de Boileau : comparer une satire avec une fable.

B - On se déjoue de la censure, mais n'y a-t-il pas ici une limite argumentative à ne penser qu'au "regard extérieur" ?

Certes, la fable permet à La Fontaine de contourner la censure, mais n'y a-t-il pas un risque de limite argumentative dans le seul regard extérieur ? Prendre l'exemple de l'autobiographie : l'auteur utilise le regard intérieur (Il se regarde et s'analyse) afin de s'offrir et d'offrir son regard sur l'extérieur.

Conclusion

La technique argumentative portant sur le "regard extérieur" mise à l'œuvre dans Les Etats et Empires du soleil, "Les Obsèques de la lionne", ainsi que dans les Lettres persanes peut permettre aux auteurs de déjouer la censure afin de critiquer la société. Cette argumentation que l'on retrouve notamment dans l'apologue peut être perçue par le lecteur comme ludique et divertissante. En effet, dans ses Fables, La Fontaine instruit les hommes sur un ton d'apparence léger. Cependant, le regard extérieur ne semble pas être l'unique technique argumentative pouvant être utilisée par l'écrivain. De plus, nous pourrions nous demander si le ton léger, retrouvé chez La Fontaine ou Cyrano de Bergerac, ne peut pas nuire au message véhiculé par le texte.

D - Ecriture d'invention.

Le discours que je vais prononcer face à vous n'a pour d'autre but que celui de défendre une valeur fondamentale au bon fonctionnement de notre société : l'Humanité.

- Résumer en une phrase l'examen réalisé à travers la plaidoirie faite au Parlement des Oiseaux.
- S'adresser aux "Messieurs".
- Définir l'Humanité, comme le caractère de ce qui est Humain.
- Montrer que l'homme n'est pas nécessairement mauvais.
- Penser à la communion de l'Homme avec la Nature.
- En déduire que les rapports entre les hommes et les animaux sont possibles.
- Donner en exemple, la médecine vétérinaire où l'humanité se met au service des animaux.
- En conclure sur la nécessaire clémence du Parlement face à l'Autre.

Corrigé du professeur
SUJET N°3 : Epreuve du baccalauréat / Epreuve de FRANÇAIS (section L / ES)

A - QUESTION

En quoi le titre des œuvres oriente-t-il la lecture des passages proposés ?
Les trois œuvres à l'étude sont Les Confessions, livre I de Rousseau ; La Maison de Claudine de Colette et Le Livre de ma mère d'Albert Cohen.
Le titre de ces œuvres est une orientation dans la lecture parce que tous sont une évocation d'un intime : intime de soi pour Rousseau, d'un lieu pour Colette et d'un parent, la mère, pour Cohen. Nous pouvons dès à présent situer l'objet d'étude : la biographie.
Mentionnons également le titre donné à l'ensemble du corpus : "les souvenirs d'enfance".
Sujet I : Commentaire.
Vous commenterez le texte d'Albert Cohen (document C)
Dans Belle du Seigneur, Cohen livre son observation des vicissitudes, des petitesses et des beautés de l'amour, tout en faisant référence à la religion juive. Dans l'extrait de l'œuvre à l'étude, Le Livre de ma mère (1954), l'auteur offre le récit d'événements vécus avec sa mère juive. Nous étudierons dans un premier temps le genre autobiographique par lequel Cohen donne une description détaillée de sa mère. Puis dans une deuxième partie, nous analyserons l'ambivalence des sentiments de l'auteur pour celle qu'il qualifie de "Reine de Saba".

I) Le genre autobiographique.

a) L'autobiographie est une biographie de l'auteur faite par lui-même.
Nous pouvons relever que dès la première phrase : «Je me souviens», Cohen se confie à son lecteur.
Nous soulignerons toutes les caractéristiques du genre : l'utilisation du pronom personnel "Je" ; le temps le plus utilisé : l'imparfait de l'indicatif ; les lieux cités avec précision "tramway"... Tous ces éléments contribuent à la narration de sa vie.

b) L'autobiographie est ici mise au service de la description d'un autre personnage : la mère de l'auteur.
Nous observons que très vite l'auteur introduit une personne dans le récit de sa vie : "elle". Mais durant tout le premier paragraphe, le lecteur ne sait rien d'"elle". Certes, il s'agit d'une femme, tandis que lui n'est qu'un "tout jeune garçon" ; mais il faut attendre le deuxième paragraphe pour connaître l'identité précise de cette femme : "ma mère".
De là, nous pouvons analyser les traits de cette mère, "Reine de Saba déguisée en bourgeoise".

II) L'ambivalence des sentiments

a) L'importance de la figure maternelle
Nous notons l'importance de la mère dans ce récit. Tout d'abord avec le titre Le livre de ma mère, puis à travers toutes les descriptions faites par l'auteur : "elle et moi [...] Elle et moi, deux faibles et bien vêtus [...] ma mère et moi nous étions [...] on se souriait". Il y a donc une certaine complicité entre les deux personnages qui n'apparaissent que liés dans cet extrait.

b) Le rejet et la honte
Cependant, cette union des deux êtres semble être vécue comme un moment de honte par Cohen : "mondanités [...] faibles [...] ridiculement [...] pitié [...] empotés".

c) La mort de la mère
Nous soulignons la dernière phrase de l'extrait : "Elle est morte". La description s'interrompt brutalement. Tandis que Cohen faisait le récit d'une journée, où ses sentiments sont pris entre la joie de ces instants et la gêne d'une mère jouant le rôle de la bourgeoise, il marque la fin de la narration par un "Elle est morte". Cette brève phrase sonne comme un point et également comme un rappel à lui-même, rappel de la réalité.

Conclusion

Dans Le Livre de ma mère, Cohen mêle ses souvenirs à la description de la figure maternelle. Ici, la mère apparaît comme un être fondamental avec lequel l'auteur partage une certaine complicité. Cohen ne manque pas de témoigner l'amour que sa mère lui portait. Cependant, nous pouvons remarquer qu'il introduit dans ce récit la notion de l'ambivalence de ses sentiments de jeune garçon pour celle qui jouait un rôle de bourgeoise ; rôle qui provoquait de la gêne chez lui.

Sujet II : Dissertation.

Pour quelles raisons les souvenirs d'enfance tiennent-ils une place si importante dans les textes autobiographiques ? Vous répondrez à cette question en un développement composé qui prendra appui sur les textes qui vous sont proposés, ceux que vous avez étudiés en classe et vos lectures personnelles.

Correction des exercices - Chapitre 4

Introduction
Selon Lejeune, l'autobiographie est un "récit rétrospectif en prose qu'une personne réelle fait de sa propre existence, lorsqu'elle met l'accent sur sa vie individuelle, en particulier sur l'histoire de sa personnalité". Ce "récit rétrospectif" permet donc à l'auteur de revenir sur des éléments de sa vie. Parmi ces éléments, l'autobiographe décide des fragments qu'il fera intervenir dans son œuvre. A ce titre, les souvenirs d'enfance peuvent apparaître comme des événements indispensables pour témoigner de ce que l'auteur est devenu. Mais "pour quelles raisons les souvenirs d'enfance tiennent-ils une place si importante dans les textes autobiographiques ?". Dans un premier temps, nous nous intéresserons au genre autobiographique et à la notion de souvenir d'enfance ; afin d'analyser dans quelle mesure ce souvenir d'enfance, comme constitutif de l'être adulte, tient une place essentielle dans le récit autobiographique.

I) Le genre et le souvenir d'enfance

a) Définir l'autobiographie
Reprendre la citation de Lejeune sur l'autobiographie.
Souligner l'importance du pacte passé entre l'auteur et le lecteur, comme Rousseau dans ses Confessions qui emploie "Rousseau" et "Jean-Jacques", tout comme le pronom personnel "Je" pour parler de lui.
Utiliser cet exemple pour la transition permettant de lire la présence du souvenir d'enfance dans l'autobiographie : se servir de l'extrait du Livre I.

b) Qu'est-ce qu'un souvenir d'enfance ?
Définir le souvenir d'enfance à l'aide de l'extrait des Confessions du Livre I.
Puis élargir cette définition en reprenant les éléments clefs du texte de Cohen, Le Livre de ma mère.
Enfin, montrer que chez Colette le souvenir d'enfance est fondamental dans la construction de la femme-auteur : Colette.

II) La construction de soi dans l'enfance
a) La construction de soi
Débuter ce paragraphe par la confirmation de la construction de soi dès l'enfance avec Colette et Cohen.
Elargir en prenant l'exemple de Gide dans Si le grain ne meurt. Récit permettant à l'auteur de trouver sa "normale" et de se faire comprendre du lecteur en dévoilant sa vie intime dès sa naissance.
Les événements marquants pour les enfants influent sur l'homme adulte, comme en témoigne l'extrait de Rousseau affecté par l'attitude de son maître à son encontre.

b) Douceur et innocence de l'enfance
Au-delà du possible traumatisme vécu par l'enfant, il y a un réel enjeu pour l'auteur : la justification de ses positions actuelles.
L'enfance peut être symbole de douceur : parler de l'amour de la mère de Cohen pour son fils. Il peut y avoir un besoin de revivre ces instants d'innocence et de bonheur, au risque parfois de déformer la réalité ?

c) Quand l'auteur rompt le pacte
Il peut toutefois exister une limite à l'utilisation du souvenir d'enfance. Certains souvenirs peuvent être faux, ou être des éléments rapportés par une tierce personne. Comment Gide peut-il témoigner avec tant de précision de ses deux premières années de vie ?
Le souvenir d'enfance devient alors un objet d'écriture ayant pour fonction d'aider l'auteur à se construire à travers le récit de son être.
L'autobiographie devient alors fiction : W ou le souvenir d'enfance de Perec.

Conclusion
L'autobiographie implique une introspection de l'auteur sur lui-même afin de créer son "récit rétrospectif". En ce sens, le souvenir d'enfance permet à l'autobiographe de retracer sa vie dès son origine et d'effectuer un travail d'introspection maximal. Cependant, si le souvenir d'enfance tient une place si importante dans les textes autobiographiques, nous pouvons souligner le risque de la rupture du pacte autobiographique. En effet, par souci de convaincre, l'auteur peut manipuler son souvenir d'enfance et offrir alors une œuvre fictionnelle et non plus autobiographique.

Sujet III : Ecriture d'invention.
Une revue littéraire prépare un numéro sur le récit autobiographique. Vous êtes chargé d'y écrire un article dans lequel vous montrerez en quoi l'écriture autobiographique peut être une aide pour les autres et pour soi. Vous développerez votre argumentation en utilisant les textes du corpus et les lectures que vous avez faites par ailleurs.
En vue de votre numéro sur le récit autobiographique à paraître dans votre revue littéraire : "Du livre à son lecteur", vous m'avez confié la tâche de rédiger un article ayant pour sujet : "En quoi l'écriture autobiographique peut être une aide pour les autres et pour soi".
Vous trouverez donc ci-dessous mon article, en espérant qu'il saura répondre à votre attente et à celle de vos lecteurs.
"Comme le définit Lejeune dans son ouvrage, Le pacte autobiographique, l'autobiographie est un "récit rétrospectif en prose qu'une personne réelle fait de sa propre existence, lorsqu'elle met l'accent sur sa vie individuelle, en particulier sur l'histoire de sa personnalité."
Il apparaît dès lors que l'écriture autobiographique peut être porteuse en elle d'une fonction de délivrance pour l'auteur. Pensons à l'œuvre d'André Gide, Si le grain ne meurt, œuvre dans laquelle Gide offre le récit d'une période de sa vie : de sa naissance à ses 25 ans. Cette écriture est vécue par l'auteur comme un regard profond sur soi et la possibilité de se comprendre et de s'accepter. En

découvrant ce qu'il appelle sa "normale", Gide se libère de la figure maternelle pour se créer selon ses désirs et ses angoisses. L'enfant Gide qui agit mal n'est toutefois pas le seul à aspirer à sa libération. En effet, Jean-Jacques Rousseau dans le livre I de ses Confessions évoque "le premier pas vers le mal.". Ajoutant :"Je n'ai jamais pu résister aux caresses". Il y a donc une volonté d'affronter autrui en s'affirmant.
Mais cette acceptation de soi peut également passer par le besoin de faire partager ses souffrances avec le lecteur. On dit parfois de l'autobiographe qu'il se couche sur le papier, c'est-à-dire que, tel un patient en psychanalyse, l'auteur raconte ses douleurs afin de réapprendre à vivre.
Dans Si c'est un homme, Primo Levi fait de l'écriture autobiographique un témoignage sur l'horreur des camps d'extermination. Dès lors, le genre vient aider les autres à lire l'Histoire et à la comprendre afin que le monde soit délivré des atrocités et de la tentation du négationnisme.
De la sorte, l'écriture autobiographique sert à l'auteur qui, par son introspection, peut trouver la quiétude intérieure, puis s'ouvrir au monde, et sert également au lecteur qui partage les vives émotions de l'auteur et peut trouver des réponses sur des questions précises."

Corrigé du professeur
SUJET N°4 : Epreuve du baccalauréat / Epreuve d'ANGLAIS (Terminales L)
I - UNDERSTANDING THE TEXT

What did the narrator try to do ? What were the consequences ?
Part 1 (from the beginning to .L. 18)

1) True or false ? Circle the correct answer and justify by quoting from the text.
F *The narrator had read a classified ad in a newspaper.*
One of my farmer classmates had gotten a job (L. 3)

2) Deduce the meaning of former (L. 2) and give a synonym :
Previous

3) What were the narrator's feelings ?
a) Pick out two adjectives showing that the narrator was optimistic at first.
1. promising (L. 1) 2. confident (L. 4)
b) Quote two reasons why he was optimistic.
1. they were hiring (L.2)
2. they asked me how soon I could start (L.4)
c) Use your answers to guess the meaning of I was drained (L. 3) :
I was exhausted

4) Pick out the sentences revealing that the narrator :
a) was afraid of being asked about his past : that queasy feeling returned my stomach (L. 5)
b) was hesitant : what should I do ? (L. 9)
c) didn't answer all the questions : I left the question blank (L. 9)

5) What do we learn about the narrator's past ? (Quote.)
He has a criminal record and went to prison for armed robbery (L. 13)

6) True or false ? Circle the correct answer and justify by quoting from the text.
F *The narrator was now totally free to do what he wanted.*
I had another full year left on probation (L. 8)

7) What do we learn about the personnel director ?
☐ Male ☒ female ☒ age : middle aged (L. 11)

8) Pick out two elements showing the personnel director's change of attitude.
a) She stiffened (L. 14) b) And looked at me (L. 14)

9) True or false ? Circle the correct answer and justify by quoting from the text.
a) T The narrator was kept waiting.
Wait right here (L. 14)
b) F The personnel director took the decision on her own. (two quotes)
1. I'll need to talk with someone else about this (L. 14)
2. What was said by her higher-ups (L. 19)

10) What does the sentence "We'll be in touch with you soon." (L. 18) imply ?
They won't hire him

Part 2 (from L. 19 to the end)

11) True or false ? Circle the correct answer and justify by quoting from the text.
T *A lot of things were left unsaid. (two quotes)*
a) She didn't offer to tell me what was said by her higher-ups (L. 19)
b) Her tone and expression (L. 19)

12) How does the narrator explain the firm's decision ? Quote a sentence from the text and explain what it means in your own words.
I came clean (L. 25) He said the truth about his past and his situation that's why they don't hire him

13) Which sentence shows that the narrator thought he had already paid for his past mistakes ?
I'd been punished [......] I suffered [......] why do I have to keep paying for it (L. 26)

14) What tactic was he going to adopt now ? (Quote from the text.)
I decided [......] I'd get my foot in the door. Then may be I tell them. (L. 29-30)

II TRADUCTION

L'entretien le plus prometteur eut lieu dans la ville natale de Muhammad Ali, Louisville, dans le Kentucky – Un de mes anciens camarades de classe avait trouvé un travail au Courrier de Louisville et me dit qu'ils étaient en train de recruter – Je subis la batterie habituelle d'entretiens.
À la fin de la journée, j'étais épuisé mais confiant que j'aurais le poste. Ils m'ont demandé quand je pouvais commencer et m'ont dit de me présenter au service du personnel le lendemain afin de compléter mon dossier de candidature

Topic 1 Sujet personnel, pas de correction

Topic 2 Expression de l'opinion
(voir Aide méthodologique)

Corrigé du professeur
SUJET N°5 : Epreuve du baccalauréat / Epreuve de PHILOSOPHIE (Terminales L)
SUJET : Pourquoi prive-t-on l'animal de conscience ?

PLAN DETAILLE

Voici un exemple possible d'introduction pour ce sujet et les axes choisis.

1) Introduction

"Qu'est-ce que l'homme ?" est une des questions fondamentales de la philosophie avant de devenir le sujet central de toutes les sciences. Afin d'appréhender cet homme si énigmatique, il semble légitime de le comparer à l'animal, autre créature vivante et douée de mouvement. Dès lors, au-delà des caractères semblables, apparaît un critère spécifique à l'homme, propre à en faire sa marque distinctive : la conscience et ce qui en relève, le langage.
Cependant, si la philosophie, quoique reconnaissant à l'homme une part d'animalité -concernant ses besoins, notamment- s'en est tenue longtemps à cette position, rejoignant en cela les religions monothéistes, les travaux de Darwin ont non seulement brisé la séparation nette entre homme et animal, mais ont contribué à ouvrir des espaces de recherches novatrices sur l'animal. Ainsi, les frontières deviennent de plus en plus floues et les critères distinctifs moins patents. Toutefois, ce n'est pas tant de cette conscience animale qu' il est question ici que des raisons, multiples, pour lesquelles le penseur s'est refusé (et se refuse encore) à concevoir une conscience chez l'animal. Autrement dit, ce n'est pas la légitimité d'une telle position qu'il faut examiner. Mais bien : qu'apprenons-nous sur les modalités de la réflexion humaine par le biais de sa conception de l'animal ?

2) Développement

a) Pour quelles raisons l'homme n'accorde-t-il pas de conscience à l'animal ?
Contrairement à l'homme, qui construit sa société et la fait évoluer en réfléchissant sur le bien ou mieux vivre ensemble, sur le Droit et par le biais des lois, l'animal est inscrit d'emblée dans une organisation structurée et identique (Aristote).
L'animal n'est pas doté de langage, or l'homme parle parce qu'il pense (Descartes).
Si l'animal ne peut évoluer c'est parce qu'il n'a pas conscience de ce qui était ou est ou deviendra. Pas de conscience temporelle et historique : il est anhistorique et incapable de perfectibilité (Rousseau).
Sur le plan religieux, le monothéisme, s'appuyant sur la Genèse, considère l'homme comme un être élu, la dernière création de la puissance divine, placé au-dessus des autres, au centre de l'univers.

Observations empiriques et mythe religieux s'accordent pour reconnaître à l'homme une place et nature spécifiques dans le règne du vivant. La conscience devient alors le critère de choix instituant une séparation homme-animal. Dès lors, les positions philosophiques et religieuses génèrent de multiples conséquences et enjeux.

b) Quels bénéfices l'homme retire-t-il de cette posture ?

En n'accordant pas la conscience à l'animal, il ne le prive pas de celle-ci, il ne la lui reconnaît pas (redéfinition du terme «prive»).
Sur le plan pratique, il peut utiliser l'animal comme moyen en vue de ses propres fins (utilisation en vue de ses propres besoins fondamentaux, mais aussi comme instrument de travail, objet de recherches scientifiques, exutoire à sa violence).
Sur le plan intellectuel, il fait de la conscience le seul propre de l'homme qui justifie alors sa supériorité sur tous les plans, allant jusqu'à refuser l'humanité à ceux qui n'ont pas la même façon de vivre, de penser, de croire (ethnocentrisme, Lévi-Strauss).
Il tire orgueil et puissance de cette position conférée et légitimée non seulement par la conscience mais aussi par une certaine nature de conscience
Il n'accorde aucun intérêt et aucune valeur à ce qu'il pourrait observer s'il n'était doté de préjugés solidement ancrés.
Il se dispense alors de penser l'animal, de repenser le statut de celui-ci, de sa position à son égard, et par là même se dispense de remettre en question ce qui le fait homme et «humain». A quoi renvoie une telle attitude ?

c) Que nous révèle cette attitude de l'homme envers l'animal ?

Une attitude d'abord intellectuelle : comprendre ce qu'est l'homme et définir des caractéristiques qui lui seraient propres (nécessité de classifier, ordonner le vivant) et établir des hiérarchies.
Sur le plan des croyances : nécessité de se croire (et non de se penser) au-dessus des autres éléments de la nature (être un empire dans un empire, ce que contestera Spinoza).
Doter l'homme d'une faculté royale : celle de pouvoir se penser, et disposer dès lors d'une maîtrise sur lui et son avenir (question du libre-arbitre).
L'impossibilité de concevoir des formes de conscience autres que celles traditionnellement analysées : conscience comme faculté de se penser, de se remettre en question, de s'exprimer avec des mots.
La théorie darwinienne, considérée comme la «deuxième blessure narcissique» par Freud, est encore mal acceptée pour beaucoup, précisément parce qu'elle décentre l'homme et le fait chuter dans l'ordre animal.

3) Conclusion

"Pourquoi refuser la conscience à l'animal ?» Question essentielle portant sur le statut de l'animal, mais bien plus fondamentalement sur celui de l'homme. La conscience de soi, avec ses possibilités de questionnement sur soi et sur le monde, de maîtrise de soi et de son avenir, d'expression de soi et de communication avec autrui, semble être l'ultime frontière qui sépare l'homme de l'animal. Dénier à celui-ci le pouvoir de se penser, de communiquer, c'est se conforter dans l'idée, peut-être la dernière illusion humaine, d'être à part, un élu, un fils du démiurge ou démiurge soi-même.

Corrigé du professeur
SUJET N°6 : Epreuve du baccalauréat / Epreuve d'ANGLAIS (Terminales L)
I - COMPREHENSION

1) a) *In what country and what region does the story take place ?*
The story takes place in the United States, in the suburb of Detroit : "... other white Detroiters (L. 1) [...] my parents began looking for a house in the suburbs».

b) *Where is Grosse Pointe situated ? And what sort of people live there ?*
Grosse Pointe is situated in the lakefront district «the affluent lakefront district» (L. 2).
Only rich people who can afford a house in this area : «district of the automagnates» (L. 2)

c) What is the name of the narrator's father ?
The narrator's father's name is Milton : *«after two months searching, Milton...» (L. 9)*

2) a) *What do the narrator's parents want to do in Grosse Pointe ?*
They would like to buy a house in this area. *«my parents began looking for a house... [...] they had sights on [...] Grosse Pointe» (L. 3)*

b) *Explain why the narrator's father is becoming suspicious ?*
The narrator's father is becoming suspicious because he has been investigating for two months in vain, he's now hopeless. After all these failures to get a house in this area, it is at last an opportunity, but he isn't confident anymore.

3) Explain what Miss Marsh's job consists in ?
Miss Marsh is a real estate agent, she works for Great Lakes Realty. She sells houses : thanks to her arguments she tries to make people buy the houses she shows them.

4) What is Milton's opinion of the house ? Pick out four elements to justify your answer
First Milton was reluctant to visit this house : *«he hadn't much cared for the picture Miss Marsh had shown him over at the office»*
Then, he finds the house «too boxy-looking» : it looks like a box, according to him.
Besides, he finds it «too modern»
At last, he thinks his wife won't like it «I'm not sure my wife would go for this kind of thing» (L. 18)

Correction des exercices - Chapitre 4

5) a) *«It takes a buyer with a little vision» What does Miss Marsh mean ?*
She wants to dissuade Milton to buy such a house, otherwise she should have told him : «it takes a man of great vision». Actually she feels reluctant to sell him this house because she has already got his real estate application, he doesn't belong to a higher social class

b) *«It was designed by Hudson Clark»* What effect does she think that name will have on Milton ?
To her mind, Milton will be very impressed by the name of this famous architect. That's why she's awaiting for «recognition» and then she precises the school the architect belongs to. (L. 12)

c) *Why does Milton nod «dubiously»*
Milton nods dubiously because he is doubtful about the talent of this architect. He doesn't share the architect's views.

6) Milton's answers to Miss Marsh's questions : what do we learn about Milton and his family ?
We learn he's called Stephanides. His name is Greek. His wife comes from Detroit. Both of them are «East Siders» (L. 36).
They belong to the Greek church (L. 34). Milton is in the restaurant business (L. 33). At last, there are six people in his household, as his parents live with them. «we have my folks living with us»(L. 38).

7) a) *Focus on lines 40 to 43. Why is this passage in italics ?*
This passage focuses our attention on the Point System. Miss Marsh has to add Milton's points, in order to know if he will be able to live in Grosse Pointe. This passage in italics enhances the fact that she has to add points discreetly, these criteria must be of course kept secret.

8) a) *Explain how the «Point System» works*
Crippling criteria have been established by the community. Each criterion makes one point. First of all, being Southern Mediterranean makes one point. Not being in one of the profession accepted by the community makes another one. Not being Protestant makes another one, and son on...
If a potential buyer gets five points, his real estate application is turned down.

b) *What does it reveal about the community of Grosse Pointe ?*
This Point System reveals a great intolerance, racism and sectarism. According to this community, only White American Protestants are allowed to live in Grosse Pointe. They are narrow-minded because they don't offer any opportunity to people from other culture to integrate into their community.

9) a) *In one sentence say what Miss Marsh's goal has become ?*
She doesn't want to offense Milton in telling him he can't integrate into the community of Grosse Pointe, so she is trying diplomatically to dissuade him to buy the house.

b) *What arguments does she now use ?*
Now she is trying to underplay the advantages of the house. First, she depreciates the architect, telling Milton that Hudson Clark was only a minor figure of the so called «Prairie School».
At last, she underlines the outbuildings need restoring.

10) How can these expressions be interpreted
On the whole, we know all about Miss Marsh's mood thanks to her smile and the way she shows her upper gum. When she investigates more about Milton, she tries to be gentle «smiling a polite smile [...] (L. 19). Showing her upper gums means that she is satisfied.
Besides, her smile is the expression of the superiority she feels in front of Milton. She has the power to enable him to integrate into the community of Grosse Pointe or not : «Miss Marsh smiles with her double-decker gums [...] it's all contingent on the approval of the loan» (L. 58).

11)a) *From line 49 onwards, what shows that Milton is gaining control of the situation ?*
The narrator shows a change in Milton's attitude. Until now, he seemed to be rather obsequious, calling Miss Marsh «Ma'am». He seemed to be a man of few words. Then he is beginning to ask her questions about the house ; until now he was only answering to her questions about his family.
The climax is the imperative form he is using *«you don't have to...»* (L. 55). Now he's recovered his self-confidence.

b) *«But now it is Milton's turn to smile». Explain this sentence.*
All along the visit, Miss Marsh has been smiling, as she thought Milton couldn't afford the house. she felt very powerful, as a protector of the community of Grosse Pointe. But now has come the time of Milton's revenge. He is «relishing the moment» (L.59) : he has a surprise in store for Miss Marsh. He knows the power of money : it will enable him and his family to integrate into this community.

Correction des exercices - Chapitre 4

II - EXPRESSION

Choose one of the following subjects

1) The Stephanides have moved into the house. A few months later, Milton sends a letter to a friend telling him about their life in Grosse Pointe. Write the letter.

Voici quelques pistes :

- l'accueil chaleureux des voisins : ***the neighbours have welcomed us warmly***
- être pleinement acceptés : ***to be fully accepted***
- atteindre un but : ***to reach a goal***
- se sentir isolé : ***to feel isolated***
- prétentieux : ***conceited***
- étroit d'esprit : ***(to be) narrow minded***
- regretter son ancienne ville : ***to regret one's previous town***

2) Can money always buy everything you want ?

type de sujet : opinion, prise de position
(cf vocabulaire dans la fiche AIDE METHOLOGIQUE)

thème : l'argent *(cf vocabulaire dans la fiche AIDE METHODOLOGIQUE)*

Voici une proposition de pistes :

- le pouvoir de l'argent
- ses limites : exemple de Gatsby le Magnifique
  malgré le pouvoir que lui procure sa fortune, il n'a jamais pu pleinement se faire accepter par la haute société.

III - TRADUCTION

«Cette propriété est assez originale» explique Melle Marsh à Milton, un après midi de septembre, tandis qu'elle le guide dans l'allée. «Seul un acheteur qui ne voit pas loin la prendra». Elle ouvre la porte d'entrée et le conduit à l'intérieur. «Cela dit, elle bénéficie d'un pedigree. C'est Hudson Clark qui l'a conçue». Elle attend un signe de reconnaissance. «De l'Ecole Prairie»
Milton fait un signe de tête, d'un air de doute. Il tourne la tête, parcourant l'endroit du regard. Il n'avait pas bien prêté attention à la photo que Melle Marsh lui avait montrée, à l'agence. Ça ressemblait trop à une boîte. Trop moderne.
«Je ne suis pas sûr que ça dirait quelque chose à mon épouse, Melle Marsh»
«Je crains que nous n'ayons rien de plus traditionnel à vous montrer pour le moment»

Méthodologie

Lycée

SUPPLÉMENT
Nouvelle réforme

COURS ET ÉDITIONS LEGENDRE

La Méthodologie Lycée Nouvelle Formule
a été rédigée par Virginie Delvallez

Conception graphique : Dino Perrone

Méthodologie Bac

I. Les épreuves anticipées du bac

1. Le bac Français
   a. Objets d'études
   b. Les trois types de sujets
   c. Tableaux récapitulatifs.

2. L'histoire

3. Les sciences

II. L'année de terminale

1. Organiser son année : de septembre à avril
   a. Faire des fiches
   b. Tableaux et frises
   c. Entrainez-vous

2. Des conseils matière par matière
   a. Philosophie
   b. Littérature
   c. Langues
   d. Histoire-géographie
   e. SES
   f. Mathématiques
   g. SVT
   h. Sciences physiques

3. D'avril au bac
   a. Un programme de révision
   b. Organisation du lieu de travail
   c. Vivre sainement
   d. Travailler en fonction de sa personnalité
   e. Dernières recommandations face aux devoirs
   f. La veille des épreuves
   g. Le jour J et les conseils de dernières minutes.

III. La méthodologie post-bac

1. Les orientations
2. Les concours d'entrée aux écoles après le bac
3. La méthodologie spécifique

I. Les épreuves anticipées du baccalauréat

1 - Le bac de français

Épreuves écrites 4h coeff écrit (3) et oral (2) (Terminal L) et écrit (2) et oral (2) (Terminal S et ES)

a. Objets d'études

Une partie du programme est commune à toutes les sections

Objets d'études	Série L	Séries ES/S	Séries technologiques
1. Le personnage de roman, du XVIIe siècle à nos jours			
2. Le texte théâtral et sa représentation du XVIIe siècle à nos jours			
3. Écriture poétique et quête de sens, du Moyen Âge à nos jours			
4. La question de l'Homme dans les genres de l'argumentation, du XVIe siècle à nos jours			
5. Vers un espace culturel européen : Renaissance et humanisme			
6. Les réécritures du XVIIe siècle à nos jours			

b. Les trois types de sujets

Le jour du bac, le candidat (toutes sections confondues) devra traiter l'un des sujets suivants au choix :

- le commentaire : en séries générales, le devoir présente ce que le candidat a retenu de sa lecture, il justifie de son interprétation et de ses jugements personnels. En séries technologiques, le sujet est formulé.

Critères pour évaluer un commentaire

			Maîtrisé	À améliorer	Non maîtrisé
Introduction	**Présentation**	Le texte est-il bien présenté ? L'auteur et le mouvement sont-ils précisés ?			
	Problématique	La problématique propose-t-elle un axe de lecture pertinent ?			
	Plan	Le plan est-il pertinent ? Permet-il de répondre à la problématique ?			
Développement	**Présentation**	La partie commence-t-elle par une phrase qui présente l'idée principale ?			
	Sous-parties	Chaque partie contient bien deux ou trois sous-parties ?			
	Citations	Les idées sont-elles illustrées par des citations du texte ?			
	Commentaires	Les citations sont-elles commentées ?			
	Transition	La partie se termine-t-elle par une transition ?			
Conclusion	**Problématique**	Avez-vous répondu à la problématique ?			
	Reprise des étapes	Les principales étapes du développement ont-elles été reprises brièvement ?			
	Ouverture	La conclusion se termine-t-elle par une ouverture ?			
Présentation	**Orthographe**	Avez-vous corrigé toutes les fautes d'orthographe ?			
	Présentation	Avez-vous sauté des lignes entre les parties et commencé chaque partie et sous-partie à un alinéa ?			

Comment reconnaître un bon ou un mauvais commentaire

Un bon commentaire :	Un mauvais commentaire :
- contient une **problématique** qui pose une question pertinente sur l'intérêt du texte	- ne contient aucune problématique ou une problématique trop générale
- est **organisé** avec une introduction, des parties, des sous-parties et une conclusion	- commente le texte dans l'ordre linéaire, sans aucune organisation préétablie
- explique le texte et ne se contente pas de le raconter	- raconte et **paraphrase** le texte sans jamais l'expliquer
- cite le texte et **explique** les citations	- ne cite pas le texte ou n'explique jamais les citations
- relève les figures de style et **explique** les effets produits	- ne relève aucune figure de style ou se contente de les **citer** ou de les juxtaposer
- est écrit dans un français correct, précis, sans faute d'orthographe !	- est écrit dans un français relâché, approximatif, truffé de fautes d'orthographe

Critères pour évaluer une dissertation

			Maîtrisé	À améliorer	Non maîtrisé
Introduction	Présentation	Y a-t-il une phrase d'accroche ?			
	Problématique	Le sujet (la problématique) est-il cité et expliqué (ou reformulé) ?			
	Plan	Le plan est-il annoncé ? Permet-il de répondre à la question posée ?			
Développement	Présentation	La partie commence-t-elle par une phrase qui présente l'idée à expliquer ?			
	Sous-parties	Chaque partie contient bien deux ou trois sous-parties ?			
	Exemples	Les idées sont-elles illustrées par des exemples d'œuvres littéraires ?			
	Commentaires	Les exemples sont-ils commentés ?			
	Transition	La partie se termine-t-elle par une transition ?			
Conclusion	Problématique	Avez-vous répondu à la problématique ?			
	Reprise des étapes	Les principales étapes du développement ont-elles été reprises brièvement ?			
	Ouverture	La conclusion se termine-t-elle par une ouverture ?			
Présentation	Orthographe	Avez-vous corrigé toutes les fautes d'orthographe ?			
	Présentation	Avez-vous sauté des lignes entre les parties et commencé chaque partie et sous-partie à un alinéa ?			
	Titres d'œuvres	Les titres d'œuvres sont-ils soulignés ?			

Comment reconnaitre une bonne ou une mauvaise dissertation

UNE BONNE DISSERTATION	UNE MAUVAISE DISSERTATION
- cerne l'intérêt et la pertinence de la question posée	- considère la question sans aucun intérêt (cela se devine à la lecture de la copie !)
-ne cherche pas à répondre à une question souvent insoluble mais à en **illustrer l'intérêt**	- apporte une réponse **catégorique** à la question posée sans en peser le pour et le contre.
- illustre les différents arguments par des **exemples** d'œuvres littéraires	- **n'illustre jamais** ses idées par des œuvres littéraires (sans exemple, il est inutile de choisir la dissertation) ou utilise trop d'exemples d'œuvres non littéraires (Harry Potter, Twilight : vous passez le bac de français !)
- **explique** les exemples trouvés et **commente** les citations	- se contente de juxtaposer différents exemples sans prendre la peine de les commenter
- propose une réflexion bien **organisée** sous forme de parties et de sous-parties	- propose une réflexion au fil de la plume, sans aucune organisation
- est écrit dans un français correct, sans faute d'orthographe avec les titres d'œuvres soulignés	- est écrit dans un français relâché, avec de nombreuses fautes d'orthographe, sans titres d'œuvres soulignés

Comment reconnaitre une bonne ou une mauvaise écriture d'invention

Une bonne écriture d'invention c'est :	Une mauvaise écriture d'invention c'est :
- une écriture **intéressante**, vivante, originale.	- une écriture **banale**, ordinaire, sans aucune originalité particulière
- des **procédés d'écriture** maîtrisés : figures de style, registres...	- aucune figure de style utilisée
-une **compréhension** du texte littéraire servant de modèle à l'exercice	- un texte modèle **ignoré** ou mal compris
- la capacité à **imiter** le style d'écriture d'un écrivain	- aucune tentative pour imiter le style d'écriture d'un écrivain
- le **respect des consignes**, notamment concernant la forme du devoir (ex : lettre, dialogue ...)	- le **non-respect** des consignes demandées
- une syntaxe et une orthographe justes !	- un devoir rempli de fautes d'orthographe !

Qu'est-ce que l'épreuve orale de français du bac ?

1. Vous allez pendant l'année de 1ère étudier des textes (entre 20 et 40 en fonction des sections). Ce sont des extraits de romans, de pièces et des poèmes. Ces textes seront issus de votre manuel et d'œuvres intégrales que vous étudierez.

2. Le jour du bac, vous amènerez une liste donnée et signée par votre enseignant qui contiendra :
- la liste des textes avec des problématiques pour chaque objet d'étude ;
- tout ce que vous avez étudié pendant l'année (textes complémentaires, sorties ...).

3. La préparation de la première partie de l'épreuve dure 30 minutes.

4. L'épreuve orale dure 20 minutes. Elle est composée de deux parties de 10 minutes chacune :
- l'explication d'un texte choisi par l'examinateur sur votre liste. L'examinateur vous posera une question sur ce texte et votre explication devra être construite autour de cette question ;
- un entretien qui portera sur ce que vous avez étudié pendant l'année et qui se trouve mentionné sur votre liste : lectures complémentaires, courants littéraires, comparaison avec d'autres textes, lectures cursives, sorties...

5. Chaque partie de l'épreuve est notée sur 10 pour une note finale sur 20.

De bons conseils pour l'oral du bac

Pendant l'année scolaire :

1. Apprenez régulièrement les explications de votre enseignant.

2. Rédigez des fiches résumant l'essentiel de l'explication, ce assez tôt dans l'année de façon à simplifier vos révisions. (cf. p. 50 du manuel joint).

Le jour du bac :

1. Amenez deux classeurs identiques et complets avec les textes (analytiques et complémentaires) ainsi que deux exemplaires des œuvres intégrales étudiées (ni abîmées, ni annotées).

2. La présentation est importante : soignez votre tenue ! N'oubliez pas les « bonjour Monsieur / Madame, merci Monsieur, au revoir Monsieur » !

3. N'oubliez pas votre montre (pas de téléphone portable !)

Pendant la préparation :

1. Vous avez 30 minutes pour préparer votre explication. N'écrivez au brouillon que sur un seul côté de la feuille et numérotez bien vos pages.

2. Tenez bien compte de la question posée. Il ne s'agit pas de réciter par cœur l'explication de votre enseignant, celle-ci est là pour vous guider. Vos remarques doivent être organisées en fonction de la question posée.

L'épreuve orale commence :

Première partie : *l'explication de texte*

1. Présentez brièvement le texte.

2. Lisez le texte de façon bien expressive (entraînez-vous pendant l'année !). La lecture sert à déterminer si vous avez bien compris le ton et le registre dominant du texte. Une mauvaise lecture, surtout sur un poème ou un extrait de théâtre, sera sanctionnée.

3. Rappelez (sans la modifier !) la question posée et annoncez le plan.

4. Commencez votre explication.

5. N'oubliez pas de répondre à la question posée dans la conclusion.

6. L'explication ne doit pas être inférieure à 8 minutes, mais ne dépassez pas 10 minutes (regardez votre montre !)

Conseils :

1. Ne jamais être dépendant de ses notes ! Il faut regarder l'examinateur régulièrement.

2. Ne pas donner l'impression de réciter par cœur une explication !

3. Attention aux tics : jouer avec son stylo, passer régulièrement la main dans les cheveux.

4. Attention à l'expression : évitez les répétitions de « heu, heu, heu » ou autres tics de langage, les phrases formulées à vous-même (« ah, j'ai oublié !»), les silences, les soupirs...

5. N'oubliez pas que vous passez une épreuve orale : soyez convaincant, donnez l'impression de croire en ce que vous affirmez, n'hésitez pas à faire preuve d'enthousiasme !

Deuxième partie : l'entretien

1. L'examinateur ne vous posera pas de question sur le texte, mais sur ce que vous avez étudié pendant l'année.

2. Il ne s'agit pas d'un interrogatoire pour tester vos connaissances ! Vous ne devez pas répondre brièvement mais, au contraire, construire une réflexion à partir de la question posée. N'hésitez pas à développer vos idées.

Conseils :

1. L'examinateur teste vos connaissances (pas d'impasse : les lectures cursives doivent être maîtrisées) mais également votre capacité à réfléchir et à convaincre.

2. Vous devez monter que vous êtes capable de dialoguer, que ce que vous avez étudié pendant l'année vous a fait réfléchir sur la littérature.

3. Un entretien se prépare : essayez pendant l'année d'imaginer les questions que l'on pourrait vous poser ainsi que vos réponses.

Exemple de fiche d'évaluation du bac français

		- /+	Appréciations
Expression et Communication	*Lecture correcte et expressive *Qualité de l'expression et niveau de langue orale (distanciation par rapport au brouillon) *Qualités de communication et de conviction (exposé audible, organisé, vivant)		
Réflexion et Analyse	*Compréhension du texte *Références précises au texte *Réponse construite, argumentée et pertinente au service d'une interprétation *Prise en compte de la question		
Connaissances	*Savoirs linguistiques et littéraires *Connaissances culturelles en lien avec le texte		

Durée de l'entretien : Note de l'entretien /10

		- /+	Appréciations
Expression et Communication	*Aptitude au dialogue *Qualité de l'expression et niveau de langue orale *Qualités de communication et de conviction		
Réflexion et Analyse	*Capacité à réagir avec pertinence aux questions posées pendant l'entretien *Qualité de l'argumentation *Capacité à mettre en relation des textes et à élargir une réflexion		
Connaissances	*Savoirs littéraires sur l'œuvre, les textes, l'objet d'étude *Connaissances du contexte culturel		

Durée de l'entretien : Note de l'entretien /10

c. Tableaux récapitulatifs.

Histoire littéraire

XVIe SIÈCLE

Mouvement littéraire	L'HUMANISME	LA PLÉIADE
Dates	1530-1580	1540-1560
Principes, caractéristiques et thèmes	- l'homme est au centre des préoccupations. Il doit se connaître lui-même et connaitre le monde - l'instruction doit être complète et diversifiée - équilibre du corps et de l'esprit	- enrichir la langue française - renouveler la poésie en s'inspirant des auteurs antiques et italiens (l'innutrition) - idéalisation de la femme aimée qui est célébrée, idéale et inaccessible
Contexte politique et social	Renaissance (1515-1547) : - développement de l'imprimerie - premiers voyages (découverte du nouveau monde) - découvertes scientifiques (Galilée, Copernic)	Renaissance : - période de paix - les artistes sont protégés -grande importance accordée aux beaux-arts, à l'architecture
Genres concernés	Roman, essai	Poésie (notamment le sonnet)
Principaux auteurs	Rabelais, Montaigne, Erasme	Ronsard, Du Bellay
Beaux-arts et musique	Bosch, Vinci, Chapelle Sixtine	Goujon, Clouet, Titien, École de Fontainebleau
Citations	- « Je vois en toi un abime de science » (Rabelais, *Gargantua*) - « Je suis moi-même la matière de mon livre », (Montaigne, *Essais*)	- « Cueillez dès à présent les roses de la vie » (Ronsard)

Le XVIIe SIÈCLE

Mouvement littéraire	BAROQUE	PRÉCIOSITÉ	BURLESQUE ET LIBERTINAGE	CLASSICISME
Dates	1610-1640	1625-1648	1620-1660	1661-1685
Principes, caractéristiques et thèmes	- « baroco » : perle irrégulière -instabilité, irrégularité -goût pour le macabre, l'horreur -omniprésence de la mort, de la fuite du temps -importance de l'illusion, du travestissement	-réunion d'aristocrates dans des salons -art de briller en société -raffinement, bonnes manières, politesse, élégance du langage, raffinement outrancier	-réaction au romanesque -parodie -individualisme, scepticisme	-régularité -clarté -respect des règles -vraisemblance -bienséance
Contexte politique et social	-fin des guerres de religion -assassinat d'Henri IV -période troublée, instable - nombreux problèmes économiques	-Ministère de Richelieu, Régence : la noblesse range les armes -1626 : interdiction des duels -1635 : création de l'Académie française	-grandes découvertes -progrès de l'astronomie, de la science -méfiance envers les croyances religieuses	-règne de Louis XIV, le Roi Soleil -éclat de Versailles -encouragement de la vie intellectuelle et artistique
Genres concernés	Poésie, théâtre	Genres mondains (blasons, bouts rimés, portraits...), romans fleuves (*L'Astrée*)	Roman, poésie, théâtre	Théâtre, poésie, roman, genres mondains (oraison, portrait)
Principaux auteurs	Sponde, Hardy, Chassignet	Urfé, Mlle de Scudéry, Voiture, Mme de Rambouillet	Scarron, Furetière, De Bergerac, Viau, Sorrel	Molière, Racine, Corneille, La Fontaine, La Fayette, Bossuet, La Rochefoucauld, Boileau, La Bruyère
Beaux-arts et musique	Le Bernin, Monteverdi, Rubens, La Tour		Ribera, Murillo, Zurbaran	Poussin, Purcell, Lulli, Bach
Citation				« Ce qui se conçoit bien s'énonce clairement » Boileau

Le XVIIIe SIÈCLE

Mouvements littéraires	LES LUMIÈRES	DRAME BOURGEOIS
Dates	1720-1770	1730-1780
Caractéristiques et thèmes	- littérature d'idées : les écrivains sont engagés - création de l'encyclopédie - vulgarisation des connaissances - remise en question des préjugés, des superstitions, du pouvoir, de la religion - critique des injustices (guerres, esclavage...) - recherche du bonheur	- l'intrigue met en place, derrière la comédie, un débat d'idées - travestissements pour vérifier la sincérité, jeu sur le langage (Marivaux) - comédie et préoccupation morale sont mélangées (Beaumarchais)
Contexte politique et social	- contestation de la monarchie absolue - admiration du système politique anglais (séparation des pouvoirs) - progrès de la science - multiplication des voyages	Règne de Louis XV : stabilité économique, mais contestation progressive de la monarchie absolue qui mène à la révolution
Auteurs représentatifs	Montesquieu, Diderot, Voltaire, Rousseau	Marivaux, Beaumarchais
Genres concernés	Roman, conte, apologue	Théâtre
Beaux-arts, musique	Bach, Vivaldi, Scarlati, Rameau	Falconnet, Lemoyne, Fragonard, David
Citations	« Le but d'une encyclopédie est de rassembler les connaissances éparses sur la surface de la terre ; d'en exposer le système général aux hommes avec qui nous vivons, et de les transmettre aux hommes qui viendront après nous » (Diderot)	« Le théâtre est une tribune qui blesse tout ce qu'il touche » (Beaumarchais)

Le XIXe SIÈCLE

Mouvement littéraire	LE ROMANTISME	LE RÉALISME	LE NATURALISME	LE SYMBOLISME
Dates	1820- 1840	1830-1860	1870-1890	1870-1890
Principes, caractéristiques et thèmes	- expression du « je » : les états d'âme de l'individu. - expression du mal de vivre, de la mélancolie, de la solitude - refuge de l'homme dans la nature	- imitation du réel (descriptions détaillées, noms de rue...) - description de la société parisienne (critique de l'hypocrisie, de l'arrivisme, de l'argent corrupteur)	- étude de l'hérédité : le milieu conditionne l'individu - le roman est un laboratoire, l'écrivain un scientifique, l'histoire une expérience - décrire le milieu ouvrier permet des revendications sociales	- importance accordée à la suggestion et non à la représentation - le poésie est nourrie d'images et de métaphores qu'il faut deviner - la poésie est une œuvre d'art, sans but utilitaire - la poésie est musicale
Contexte politique et social	Restauration : - période d'ennui et d'hypocrisie - après la défaite de Napoléon en 1815, la jeunesse n'a plus d'idole, ni d'idéaux	Monarchie de Juillet : - période marquée par le matérialisme et le profit - début de la révolution industrielle	IIIe République : - début des réformes sociales (école gratuite et obligatoire...) - liberté de la presse - période plus libérale	IIIe République : - esprit révolutionnaire : la Commune - décadence : la fin du siècle est vue comme un désenchantement
Genres concernés	Roman, théâtre, poésie	Roman, nouvelle	Roman	Poésie
Principaux auteurs	Hugo, Lamartine, Musset, Vigny	Balzac, Stendhal, Flaubert, Maupassant	Zola, les frères Goncourt	Baudelaire, Rimbaud, Verlaine, Mallarmé
Beaux-arts et musique	Delacroix, Chopin, Schumann	Courbet, Daumier, Verdi, Chopin, Schumann, Berlioz	Manet, Cézanne, Brahms, Wagner	Van Gogh, Monet, Rodin
Citations	« Je suis venu trop tard dans un monde trop vieux » (Musset)	« Le roman est un miroir qui se promène sur une grande route » (Stendhal)	« C'est une œuvre de vérité, le premier roman sur le peuple, qui ne mente pas et qui ait l'odeur du peuple » (Zola)	- « De la musique avant toute chose » (Verlaine) - « J'ai seul la clef de cette parade sauvage » (Rimbaud)

Le XXe SIÈCLE

Mouvement littéraire	LE SURRÉALISME	L'EXISTENTIALISME	L'ABSURDE	LE NOUVEAU ROMAN
Dates	1920-1930	1937-1950	1950-1960	1950-1960
Principes, caractéristiques et thèmes	- illogisme - importance de l'inconscient et du rêve	- littérature d'idées - réflexion sur la condition humaine - sentiment d'absurdité de l'existence	- anti-théâtre - intrigue minimaliste - personnages qui parlent pour de rien dire - expression d'une angoisse	- disparition du personnage - critique des formes classiques du roman
Contexte politique et social	- fin de la Première Guerre mondiale - sentiment d'absurdité devant les horreurs	- montée progressive du fascisme	- fin de la Deuxième Guerre mondiale - horreur devant les atrocités commises	Climat de désenchantement
Genres concernés	Breton, Desnos	Sartre, Camus, De Beauvoir	Ionesco, Beckett	Sarraute, Butor, Robbe-Grillet
Principaux auteurs	Poésie	Roman, théâtre	Théâtre	Roman
Beaux arts et musique		*Guernica* (Picasso)	Art brut (Dubuffet), Boulez, Cage	Dali
Citation	« Le merveilleux est toujours beau, il n'y a même que le merveilleux qui soit beau » (Breton)	« Parler, c'est agir » (Sartre)	« J'ai intitulé mes comédies drames comiques, et mes drames farces tragiques car le comique est tragique et la tragédie de l'homme dérisoire » (Ionesco)	Le roman devient « l'aventure d'une écriture » et non plus l'inverse (Jean Ricardou)

2 - L'histoire (Cf. le chapitre «Histoire» dans l'année de terminale)

3 - Les sciences (Cf. le chapitre «Sciences» dans l'année de terminale)

II. L'année de terminale

1 - Organiser son année : de septembre à avril

a. Élaborer des fiches (cf. p. 47 du manuel joint)

b. Tableaux et frises

Pour certaines leçons, on peut très bien les résumer sous forme de notes comme un tableau, notamment en mathématiques et en sciences.

En histoire, nous vous conseillons de construire une grande frise comportant l'histoire des États-Unis, de l'Europe, de la Russie et de la France (de 1945 à nos jours). Ainsi vous aurez une vue d'ensemble du programme et des différentes dates. N'hésitez pas ensuite à l'accrocher dans votre chambre pour réviser un peu chaque jour.

c. Entrainez- vous

A - Comprendre un énoncé

En moyenne, 80% des échecs au bac sont dus à une mauvaise compréhension ou lecture du sujet.

En épreuves sur table, chez vous, prévoyez une bonne vingtaine de minutes pour vous concentrer sur l'énoncé.

Pendant l'épreuve, prenez le temps de souffler après la première lecture du sujet. Souvent, le stress pousse à se précipiter pour rédiger et conduit à mal interpréter le sujet.

1. Lisez et relisez le sujet sans prendre de notes.

2. Quittez le sujet des yeux puis posez-vous la question : de quoi s'agit-il ? Que me demande-t-on ? Qu'est-ce que le professeur attend ? Pourquoi évoque-t-il cette date, ce mot plutôt qu'un(e) autre ?

3.

> Attention au sujet qui vous rappelle un devoir déjà fait ou lu dans les annales avec les corrigés.
> Si le thème ou la notion peuvent être les mêmes, en revanche les consignes sont sûrement différentes tout comme la problématique.

4. Cerner le sujet :
Pour voir si vous avez bien cerné tous les contours du sujet : réfléchissez au domaine de connaissances dans lequel se situe votre sujet.

5. Revenez à l'énoncé et commencez à décortiquer le sujet en :
   - définissant chaque mot ;
   - analysant le thème, l'idée directrice, les limites, éventuellement à partir des contraires (surtout en philosophie) et la problématique qu'il implique.

B. Construire un plan

Trouvez la problématique
C'est la question que vous posez à partir du sujet et qui guidera votre réflexion. Pour trouver une question intéressante à partir de l'énoncé, il faut analyser comment se lient ou s'opposent les mots de l'énoncé.

Collectez les idées
Écrivez au brouillon tout ce qui vous vient à l'esprit en laissant libre cours aux associations d'idées. Vérifiez toutefois, de ne pas tomber dans le hors sujet. Quelques grands thèmes et éléments de réponses vont rapidement apparaître. Creusez ces points-là car ils donnent les grandes pistes de votre argumentation.

Impliquez-vous !
Engagez-vous dans votre sujet : avec la problématique, vous posez votre question, apportez-y vos réponses.

Ordonnez
Il faut parvenir à un plan détaillé avec titres de parties, sous-parties. Pour cela, regroupez les idées à l'aide de couleurs et de numéros, dans ces chapitres qui composent les grandes parties de votre plan. Les idées qui restent isolées, supprimez-les. Vérifiez la cohérence de l'ensemble avec la problématique et le sujet.

Hiérarchisez
Vos idées doivent s'enchainer naturellement et entretenir l'intérêt du lecteur. Ménagez une progression en allant des arguments les plus simples aux plus complexes. Vous terminerez par la partie la plus proche de la réponse que vous souhaitez apporter à la problématique.

Qu'est-ce qu'un plan réussi ?
- il correspond à la problématique ;
- il rend compte de tous les aspects du problème ;
- il est progressif : les idées s'enchaînent logiquement ;
- il comporte des transitions et des liens logiques, mettant en évidence la structure.

Pour vérifier que votre plan est rigoureux et adapté au sujet, vous devez être capable de résumer rapidement votre argumentation par vous-même - ce que vous devez faire dans la conclusion objective, de toute façon.

En cas de panne de plan et en fonction de la problématique, vous pouvez choisir.
1. Le plan par catégories, dit aussi plan inventaire.
2. Le plan par opposition : aspects positifs/négatifs/synthèse ou avantages/inconvénients.
3. Le plan problème/causes/conséquences ou constatations/ explications/solutions

C. La rédaction

En introduction, après une vraie amorce : 1. La reprise du sujet et sa problématique 2. Dévoilez votre plan en évitant les lourdeurs du type « dans une première partie… dans une seconde partie… » Préférez utiliser « Tout d’abord… ensuite… enfin » ou annoncez-le sous forme de questions (surtout en philosophie).

Employez un vocabulaire clair et précis. Préférez toujours la simplicité à un style ampoulé, la forme active à la forme passive.

Placez toutes les citations entre guillemets.

Écrivez les chiffres en toutes lettres (sauf les dates et les références de textes).

Évitez les abréviations.

Soulignez les titres d’œuvres et les titres de journaux.

Coupez les phrases longues.

Relisez et corrigez l’orthographe.

Une bonne conclusion doit montrer que vous avez progressé dans votre démonstration. Elle répond et vous permet de prendre position vis-à-vis du sujet. Enfin, elle peut ouvrir sur d’autres horizons…

À ne pas faire :

Écrire « je » dans le devoir (préférez le « nous »).
Commencer une phrase par une conjonction de coordination (préférez pourtant, mais, de plus)
Truffer sa phrase de « qui », « que », « lesquels » et autres relatives qui alourdissent la lecture.

2 - Des conseils matière par matière

A. Épreuve de Philosophie

Épreuve écrite 4h coeff écrit : 7 (TL), 4 (TES), 3 (TL)

Toutes les sections auront le choix entre une explication d'un texte philosophique et une dissertation.

1. La méthode élémentaire de l'explication de texte de philosophie au bac

AVANT TOUTES CHOSES...

1. Lire le texte attentivement en prêtant attention aux mots de liaison (mais, pourtant, néanmoins, toutefois...) afin de repérer sa construction et les différentes étapes de l'argumentation de l'auteur (les parties...). N'hésitez pas à souligner les mots et les expressions essentielles.

2. Surtout, prenez le temps de bien comprendre le sujet. Méfiez-vous des textes en apparence simples car ils contiennent souvent des pièges redoutables générateurs de contresens.
Enfin, repérez les exemples contenus dans le texte afin de les expliquer soigneusement par la suite. Le sens philosophique de la démarche de l'auteur ne peut souvent être saisi qu'à travers eux.

L'INTRODUCTION

De préférence, elle doit être constituée des quatre étapes suivantes et il est inutile de s'étendre sur l'auteur en racontant sa vie en trois lignes...

1. Thème
Identifier le thème dont il est question, non seulement sous sa forme générale (thème du désir, du langage, etc.) mais, bien évidemment, sous un angle précis, par exemple, le droit du citoyen à l'opposition, dans tel texte de philosophie politique de Rousseau (*Du contrat social*, liv. IV, 2). Il s'agit de comprendre précisément les propos du philosophe. Les généralités sont à exclure et il importe de bien circonscrire le thème. Ce dernier ne se confond nullement avec la thèse, c'est-à-dire ce que le penseur veut démontrer dans l'extrait.

2. Problématique
Il s'agit de faire apparaître la question fondamentale que le philosophe a implicitement posée. C'est l'élément décisif de la démarche à l'œuvre dans l'explication. Le problème désigne la difficulté centrale soulevée par un texte. Il n'est pas décelable immédiatement.

3. Thèse
Mettre en avant la doctrine générale de l'auteur et déterminer la position du philosophe ; ce qu'il a voulu démontrer et qui prend sens généralement à travers l'idée générale et directrice, c'est-à-dire le contenu philosophique fondamental du texte.

4. Plan du texte
L'introduction se clôt par l'énoncé du plan du texte, qui consiste dans la mise au jour du nombre de parties du texte.

LE CORPS DU DEVOIR

Organiser

Expliciter la démarche organique du texte, découvrir son articulation, son organisation interne (par exemple : thèse - arguments - objections - conclusion. Ou encore : opinion commune - réfutation (série d'arguments) - illustration - thèse et conclusion). Ce qui importe, c'est d'expliciter un enchaînement et un mouvement, de mettre au jour une liaison véritable.

Il faut construire des liaisons et obéir à une organisation rigoureuse. La mise en évidence d'une construction et d'un itinéraire, voilà ce qu'il faut rechercher. Pour cela, il faut suivre l'ordre du texte, et construire les différentes parties du développement en fonction des parties du texte (sauter une ligne entre chacune d'elles !)

Une explicitation des concepts fondamentaux

La finalité de l'explication de texte philosophique est de dégager et d'expliciter les concepts fondamentaux du texte, commandant son mouvement et son organisation. Il faut dégager ceux qui possèdent une signification particulière et détiennent une fonction précise dans le texte. Bien évidemment, il ne suffit pas d'affirmer le rôle majeur de tel ou tel concept, mais de souligner l'enchaînement de tel concept avec tel autre. Expliquer consiste à dégager l'articulation des concepts ou idées les uns par rapport aux autres.

Un effort critique

L'explication est vraiment réussie lorsqu'elle produit un effort critique. La critique d'un texte ne saurait être réfutation, c'est-à-dire une preuve de sa fausseté.

Critiquer, ce n'est pas détruire, mais comprendre. Détruire, c'est en rester à la lettre du texte, à son apparence première, alors que comprendre, c'est aller à l'esprit et au contenu vrai.

Pièges à éviter

Ne s'occuper que d'une partie du texte.
Oublier le texte et rédiger une dissertation.

LA CONCLUSION

La conclusion a pour but, comme dans la dissertation, de faire un bref bilan, en indiquant l'intérêt de la démonstration du penseur. Elle clôt le débat avec précision et netteté et possède donc une fonction rhétorique et pédagogique dont il ne faut pas sous-estimer l'importance.

B. La méthode de la dissertation de philosophie

Principe de base :
Il faut élaborer une problématique, puis faire un plan en trois parties, qui constituent chacune une thèse (et non un thème comme « l'existence », par exemple, ni une question comme « qu'est-ce que l'art ? » par exemple). Une thèse constitue une réponse à la question posée.

La problématique
Ce n'est pas une question, ni une suite décousue de questions, mais deux ou trois questions articulées entre elles, et déduites de la tension inhérente au sujet. Pour trouver sa problématique, il faut chercher une opposition ou une contradiction inhérente au sujet, puis énoncer cette apparente opposition et suggérer un éventuel dépassement de cette contradiction («il faut (ou il ne faut pas) établir des limites…»)

Pièges à éviter

- les « stratégies d'évitement » du sujet. Éviter la question dans son originalité, afin de réciter son cours.

- ne jamais commencer une partie par « selon tel philosophe» « ni le devoir par « de tous temps, les philosophes ont pensé… ».

- pas de citation sans référence, sans explication. Pas de citation du tout !

C. Les fiches

Il existe essentiellement trois types de fiches :

- les fiches de cours ;
- les fiches de lecture (auteur, résumé, thèmes abordés, citations) ;
- les fiches de définition des différentes notions et concepts pour pouvoir analyser plus facilement les sujets.

D. Mémo par sujet :

Sujet	Notions et concepts
La perception	Les sujets sur **la perception** peuvent induire à la fois des problèmes sur la perception individuelle (psychologique, esthétique) mais aussi des problèmes épistémologiques (Histoire des sciences).

L'inconscient	Les sujets sur **l'inconscient** portent sur sa fonction ou sa portée (dans les liens avec la liberté humaine) mais très rarement sur son existence.
Autrui	Les sujets sur **autrui** supposent de montrer qu'il n'y a pas d'évidence à le poser. Il faut montrer la difficulté de toute relation intersubjective et ce qu'elle apporte ou pas à la conscience de soi.
Le désir	Les sujets sur **le désir** sont souvent difficiles. Il convient toujours de s'interroger sur l'objet du désir.
L'existence et le temps	Les sujets sur **l'existence et le temps** posent la relation entre ces deux concepts. Il s'agit donc d'en démontrer les conséquences. Distinguer temps/devenir et vie/existence.
Le langage	Les sujets sur **le langage** supposent une réflexion sur la forme et/ou le contenu de ce qui est dit.
L'art	Les sujets sur **l'art** portent souvent sur le caractère absolu ou relatif du jugement de goût (agréable = relatif / beau = absolu).
Le travail et la technique	Les sujets sur **travail et technique** portent souvent sur l'évolution des conditions de travail.
La religion	Les sujets sur **la religion** ne supposent pas de prendre position sur une religion. Attention à ne pas tomber dans l'idéologie.
L'histoire	Les sujets sur **l'histoire** nécessitent de distinguer connaissances historiques (l'écriture de l'histoire) et son sens philosophique (liberté, destin, progrès).
La théorie et l'expérience	Les sujets sur **théorie et expérience** doivent faire le point sur les thèses empiriques, puis rationalistes et montrer l'intérêt pour la connaissance.
La démonstration	Les sujets sur **la démonstration** doivent distinguer son origine (l'intuition, l'imagination) de la rigueur méthodologique d'une démonstration (raison).
L'interprétation	Les sujets sur **l'interprétation** posent souvent une distinction entre la méthode des sciences humaines (l'interprétation) et les sciences de la nature. Montrer que cette distinction est complexe.
Le vivant	Les sujets sur **le vivant** portent souvent sur les conceptions morales et/ou les visions du monde qu'impliquent les théories scientifiques.

La matière et l'esprit	Les sujets sur **la matière et l'esprit** supposent souvent de relativiser l'opposition entre une approche purement matérialiste ou purement spiritualiste.
La vérité	Les sujets sur **la vérité** supposent souvent une distinction entre le relativisme et vérité absolue. La vérité suppose une justification.
L'État et la société	Les sujets sur **l'État** et la société portent souvent sur la liberté et sa réduction (ou sa non réduction).
La justice et le droit	Les sujets sur **la justice et le Droit** nécessitent souvent de distinguer légalité et légitimité.
La liberté	Les sujets sur **la liberté** nécessitent de circonscrire le domaine interrogé (politique, métaphysique, psychologique).
Le devoir et le bonheur	Les sujets sur **le devoir et le bonheur** sont souvent difficiles et nécessitent souvent de distinguer agir par devoir / bonheur comme idéal ou égoïsme.

Chaque terme de la question doit être analysé :

Question	Type d'interrogation
Qu'est-ce que ...	Il s'agit de définir, de donner une essence.
Doit-on...	Interroge le devoir / le droit.
Peut-on...	Interroge la possibilité.
Faut-il...	Interroge la légitimité.
Quel sens...	Interroge la signification et l'interprétation.

B. Épreuve de littérature

Épreuve écrite 2h / coeff 4 (Term. L)

1. Finalités et objectifs :

- ouverture sur les problématiques du monde contemporain ;
- ouverture à l'enseignement supérieur ;
- diversifier les approches littéraires ;
- enrichir le langage de la littérature avec d'autres langages artistiques ;
- explorer des problématiques liées à la place de la littérature dans la société.

2. Compétences visées :

- lecture ;
- enrichissement de la culture ;
- interprétation ;
- capacités à mobiliser le cours à des fins d'analyse et d'interprétation ;
- placer l'œuvre dans un contexte esthétique, culturel et social ;
- développement d'une approche interdisciplinaire des productions ;
- capacité à mettre en perspective les œuvres du passé et du présent ;
- connaissance de différents langages et formes d'expression artistiques.

3. Modalités de l'examen :
Vous n'aurez plus de choix de question entre deux sujets ! Un seul domaine d'étude tombera à l'examen. L'année suivante, le sujet non tombé sera de nouveau au programme.

a. «Lire, écrire, publier» vise une compréhension complète de l'œuvre littéraire. Il convient de réfléchir à l'inscription de cette œuvre dans un ensemble de relations qui intègrent les conditions de sa production.

Étude de la genèse d'une œuvre

«Lire, écrire, publier» : consistent à réfléchir aux :

- interactions entre la genèse, la rédaction et la publication de l'œuvre ;
- modalités d'édition (qui participent à la constitution du sens) ;
- réflexion sur le support ;
- réception : compréhensions successives d'une œuvre.

b. «Littérature et langages de l'image» vise à « conduire les élèves vers l'étude précise des liens et des échanges qu'entretiennent des formes d'expression artistiques différentes ». Plutôt qu'une simple illustration, on se situe avec le film dans le cas d'une transposition d'art, voire d'un prolongement de l'expérience mise en œuvre par le roman.

Il est donc indispensable de lire l'œuvre et de visionner le film

C. Épreuve de langues

Épreuve écrite LVI et LVII coeff 4 (Term. L), 3 et 2 (Term. ES et S)

LVI/LVII : l'épreuve porte sur un ou plusieurs textes (max 60 lignes pour le LVI et moins de 50 pour la LVII), extrait(s) d'œuvres littéraires ou de la presse écrite.

- Une partie compréhension (sur 10 points) : les questions portent sur le sens du texte. Un exercice de traduction (environ 5 lignes) peut être demandé. Certains documents peuvent comporter des éléments d'iconographie.

- **Une partie d'expression personnelle** (10 points) : Elle peut consister en un seul sujet obligatoire ou en deux questions obligatoires mais il est aussi souvent proposé au candidat de choisir entre deux sujets. Les sujets peuvent être liés ou non au texte de compréhension. L'expression est libre ou semi-guidée (le candidat doit lire précisément les consignes). Le nombre de mots attendu (souvent 300) est précisé. L'évaluation tient compte de la syntaxe, de la richesse de la langue. Une présentation peu soignée rendant la lecture difficile sera sanctionnée.

Vous disposez de trois heures. Le temps consacré à chacune des parties dépend de vos capacités ou des difficultés que vous pouvez éprouver sur tel ou tel aspect du sujet.

Répartition idéale du temps pendant l'épreuve	Organisation
1h30	**Compréhension** **Prenez le temps d'une première lecture** afin de cerner le thème général. Pensez à repérer les sources, œuvre, date, auteur. Identifiez les personnages, les lieux, le moment de l'action. **La seconde lecture sera plus orientée.** Repérez les mots-clés et les passages pertinents pour formuler vos réponses aux questions de compréhension détaillée du texte. Essayez ensuite de comprendre les termes inconnus à partir du contexte. Ne vous focalisez pas sur le sens d'un mot qui vous échappe. Le sens peut également s'éclairer à partir des questions de compréhension. **Les questions.** Lisez lentement la totalité des indications et consignes. Si vous butez sur une question, revenez-y plus tard. Si un nombre de mots est imposé, soulignez-le. Soulignez aussi les consignes qui indiquent que le texte doit être cité. Ainsi vous pourrez plus facilement vérifier votre copie.
1h15	**Expression.** Votre propos doit être structuré. Travaillez au brouillon les passages difficiles et importants. Soignez la présentation. N'oubliez pas de compter les mots à chaque paragraphe et d'indiquer le nombre total de mots employés.
10 à 15 min	**Relecture attentive.** N'oubliez pas de vérifier que vous avez effectué toutes les taches et que vous avez respecté les consignes (nombre de mots, citation).

Les langues ne s'improvisent pas : grammaire, vocabulaire, culture, il va falloir réviser ! Fiches et exercices vous attendent.

Pour vous détendre, n'hésitez pas à regarder des films, à écouter la radio en langue étrangère (éventuellement en V.O. sous-titré français si l'exercice est trop difficile).

En grammaire et syntaxe :

Revoyez les points fondamentaux : le genre des mots (surtout en allemand), l'emploi de l'article, les quantificateurs, les conjugaisons, les verbes irréguliers, les prépositions.

Établissez-vous des fiches
(cf. p. 59 du manuel joint)

Notez-y les règles, quelques exemples et les exceptions.

Préparez votre expression

Révisez les principales fonctions de communication, celles qui permettent d'exprimer un accord, un désaccord, une opinion, une obligation, une permission, une interdiction, un conseil, un reproche, un but.

Là encore créez de petites fiches. Maîtriser ces expressions devrait vous éviter de penser en français.

Prévoyez des séances thématiques

Le lundi, vous pouvez voir des catégories de mots (adverbes, verbes, adjectifs) ; le mardi des mots du registre plus concret (choses, personnes), le mercredi, des mots du registre abstrait (idées, mots de liaison) ; le jeudi, passez en revue des mots utiles pour décrire un document ou un thème d'actualité (lieux de travail, ville, nature, arts).

Usez et abusez du dictionnaire !

Mettez vous en situation

Quels mots vous manqueraient pour commander un repas, commenter un fait d'actualité, donner votre avis sur une chanson ?

En histoire des civilisations

Etablissez de petites fiches avec les grandes dates, les grands noms et les lieux importants…
Ayez pour objectif de vous imprégner de la culture du pays.

Pour l'oral, les principales nouveautés pour l'épreuve du bac 2013 sont l'évaluation des cinq activités de langage :

- la compréhension écrite ;
- la compréhension orale ;
- l'expression écrite ;
- l'expression orale ;
- l'expression orale en interaction.

Cette épreuve se compose d'une **expression orale** ainsi que d'une **compréhension orale.**

1. L'expression orale

Le thème abordé pour chaque épreuve correspond aux problématiques et les notions définies dans le programme et étudiées au cours de l'année.

C'est à vous de construire votre réflexion, vous êtes libres de proposer les documents qui vous intéressent.

Le jour de l'examen, vous tirerez au sort une des notions sur les quatre. Vous disposerez alors d'un temps de préparation de 10 minutes. Vous devez alors présenter de manière structurée et organisée votre angle d'attaque de la notion pendant une durée de 5 minutes. Attention la lecture de vos notes est strictement interdite. Le temps de préparation ne vous est pas donné pour recopier un cours appris.

La présentation doit suivre un plan :

→ introduction présentant la notion ;

→ annonce de la problématique ;

→ analyse et synthèse ;

→ conclusion s'ouvrant sur un éventuel débat .

Les cinq minutes suivantes, un entretien entre l'élève et l'examinateur d'une durée de cinq minutes s'engage. Il portera sur votre prestation.

Il convient donc de maîtriser le lexique se rapportant à la notion étudiée, mais aussi les connecteurs logiques afin d'éviter de demander du vocabulaire. Vous pouvez éventuellement demander à l'examinateur un ou deux mots mais pas davantage.

S'exprimer à l'oral, c'est savoir :

→ communiquer avec l'examinateur ;

→ structurer son analyse ;

→ argumenter ;

→ donner son opinion ;

→ répondre aux questions ;

→ se corriger.

Objectifs : Le candidat choisit son angle de vue pour présenter la notion au programme. Cela peut être une idée reçue, un point de vue personnel... Son approche servira de base à l'entretien qui suit la présentation de la notion. Ce qui est attendu du candidat est une qualité et une clarté d'expression, de prononciation et d'intonation. Il doit montrer sa capacité à nuancer, à expliciter et son aisance en langues étrangères.

Conseils : Il s'agit de montrer votre **capacité à réfléchir** sur un sujet. N'hésitez pas à vous laisser guider aussi par les questions de l'examinateur.

2. La compréhension orale

Le jour de l'examen, on vous fera écouter un récit court, une interview, un dialogue, un témoignage, un bref exposé, un enregistrement ou un extrait de médias ou d'un film pendant 1 minute 30. Le titre vous sera communiqué. Vous pouvez tout à fait demander deux écoutes supplémentaires mais qui ne dépasseront pas 1'30. Vous avez le droit à **trois écoutes** (séparées chacune d'une minute) pendant lesquelles vous pouvez tout à fait prendre des notes puis vous disposez de **10 minutes** (hors temps d'écoute) pour rendre compte **en français** par écrit de ce que vous avez compris.

Comprendre un document audio ou audiovisuel c'est savoir repérer :

→ le sens général (nature du document, le thème, l'objectif) ;

→ les mots-clés ;

→ les champs lexicaux ;

→ les différentes voix (les interlocuteurs : enfants, femmes, hommes, animaux... les relations qu'ils entretiennent) ;

→ le ton ;

→ l'atmosphère (les bruits de fond comme la musique, un klaxon pour montrer que la scène se passe dehors...).

Attention : aucune question ne vous sera posée. Par ailleurs, il n'est pas question de donner votre point de vue, mais ni plus ni moins de rapporter ce qui a été dit.
Outre le repérage énoncé ci-dessus, vous pouvez opérer un relevé de certaines expressions entendues et le réintégrer dans votre compte rendu. Cela montrera votre maniement de la langue.

Le niveau attendu est B2 pour les LV1, B1 pour les LV2

Conseils : Il vous faut identifier d'abord le thème, présenter la situation et rapporter les points de vue des différents interlocuteurs. Si vous ne comprenez que des mots, notez-les. Si vous parvenez à comprendre les liens logiques et la structure du document audio, restituez-les. Attention, cette épreuve nécessite un entrainement personnel. Regardez des films en version originale sous-titrée et d'écouter via internet des extraits de journaux télévisés.

Pour les élèves de terminale L, l'épreuve orale repose sur **un dossier avec les documents illustrant les notions** que vous devez présenter le jour de votre passage.

Il choisit deux notions étudiées au cours de l'année puis le jour de l'épreuve l'examinateur cible une des deux notions à présenter.

Chaque notion doit comporter deux documents + un document choisi par l'élève (les supports seront présentés de préférence en couleur). Attention, le jour de l'épreuve l'élève devra être capable de justifier ces choix. Pensez à ramener deux dossiers afin que l'examinateur puisse suivre lors de votre prestation.

Le dossier comportera également **toutes les notions étudiées** au cours de l'année et sera visé par votre professeur. La durée de l'épreuve est de 30 minutes, avec 10 minutes de préparation et 20 minutes de passage.

Le niveau attendu du Cadre européen commun de référence (CECRL) est B2 («niveau avancé ou indépendant») pour la **LV1** et B1 («niveau seuil») pour la **LV2**. En série L, langue vivante approfondie, le candidat peut valoriser un niveau C1 («utilisateur expérimenté»). En **LV3**, le niveau attendu est fixé au niveau A2 («niveau intermédiaire ou usuel»).

NB : Le candidat a la possibilité de présenter une langue qu'il n'a pas étudiée au cours de son cursus scolaire.

D. Épreuve d'histoire-géographie

Épreuves écrites 4h/coeff écrit 4 (TL) ; 5 (TES) et 3 (TS) : une première partie (tirée au sort entre histoire ou géographie) notée sur 12 donne le choix entre trois sujets (deux compositions et l'ensemble documentaire). La seconde partie (notée sur 8) donne le choix entre deux explications d'un document d'histoire ou deux croquis en géographie. Elle porte sur la discipline qui n'a pas été tirée au sort en première partie.

A. Les fiches d'histoire-géographie

Quatre types de fiches sont possibles (p. 52 à p. 55 du manuel joint) :

- les fiches de cours :
Effectuez la synthèse de votre cours (titre des chapitres, parties, sous-parties) et relevez en quelques mots le contenu de chaque paragraphe accompagné d'un exemple.

- les fiches chronologiques ou frises (au choix) :
Pour chaque chapitre de votre cours, notez les dates importantes et les événements qui s'y rapportent. En histoire, pensez aussi à relier les événements entre eux, étant donné que les chapitres du programme se chevauchent.

Et puis si votre cerveau ne parvient pas à mémoriser certaines parties du programme, une petite chrononologie, sous forme de frise, peut l'aider à visualiser les enjeux du problème.

Ébauches de frises à compléter

URSS

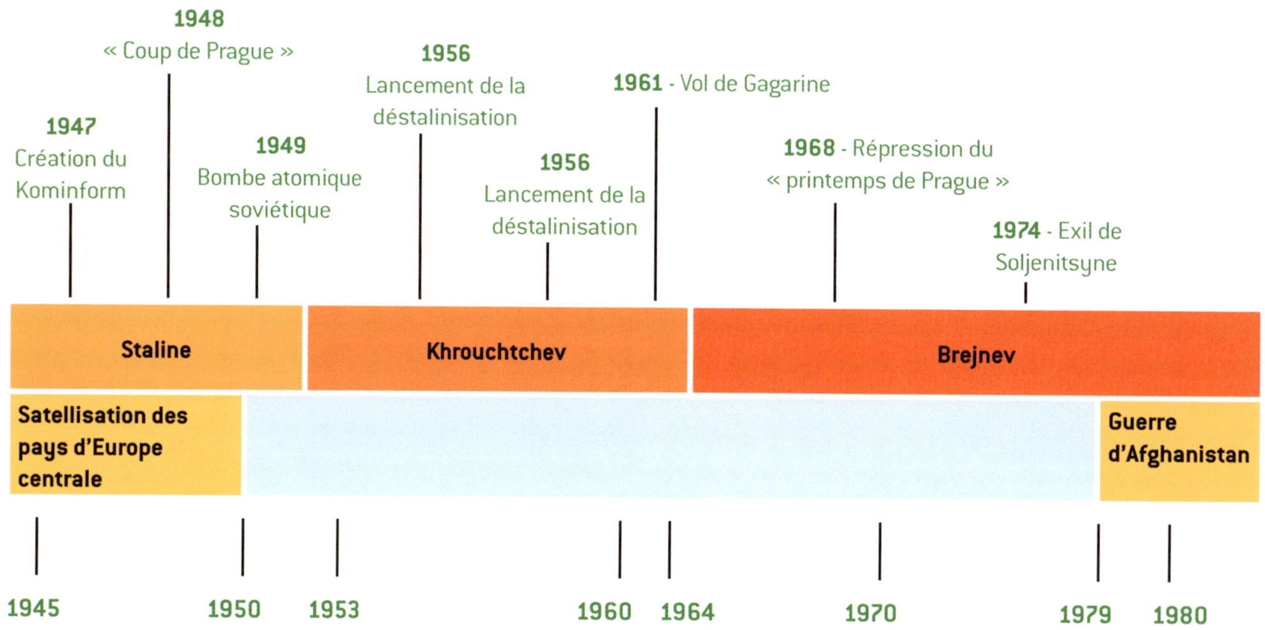

États-Unis

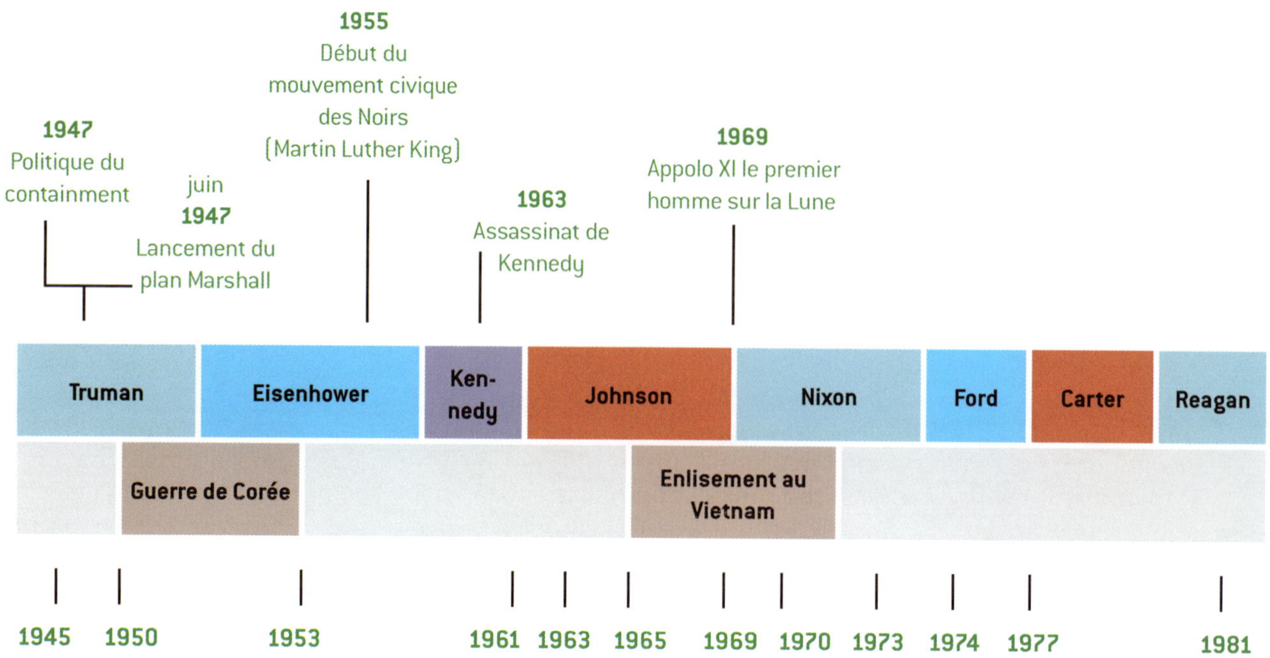

France

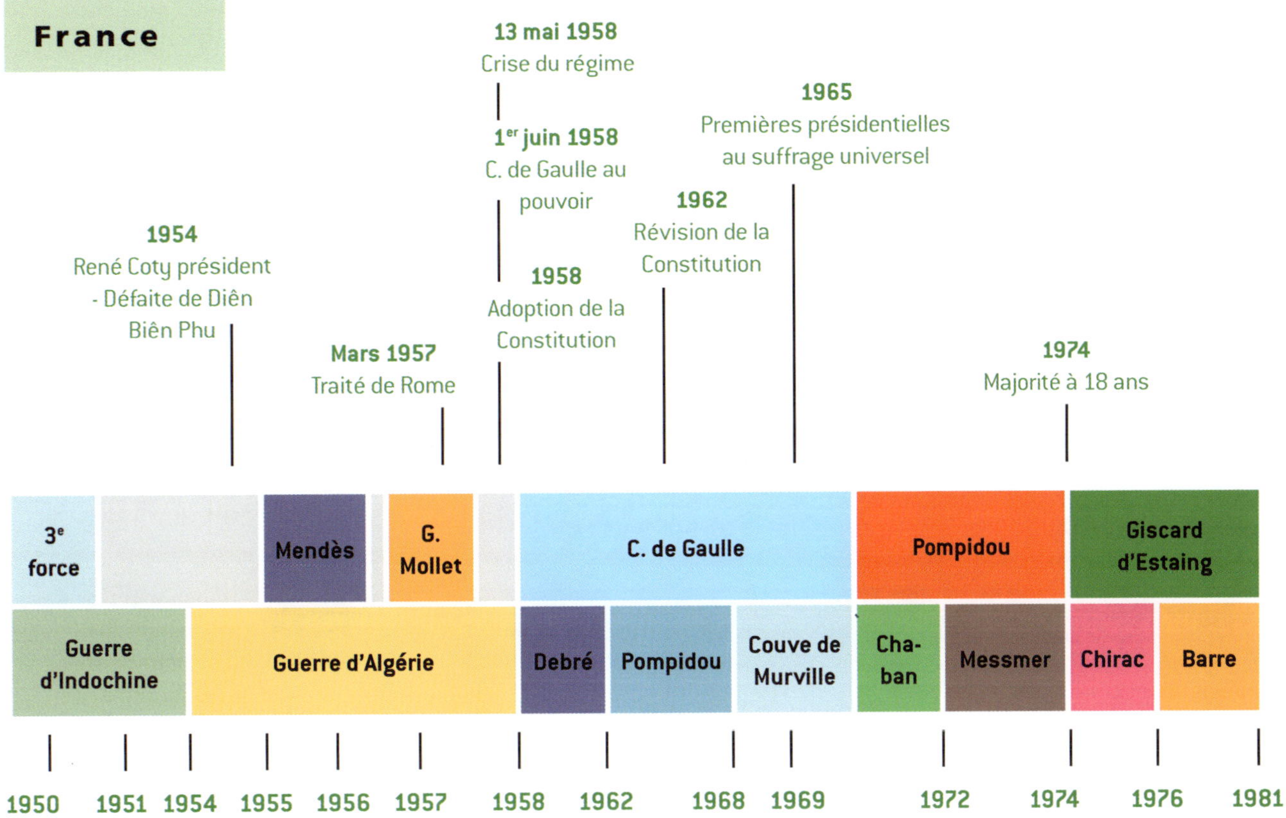

Europe

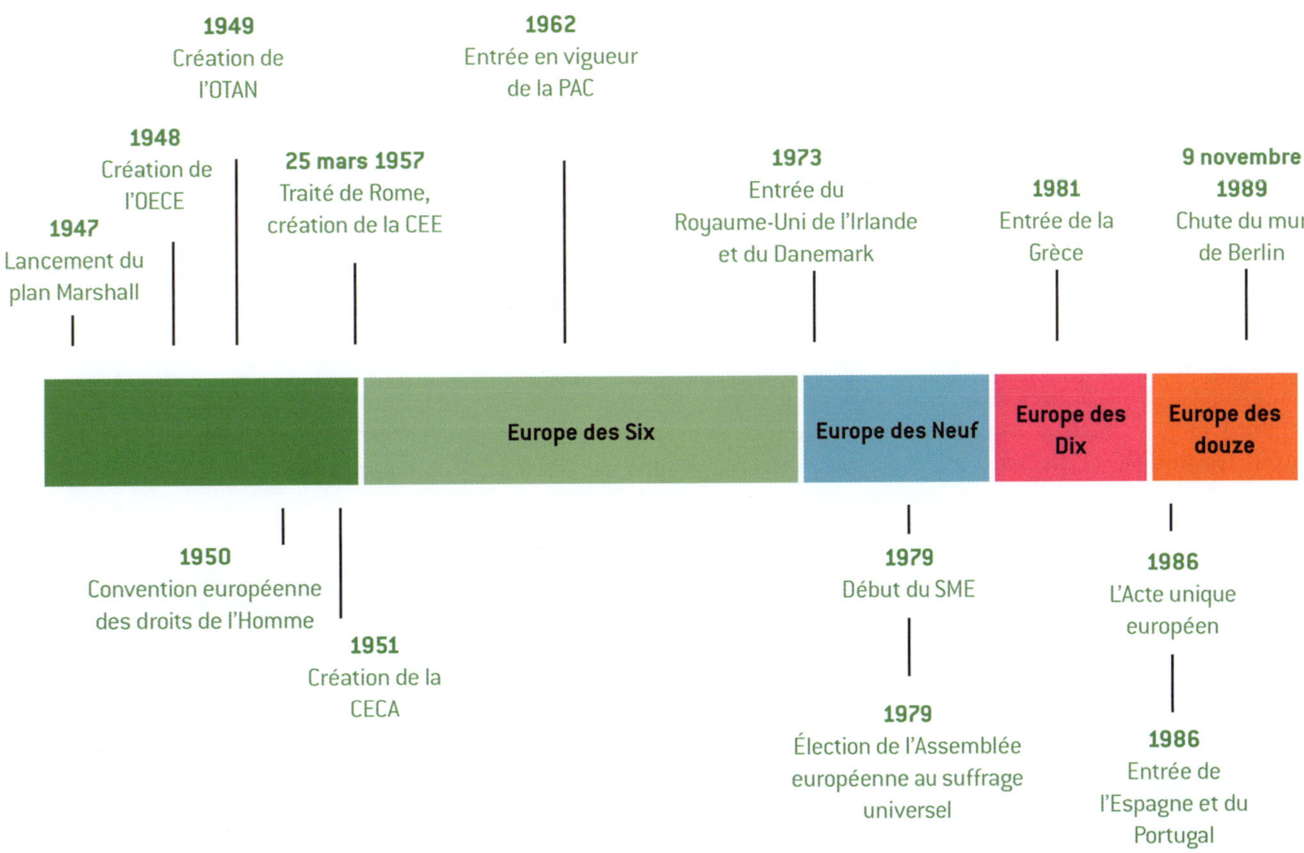

Sur une même feuille (de grand format), vous superposerez la frise des États-Unis de 1945 à nos jours, celle de la Russie, celle de l'Europe, celle de la France.

- les fiches biographiques :
Des fiches recensant la biographie des hommes qui ont marqué la période peuvent vous être utiles, surtout si vous optez pour l'étude de documents.

- les fiches de géographie :
Elles doivent reprendre le plan détaillé de votre cours chapitre par chapitre mais aussi recenser toutes les données statistiques qui vous aideront à enrichir votre devoir telles que les chiffres de la démographie, de l'économie, des flux de migrations...Au recto de votre fiche, vous pouvez mettre le plan détaillé du cours et au verso ses données statistiques : PIB, taux de natalité, nombre d'habitants, taux de croissance économique... Vous pouvez y ajouter les dates charnières et des citations de personnages célèbres.

B. Les révisions

- Attention à ne pas privilégier dans vos révisions, une matière au détriment de l'autre. Vous ne pouvez savoir si le jour de l'épreuve, l'histoire ou la géographie sera en majeure ou en mineure.

- Concentrez-vous sur les grandes lignes de chaque chapitre et imaginez les sujets qui pourraient tomber sur le sujet en question. Entraînez-vous aussi à construire des plans et confrontez-les aux corrigés de vos devoirs de l'année ou aux corrigés d'annales.

- Quel que soit le sujet, soyez prêt(e) à utiliser votre gomme et vos crayons de couleur pour réaliser au moins un croquis de géographie. C'est pourquoi, vous devrez connaître sur le bout des doigts, les cartes des chapitres au programme sans oublier de retenir les états frontaliers, les fleuves, les mers, les zones d'activités, les mégalopoles ...

- Actualisez vos cartes régulièrement. Familiarisez-vous aussi avec les codes de la légende en reprenant les cartes faites en cours tout au long de l'année : le point pour figurer une ville, les flèches pour les flux. Vos croquis doivent être lisibles et le plus compréhensibles possible.

C. Face au devoir

Prenez le temps de lire les sujets, de les analyser pour vérifier que vous les avez bien compris avant de faire votre choix. Une fois que votre choix est établi, ne revenez plus en arrière. Il ne suffit pas de bien connaître son cours pour réussir l'épreuve d'histoire-géographie (même si cela est indispensable) : on attend de vous un devoir réfléchi et structuré, qui réponde clairement à la question posée ou à la problématique trouvée.

L'histoire et la géographie sont deux disciplines différentes, qui utilisent des démarches différentes : montrez à votre correcteur que vous l'avez compris. En histoire, présentez toujours les faits dans l'ordre chronologique : causes, faits, puis conséquences. En géographie, au contraire, commencez toujours par présenter les faits (faites un constat de la situation) avant d'expliquer : faits, causes, puis conséquences ou limites.

Dans tous les cas, soignez la présentation de votre copie : ayez une écriture lisible, aérez votre copie (sautez des lignes, faites des alinéas...), essayez d'écrire sans faire de fautes d'orthographe (soignez particulièrement les noms propres) ni de grammaire ; écrivez sans abréviation ; faites des phrases complètes ; soignez particulièrement le croquis s'il y en a un.

La composition
Les trois sujets au choix de l'épreuve longue comportent deux compositions. Travaillez avec méthode, sans sacrifier une étape.

Analysez le sujet
Définissez chaque terme de l'énoncé (pensez aux différents sens qu'un même mot peut revêtir) ; relevez les contours du sujet (dans le temps, dans l'espace, mais aussi les limites dans le thème abordé écrites ou sous-entendues) ; lisez les éventuelles indications complémentaires ; cherchez à bien comprendre ce que l'on vous demande… et ce que l'on ne vous demande pas (de manière à éviter le hors-sujet).

Trouvez la problématique
C'est l'étape essentielle de la composition ; si le sujet est formulé en une question, allez au-delà pour trouver la véritable problématique ; cherchez quelle question est posée par le sujet, quelle réponse essentielle on attend de vous ; à ce stade définissez une problématique, que vous affinerez ensuite, quand vous aurez formalisé votre plan ; rédigez la problématique sous la forme d'une question (cela vous aidera à rendre votre devoir démonstratif).

Mobilisez vos connaissances
Recensez les idées que vous allez développer dans votre copie d'abord en notant, en vrac, les idées qui vous viennent (y compris les dates, les noms propres, les citations…), puis en cherchant de manière plus méthodique dans ce que vous avez appris au cours de l'année (pensez à croiser les chapitres étudiés pour bien envisager tous les aspects du sujet).

Organisez vos idées
Consacrez du temps à l'élaboration du plan : regroupez les idées qui vont ensemble et répondent à un aspect de la problématique, soit en trouvant deux ou trois idées majeures (les parties du devoir) puis en les déclinant en sous-parties, soit, au contraire, en trouvant un ensemble d'idées (les sous-parties) que vous regroupez ensuite en deux ou trois idées majeures (les parties). Si vous hésitez entre plusieurs plans possibles, notez-les brièvement pour être réellement en mesure de les comparer. Votre devoir doit comporter deux ou trois parties (jamais plus), chacune organisée en deux, trois, éventuellement quatre sous-parties.

Finalisez votre plan
Au brouillon, établissez un plan détaillé, avec des indications sur le contenu ordonné de chaque sous-partie ; rédigez le titre de chaque partie, idéalement sous la forme d'une phrase (cela vous aidera à cerner ce que vous comptez dire) ; mais ne rédigez pas le devoir : vous n'en avez pas le temps. Avant de vous lancer dans la rédaction même du devoir, vérifiez que votre plan répond bien à la problématique posée, que vous ne partez pas sur un hors-sujet et que les idées sont ordonnées de manière logique.

Rédigez l'introduction
Préparez-la au brouillon avant de la recopier. Elle doit faire une quinzaine de lignes (pas plus) et ne doit pas empiéter sur le contenu de la copie (n'écrivez pas déjà ce que vous allez dire dans le corps du devoir). L'introduction comporte une présentation du sujet (quelques lignes dans lesquelles vous définissez le sujet et ses limites chronologiques ou géographiques), la problématique (de préférence sous la forme d'une question) et l'annonce du plan (reprenez les titres rédigés des deux ou trois parties du plan, mais n'annoncez pas les sous-parties).

Rédigez le devoir
Suivez scrupuleusement le plan que vous avez élaboré ; vérifiez à tout instant que vous ne faites pas de hors-sujet (relisez régulièrement la problématique finale et situez-vous sur votre plan de façon à bien garder le fil de votre argumentation) ; construisez votre argumentation en relevant des faits

(en histoire), en prenant des exemples (en géographie) ; annoncez le contenu de chaque partie et de chaque sous-partie par une phrase introductive ; entre deux parties, faites une transition qui rappelle brièvement le contenu de la partie précédente et annonce le thème de la partie suivante ; aidez le correcteur à suivre votre raisonnement en présentant bien le devoir (revenez à la ligne pour chaque idée nouvelle, sautez une ligne entre les sous-parties, trois lignes entre les parties) ; appuyez vos propos par des graphiques ou des schémas.

Soignez la conclusion

Préparez-la avant de rédiger le devoir (juste après avoir préparé l'introduction) ; commencez par un bilan rapide du devoir, de manière à montrer que vous avez répondu à la problématique posée ; puis ouvrez le devoir sur la période qui suit (en histoire) ou sur une autre échelle d'étude (en géographie).

L'étude d'un ensemble documentaire

Les trois sujets au choix de l'épreuve longue comportent l'étude d'un ensemble documentaire. Contrairement à ce que de nombreux candidats estiment, cette épreuve n'est pas plus facile que la composition et requiert de réelles connaissances sur le sujet proposé : sinon, vous risquez de rédiger une simple paraphrase, sans éclairage personnel.

Cette épreuve comporte deux parties : la réponse à un ensemble de questions amenant à une analyse critique des documents, puis une synthèse sur une problématique clairement posée.

Commencez par analyser le sujet et les documents

Lisez attentivement le titre de l'ensemble documentaire (il comporte une problématique déjà formulée) et prenez connaissance des documents dans leur ensemble (texte, données statistiques, graphiques, cartes, documents iconographiques).

Analysez les documents

Décortiquez chaque document un à un ; analysez la source de chacun et, en histoire, interrogez-vous sur les éventuels auteurs et sur le public auquel le document, s'il est d'époque, était destiné ; lisez les textes, relevez les articulations, les arguments ; analysez les graphiques et les données statistiques, observez les cartes, identifiez leur titre, vérifiez que vous lisez correctement les données, notamment les pourcentages, relevez les tendances et les exceptions et cherchez déjà les causes et les conséquences (en géographie), qu'il faudra mettre en valeur dans le commentaire ; analysez chaque document en notant les opinions qu'il révèle ; en histoire, resituez les documents dans le contexte de l'époque ; dans les deux matières, cherchez quel aspect fondamental du sujet chaque document illustre.

Analysez le questionnement

Lisez attentivement chaque question et assurez-vous que vous en comprenez bien chaque terme ; cherchez dans le ou les documents les éléments de réponse, sélectionnez-les (vous ne pourrez pas utiliser toutes les données, mais il faut absolument citer les principales) répartissez ce que vous allez exprimer entre les différentes questions pour ne pas vous répéter.

Mobilisez vos connaissances personnelles

Ne vous contentez pas de paraphraser les documents ; en histoire, situez le contexte, expliquez ce qui s'est passé avant, pendant, éventuellement après ; en géographie, éclairez les constats posés (ne vous contentez pas de citer un chiffre – par exemple : expliquez si la tendance qu'il représente est forte ou faible, en donnant éventuellement un point de comparaison ; de même, ne vous contentez pas de citer deux chiffres à la suite : comparez-les en évaluant la différence pour une même période, ou en estimant l'évolution que cela représente pour des périodes différentes...) ; en géographie toujours, ne vous contentez jamais de décrire une situation : cherchez-en les causes que ce soit pour les grandes tendances observées ou pour les exceptions que vous allez citer.

Préparez la réponse à chaque question
Organisez vos idées au brouillon (chaque question doit donner lieu à une réponse structurée, argumentée) ; utilisez avec précision les éléments fournis par les documents (donnez des exemples précis, des chiffres exacts et complets, des citations entières et entre guillemets) ; travaillez bien sur toutes les questions, au brouillon, avant de rédiger l'ensemble des réponses : sinon, vous risquez d'avoir déjà répondu à une question avant d'avoir à l'aborder.

Travaillez la réponse au sujet de synthèse comme une petite composition
Lisez le sujet ; étudiez la problématique posée (et ne répondez qu'à cette problématique, même si les documents ouvrent sur d'autres perspectives) ; ordonnez votre réponse en établissant un plan, au brouillon, structuré en deux ou trois parties courtes, divisées elles-mêmes en deux, trois voire quatre idées-clés, avec une courte introduction et une courte conclusion ; répondez clairement à la problématique posée ; soyez démonstratif, avec une réponse argumentée ; appuyez-vous sur les documents sans les citer longuement ; mobilisez vos connaissances personnelles ; rédigez entièrement votre réponse (ne vous contentez pas de jeter quelques notes).

Le croquis de géographie
Lorsque l'épreuve longue porte sur l'histoire, l'épreuve courte est un croquis de géographie (un fond de carte est fourni). Attention ! Le croquis n'est pas une simple carte (comme celle que vous réalisez dans l'année pour mémoriser vos cours) : il s'agit d'une réponse structurée à une question posée.

Analysez le sujet
Comme pour une composition, déterminez le sens de chaque terme ; cherchez les limites dans l'espace et dans la thématique (peut-être aussi dans le temps si le sujet est dynamique) ; cherchez quels éléments d'évolution introduire (un bon croquis de géographie comporte toujours un aspect dynamique) ; déterminez la problématique.

Sélectionnez les informations à représenter
Notez les idées qui vous viennent, en vrac, puis faites appel, de manière plus systématique, à vos connaissances ; opérez un tri entre ce qui répond directement à la problématique et ce qui s'en éloigne.

Préparez la légende
Comme pour une composition, la légende du croquis doit être structurée en deux ou trois idées majeures, idéalement, avec une phrase courte pour titre à chaque fois, elles-mêmes détaillées en plusieurs informations ou groupes d'informations (l'équivalent des sous-parties) hiérarchisés.

Choisissez les figurés
Respectez certains usages : utilisez des figurés de surface (des plages de couleurs de préférence aux hachures, peu lisibles) pour indiquer des aires géographiques ; des figurés ponctuels (points, pictogrammes…) pour situer de manière précise une information ; des figurés linéaires (traits, flèches) pour représenter des axes, des flux, des relations ; utilisez des couleurs contrastées (pour bien différencier les informations), logiques (les plaines en vert, les déserts en jaune…) et harmonieuses (l'esthétique du croquis compte pour beaucoup dans la note finale). Avant de vous lancer dans la réalisation du croquis, dessinez une esquisse au brouillon pour valider vos choix, en termes de légende et de figurés.

> Les couleurs ont un sens. Le rouge et l'orange donnent l'impression de richesse (à réserver pour les faits importants) ; le blanc exprime le vide, la pauvreté ; le bleu convient aux mers, aux cours d'eau, au froid et à l'humidité ; le marron au relief, le jaune à la chaleur et à la sécheresse, mais aussi sur une carte agricole, aux céréales. L'utilisation d'un dégradé de couleur permet d'indiquer des valeurs différentes ou l'intensité d'un phénomène.

Réalisez le croquis
Ne vous lancez que lorsque vous êtes sûr(e) de vous : prévoyez d'emblée la place pour la légende (sur la carte, dans un cadre unique, ou sur une feuille jointe, mais jamais au dos de la carte).

Commencez par les figurés de surface (au crayon), avant de réaliser les figurés ponctuels (au feutre) puis les figurés linéaires (au feutre également) ; laissez la place, au fur et à mesure, pour la nomenclature (les noms, de préférence en majuscules) ; réalisez une légende claire, avec des titres mis en évidence. N'oubliez pas, avant de terminer le croquis, de noter son titre (sur la carte et sur la légende).

> Ne jamais placer la légende au dos de la carte car l'examinateur doit pouvoir lire les deux en même temps. La rédiger en bas de la carte ou mieux sur une feuille distincte que l'on agrafera, par prudence à la carte et sur laquelle on inscrira son numéro de convocation.

Le commentaire d'un document d'histoire

Lorsque l'épreuve longue porte sur la géographie, l'épreuve courte est le commentaire d'un document d'histoire : un texte, une carte, un document iconographique (photographie, caricature, affiche, ou données statistiques...).

Lisez le sujet
Analysez les termes du sujet comme pour une composition (plus rapidement, néanmoins).

Analysez le document
Décortiquez le document ; quel est le sujet du document ? Qui en est l'auteur ? Quelles sont ses intentions ? À qui s'adresse-t-il ? Le document date-t-il de l'époque qu'il évoque ? Quelles en sont les différentes parties (les articulations, la progression des idées, les enchaînements pour un texte ; les plans, la composition, les personnages... pour un document iconographique ; etc.).

Analysez chaque question et préparez votre réponse
Lisez attentivement chaque question ; cherchez les éléments de réponse ; organisez vos idées pour chaque question ; apportez des éléments personnels (situez le contexte, expliquez ce qui s'est passé avant, pendant ou après...). Répondez aux questions dans l'ordre et préparez votre réponse à toutes les questions avant de commencer à rédiger. Soyez bref, concis, précis.

La première question
Elle vous invite généralement à présenter le document : donnez-en la nature précise, expliquez rapidement qui est l'auteur, explicitez le thème du document, donnez-en la date, dites à qui il s'adresse, rappelez en quelques mots le contexte de l'époque (sauf si une question ultérieure vous invite à le faire de manière plus précise).

La dernière question
Elle peut vous demander d'expliquer l'impact du document sur son époque (par exemple, le retentissement d'un discours, d'une affiche, d'un traité) ou d'en donner une approche critique. Utilisez sans cesse vos connaissances personnelles pour mettre le document en perspective : ne vous contentez pas de paraphraser le document.

E - L'épreuve de sciences économiques et sociales

Épreuve écrite 4h (+1h) ES : coef. 7 ou 9 (pour l'enseignement approfondi).

Note : au printemps 2013, le ministère de l'Éducation Nationale devait annoncer un allègement du programme exigible le jour du baccalauréat. Certaines notions présentes dans les « Indications Complémentaires » ne feront pas l'objet de questions ou de sujets d'examen. Renseignez-vous auprès de votre professeur ou consultez le site du ministère. Site : eduscol.education.fr

LES NOTIONS À MAÎTRISER

Organisez bien vos connaissances afin de les réutiliser à bon escient le jour du bac (notions, noms des économistes, courants de pensée, outils informatiques).

Ouvrez grands vos yeux et vos oreilles sur l'actualité socio-économique afin d'opérer des ponts entre votre savoir et l'actualité. Vous devrez le moment venu, citer des exemples pris dans l'actualité. Ayez en tête quelques grands indicateurs (PIB de la France, sa croissance, taux de chômage, d'inflation, taux de pauvreté, montant du SMIC horaire…). Etablissez-vous une fiche spéciale « chiffres clés » pour vos révisions.

La dissertation (cf pp. 107-111)

Vous vous appuierez sur quatre documents (textes factuels, graphiques ou statistiques). Les schémas didactiques ou textes résumés de cours disparaissent de la nouvelle épreuve.
Comprendre l'énoncé. Soyez vigilant(e) à la formulation. Ainsi, une question du type « dans quelle mesure… » vous invite à énoncer le bien-fondé d'un principe économique (la relance keynésienne, par exemple) avant d'en étudier les obstacles ou les difficultés, en seconde partie. En économie, nous trouvons fréquemment des plans de type «oui/mais» ou «non/mais» ; en sociologie, il s'agit de distinguer les éléments explicatifs d'un phénomène. Evitez les plans de style (théorie/pratique) ou (passé/présent).
Les documents servent à cerner le sujet, puis à étayer l'argumentation. Ne les négligez jamais, considérez leur lecture comme une aide, pas comme une corvée ! Par rapport à la dissertation que vous trouvez dans les annales d'avant 2013, les documents rédigés sont considérés comme étant purement factuels (pas d'auteur très orienté libéral ou keynésien, par exemple). Avec prudence, vous pouvez donc considérer que leur contenu est communément admis. Les documents présentant des liens logiques fléchés (accroissement de la masse monétaire → Inflation…), jugés trop simples, disparaissent des nouvelles épreuves. Ce qui vous permettra de mieux valoriser vos connaissances !

Les parties et sous-parties doivent toutes répondre, plus ou moins directement, à la question posée. Ne considérez jamais la première partie comme étant l'introduction de la seconde !

Une bonne argumentation repose sur le triptyque suivant :

- l'utilisation raisonnée des connaissances de cours. Les concepts servent à expliquer un argument, ils ne doivent pas être utilisés pour eux-mêmes, ne récitez pas tout votre cours sans raison argumentative.

- l'utilisation des connaissances personnelles (données factuelles, exemples concrets). Gare à ne pas sombrer dans l'anecdote ou à vous étaler sur un fait secondaire. Ainsi, un phénomène sociologique ne s'explique pas par l'exemple d'un « individu », qui sera utilisé en simple illustration ou en contre-exemple.

- l'utilisation des documents. Citez un propos important, un chiffre clé, avec rigueur et précision. Attention, ne vous appesantissez pas sur le document en lui-même, comme en deuxième partie de l'épreuve composée. Montrez que vous êtes à l'aise avec les outils informatiques, sans vous lancer dans d'inutiles calculs.

L'EPREUVE COMPOSÉE

Cette nouvelle épreuve se déroule en trois parties distinctes, portant sur des sujets différents, le jour du bac. Équilibrez bien votre temps ! En particulier, ne consacrez pas trop de temps – ni d'espace – à la première partie.

Première partie (deux fois 3 points) : il s'agit de deux questions portant sur les notions de cours. Elles sont sans surprise, sans piège, c'est-à-dire qu'elles ne nécessitent pas d'analyse particulière. Elles vous permettront de montrer vos connaissances des concepts, des théories, des enchaînements logiques, des thèses en présence. Attention, il s'agit néanmoins de deux **questions** : veillez à ne pas réciter votre cours de manière froide, vérifiez bien que vous collez à la question posée. Ainsi, si on vous demande les limites du PIB en tant qu'indicateur de richesses, ne répondez pas que le PIB mesure mal le bien-être et que l'IDH est préférable. A l'inverse, ne bâclez pas vos réponses : cette première partie convient aux élèves maitrisant par cœur leur cours ; comme elle ne présente pas de difficultés particulières, les correcteurs seront d'autant plus sévères. On peut, dans cette première partie, gagner des points facilement, mais aussi en perdre…

Deuxième partie, l'étude d'un document (4 points). Il vous sera présenté un graphique (voire un texte factuel comportant des indications chiffrées ou des concepts sociologiques). Vous devrez le présenter **rapidement**. Ne recopiez pas toutes les références ! Indiquez la source du document, éventuellement comment le graphique a été construit (tableau à double entrée, graphique à échelle double…) et ce qu'il veut montrer. Répondez à la question (qui peut être très générale, peu contraignante, du style « présentez le document ci-dessous »). Voyez quels sont les enseignements du graphique présenté (l'investissement accompagne la croissance économique, par ex.). Attention aux liens de causalité ou de corrélation. Explicitez-les, mais à coup sûr.

Évitez les propos du type « la courbe monte puis descend » ; préférez « le pays enregistre une croissance avant une décélération puis une récession ». Etayez en citant les chiffres précis ! (« Le PIB recule de 2 %, l'année de la crise financière… »). Inutile de réciter longuement comment sont construits les indicateurs eux-mêmes, sauf si vous le jugez nécessaire (taux de pauvreté, salaire médian) pour la compréhension de la suite.
Prenez de la hauteur par rapport au document, mais ne lui faites pas dire plus qu'il ne peut en dire. Complétez-le par vos connaissances, en quelques mots, en guise de conclusion.

Troisième partie, le raisonnement s'appuyant sur un dossier documentaire. Noté sur dix points, cet exercice constitue de facto une mini dissertation. À partir de trois documents (probablement deux graphiques ou tableau et un texte factuel) vous devrez répondre à une question de réflexion. Rédigez donc une brève introduction, concevez un plan en deux parties, prévoyez une conclusion sobre. Nos conseils sont donc les mêmes que pour l'épreuve de dissertation. Attention à la maîtrise du temps !

LES FICHES DE SCIENCES ECO (cf. pp. 56-57 et 65-66 du manuel joint)

Les fiches de cours : fichez vos cours avec le plan et les grands concepts étudiés. À chaque fois, insérez une citation d'auteur ou un courant de pensée et surtout prenez le temps de relier les chapitres et les événements entre eux.

Les fiches biographiques : de manière très succincte, pour chaque économiste célèbre croisé dans vos cours, une mini-biographie. Faites une fiche par auteur, précisant son courant de pensée, les titres de ses principaux ouvrages, les principes de sa théorie économique, le contexte historique.

Les fiches de définitions : croissance, libre-échange et protectionnisme, valeur ajoutée, État providence, pauvreté, groupe social, groupe d'appartenance, mobilité structurelle...sont autant de concepts économiques ou sociologique que vous devez maîtriser pour étayer votre argumentation. Consultez les « Indications Complémentaires » du programme pour savoir quels sont les concepts à connaître absolument. Voyez quels autres concepts sont incontournables (multiplicateur, termes de l'échange, par exemple).

COMMENT S'ENTRAÎNER ?

- Reprenez vos devoirs de l'année en vous attardant sur les corrections de votre professeur. Mettez l'accent sur vos plus mauvais devoirs pour comprendre vos fautes et lacunes.

- Rédigez des sujets d'annales pour vous familiariser avec l'épreuve de dissertation. Attention, le sujet «Questions + Synthèse» disparaît en 2013 ! À chaque fois que vous croisez une notion floue dans votre esprit, reprenez votre cours ou votre livre.

- Entraînez-vous à rédiger vos réponses, en étant précis sur les chiffres, les notions et les mécanismes économiques. Une règle d'or : être simple et précis ! Voyez, dans les revues économiques, comment les chiffres et les faits sont présentés. Soyez factuel, évitez le sensationnalisme.

- Replongez-vous dans les revues de presse réalisées pendant l'année, et dégagez-en les deux idées principales. Echangez, débattez avec votre entourage pour vous approprier vos connaissances et les rendre vivantes.

F - L'épreuve de mathématiques

Épreuve écrite 4h : coeff 3 (TL), 5 ou 7 (TES) et 7 ou 9 (TS).

En TS, le sujet comporte trois à cinq exercices indépendant des uns des autres, notés entre 3 et 10 points (dont un exercice à 5 points pour l'enseignement de spécialité).

Jusqu'à présent, une calculatrice de petit format a été autorisée. Toutefois, rien n'interdit d'imaginer une épreuve sans calculatrice. L'autorisation ou non de son usage vous sera précisée le jour de l'épreuve.

LES NOTIONS À MAÎTRISER

En maths, vous devrez mobiliser, le jour du bac, vos connaissances de terminale, mais aussi celles des années précédentes... Et les sujets du bac, surtout en S, ont coutume de baliser quasiment tout le programme, alors autant dire que les impasses sont fortement déconseillées ! Il est possible que dans un exercice, on vous demande de démontrer un théorème de cours (cette aptitude porte le nom de « ROC » : Restitution Organisée des Connaissances).

DES EXERCICES...

Pas de secret : il faut s'entraîner en faisant des exercices et des devoirs et travailler régulièrement tout au long de l'année.

1. Pensez toujours à contrôler vos calculs et à observer les contradictions qui proviendraient d'une erreur de votre part.

2. Rédigez de façon claire et lisible.

3. Ne pensez pas qu'une calculatrice performante serait le remède miracle à vos problèmes.

Il n'y a pas de formulaire de mathématiques pour cette épreuve, mais certaines formules pourront être fournies si nécessaires.

LES FICHES DE MATHS (cf. pp. 60 à 64 du manuel joint)

1. Pour réussir l'exercice de QCM, il est indispensable de connaître votre cours par cœur. Les impasses sont à proscrire. Apprenez vos formules.

2. Faites des fiches pour les grands chapitres, avec formules, théorèmes, définitions, et exemples types.

3. Refaites plusieurs fois chaque démonstration dans les principaux chapitres. C'est une bonne méthode de les apprendre pour mieux les comprendre !

FACE AU DEVOIR

Comprendre le sujet :
Lisez bien l'énoncé dans son ensemble, afin d'évaluer les difficultés des différents exercices proposés. Quitte à souligner les mots importants.

Évaluer son temps :
Déterminez pour chaque exercice le temps que vous souhaitez-y passer et tenez-vous-y. Si vous devez traiter deux exercices et un problème, la moitié de la durée de l'épreuve doit être consacrée au problème et un quart à chaque exercice.

Savoir où on va :
Avant de commencer, faites une deuxième lecture de l'énoncé pour savoir où vous allez. En particulier pour le problème, lisez le préambule plusieurs fois afin de le mémoriser. Lorsque vous traitez une question, jetez un œil sur l'énoncé des questions suivantes, où se trouve parfois le résultat auquel vous devez arriver.

Faire preuve d'astuce
Commencez par l'exercice qui vous paraît le plus facile pour vous assurer un minimum de points.

Travaillez au brouillon avec d'un côté une feuille où vous détaillerez les résultats, de l'autre, une feuille pour les chercher.
Sécher sur un exercice, ça peut arriver ! Ne vous acharnez pas si c'est le trou noir. Vous y reviendrez plus tard.

« Fignolez »
Les calculs d'aires, les milliers d'euros... Soyez vigilants à l'unité de départ (dans l'énoncé) et à celle demandée pour la réponse.

La justesse de votre raisonnement, les résultats à la calculatrice, la cohérence des réponses, avant de les recopier au propre sur votre copie.

Ne négligez pas la rédaction. Certes, c'est une épreuve de mathématiques mais il faut vraiment soigner la forme. Vous perdrez des points si vous ne détaillez pas les solutions ou si vous oubliez de noter la formule utilisée.

Retouchez votre copie, une fois votre travail terminé. Assurez-vous d'avoir indiqué les numéros de chaque exercice et des pages, d'encadrer vos résultats....

G - L'épreuve de physique chimie

Épreuve écrite, durée : 3h30 (+1h) en TS, coeff 6 ou 8.

L'épreuve comporte une partie écrite, notée sur 16 points et une partie pratique notée sur 4 points (qui est attribuée lors de l'évaluation des capacités expérimentales effectuée au troisième trimestre).

LES NOTIONS À MAÎTRISER

Vous devrez connaître définitions, formules, démonstrations, exemples d'application. Pour éviter de vous perdre dans la masse d'informations, identifiez-bien pour chaque partie du programme (mécanique, électricité, chimie...) les points incontournables et fondamentaux et laissez de côté les exercices annexes.

Dans cette dernière ligne droite, vous n'aurez qu'à revoir tout ce que vous êtes censé(e) connaître et avez déjà appris pendant l'année. Pour bien équilibrer vos révisions, n'oubliez pas que la physique représente 60% de l'épreuve et la chimie 40%.

COMMENT JE RÉVISE LA PHYSIQUE ET LA CHIMIE :

Je rédige des fiches de révision comprenant (cf. pp. 60-61 du manuel ci-joint) :
- les lois, les formules, les théorèmes, les définitions essentielles ;
- les étapes, les résolutions, les raisonnements pour obtenir un résultat donné ;
- des schémas synthétiques ou importants que je refais en partant de n'importe quel point.

Je proscris les impasses.

Je n'apprends pas toutes les formules mais je suis capable de toutes les retrouver.

Je révise bien ce qui me pose problème et ce que je n'aime pas.

Je révise, en plus de ces fiches :
- un ou deux exercices significatifs par chapitre ;
- les TP avec les appareils utilisés et les schémas importants ;
- les corrigés des devoirs faits pendant l'année en classe.

Je reprends tous mes devoirs et leur corrigé, je repère ce qui a posé problème.

En ce qui concerne les travaux pratiques (TP), je retiens :

- le but du TP ;
- toutes les étapes du déroulement de ce TP ;
- l'interprétation des résultats ;
- je refais des sujets de synthèse, je me teste ainsi sur plusieurs parties du programme.

Je me confronte aux problèmes des annales du bac :

- pour me mettre en situation d'examen ;
- pour balayer un maximum de thèmes.

Je garde pour la fin ce qui m'est le plus difficile, pour que cela soit encore dans ma mémoire le jour du bac.

LES FICHES DE PHYSIQUE-CHIMIE (cf p. 60-61 du manuel joint)

- Pour réviser l'épreuve anticipée de travaux pratiques, vous pouvez reprendre les expériences réalisées en TP, en notant le matériel à utiliser, les gestes à faire, la démonstration à produire, les réactions à obtenir.

Face au devoir :

-Lire l'énoncé jusqu'au bout, en notant les données et en construisant un schéma (ou en reproduisant celui de l'énoncé).

- Pour chaque question, rechercher la ou les inconnue(s) et la ou les donnée(s) associée(s), la loi à utiliser, puis établir une expression littérale de la grandeur demandée, en respectant les notations de l'énoncé.

- Effectuer l'application numérique en convertissant, si nécessaire, les valeurs de l'énoncé en unités S.I. Exprimer le résultat numérique avec le nombre de chiffres significatifs correspondant à la donnée la moins précise et avec son unité, sans oublier de s'interroger sur sa vraisemblance.

- Bien séparer les exercices les uns des autres et indiquer clairement les questions avec leurs numéros respectifs.

- La rédaction doit être claire et concise : les phrases courtes, une par étape de raisonnement, respecteront la syntaxe et l'orthographe. Encadrer ou souligner les résultats littéraux et numériques. Ne pas oublier les unités.

H - L'épreuve de SVT

Épreuve écrite 3h30 (+1h) en TS coeff 6 ou 8 : une épreuve pratique (4 points) et une écrite 16 points.

L'épreuve écrite se découpe en deux parties de 8 points :

1. **La restitution organisée des connaissances (ROC) :** sans support documentaire, une simple question s'inscrit dans une partie du programme commun. Lisez bien le sujet pour le délimiter et soulignez les mots-clés. En général, le sujet suggère le plan à développer. Votre rédaction doit être structurée en un texte scientifiquement et grammaticalement correct. Si cela vous est demandé, vous devez incorporer des schémas, dessins, graphiques.

Ne passez pas plus d'une heure et demie sur cette partie. Faute de temps, vous ne pouvez pas tout rédiger au brouillon. Choisissez bien parmi vos connaissances celles qui vont vous servir. Notez au brouillon que les points essentiels à développer.

Cette partie peut comporter une série de QCM. Ces derniers peuvent être notés de différentes manières. Si une réponse fausse n'entraine pas de point négatif, comme dans la plupart des sujets, il convient de répondre à la question, même si vous n'êtes pas sûr de la réponse.

2. **Exploitation de documents :** un premier exercice, sur 3 points porte sur le programme obligatoirement. Sont évaluées la qualité de l'analyse du document et la pertinence de l'interprétation.

Le second exercice, sur 5 points est un exercice de synthèse à partir de documents originaux (trois au maximum). Les documents et la question posée diffèrent selon que vous avez ou non suivi l'enseignement de spécialité. L'évaluation prend en compte la structuration de la réponse et l'exploitation cohérente des documents.

COMMENT TRAVAILLER LES SCIENCES :

J'apprends bien et régulièrement mes cours de sciences (classeur et livre de cours) car c'est à partir de mes connaissances que je peux :

- effectuer les exercices ;
- pratiquer les observations ;
- analyser ce que je constate ;
- me poser les bonnes questions.

Je rédige au fur et à mesure des leçons, des fiches de révision dans lesquelles j'inclus des résumés et des schémas.

Schéma

Il communique une interprétation d'une observation réalisée sur le concret. Il doit donc mettre en évidence ce qui est important dans la réalité biologique ou géologique observée en relation avec le phénomène étudié. Il faut donc représenter de façon simplifiée les contours des structures observées et les détails superflus sont à éliminer. Des éléments non visibles peuvent être ajoutés (par exemple, noyau d'une cellule même s'il n'est pas visible sur la préparation).

Le schéma sert à généraliser.
Ce sont des schémas qui sont à dessiner dans une ROC. Ils ne sont pas dessinés sur une feuille séparée mais intégrés au texte, de grande taille et bien lisibles.
Ne pas oublier les titres.

Si vous utilisez des représentations graphiques pour certains éléments, la signification doit être placée à côté et non sur une autre page, et les couleurs doivent être discrètes.

Dans ce cas, une phrase ou un texte explicatif est parfois nécessaire voire indispensable. N'oubliez pas que votre travail sera jugé sur sa correction, sa précision, mais aussi sur sa clarté et son soin.

Schéma fonctionnel

Un schéma fonctionnel est une représentation la plus simple possible montrant des éléments importants et les relations qui existent entre ces éléments, afin de proposer une explication du mécanisme étudié sans construire de phrases.

Il peut être un élément du développement d'une ROC, de sa conclusion ou la conclusion d'une partie II.2.

Première étape : préparation du schéma
Lire avec soin la consigne pour bien cerner le sujet qui correspond au schéma. Etablir la liste des éléments à représenter (il faut connaître la définition exacte des termes utilisés)
Recherche des liens fonctionnels entre ces éléments qui permettent de les disposer logiquement dans le schéma.
Trouver des symboles (rectangles, cercles, numéros) pour les différents éléments qui seront reliés entre eux par des flèches (pouvant être d'épaisseurs différentes).

Deuxième étape : réalisation du schéma
Prévoir suffisamment de place sur la feuille.
Disposer les éléments dans un ordre logique.
Bien montrer les relations fonctionnelles par les flèches.
L'écriture est horizontale, l'orthographe est correcte. Pas de traces de gomme de crayon effacé, le travail est soigné.
Éventuellement, une ou deux phrases de texte peuvent compléter ce schéma.
Enfin, vérifiez qu'en le lisant une personne non informée sur le sujet puisse comprendre le fonctionnement du système.

les schémas doivent être :

- clairs, propres et suffisamment grands ;
- synthétiques mais cependant complets ;
- les flèches sont placées précisément ;
- la légende est complète et compréhensible.

les schémas doivent être lisibles, quel que soit le contenu, pour cela j'utilise :
- des couleurs, chacune ayant une signification ;
- des titres expressifs ;
- des légendes complètes ;
- j'évite la couleur rouge traditionnellement réservée au correcteur ;
- la taille de mes lettres est variable ; je peux ainsi mettre en valeur certaines informations ou les hiérarchiser entre elles.

J'apprends par cœur les schémas les plus importants et je les refais régulièrement pour ne pas les oublier.

Je tiens à jour un classeur de vocabulaire pour chaque discipline scientifique. En le complétant, je vérifie dans le dictionnaire l'orthographe des termes.

Dans les disciplines scientifiques, j'apprends à développer mon savoir-faire à travers des entraînements à l'épreuve du bac (annales du bac).

Je m'entraîne pour :

- réaliser un dessin d'observation ;
- tracer, mais surtout analyser des courbes ;
- interpréter des documents relatifs à un problème scientifique ;
- présenter des résultats dans un tableau.

QUE DOIS-JE FAIRE POUR AMÉLIORER ET FACILITER CE TRAVAIL ?

Je lis les données en entier, même si elles nécessitent plusieurs expériences.

Si la problématique (le but de l'analyse) n'est pas précisée dans le devoir, c'est à moi de la rechercher à partir de l'énoncé.

Je cherche dans les données :
- les moyens mis en œuvre pour atteindre le but ;
- les conditions expérimentales.

Je cherche ce but avant d'utiliser mes connaissances, sinon je risque d'être hors sujet.

Pour analyser le sujet et chercher au brouillon, je respecte la démarche suivante :

Constat :
- je lis d'abord l'ensemble des données et m'assure que je comprends bien l'énoncé avant de chercher ;
- je m'applique ensuite la démarche suivante : j'observe que, or je sais que, donc j'en déduis que ;
- je recherche quel est l'intérêt de l'expérience, la problématique
- j'effectue toujours un mouvement d'aller et de retour entre ce que j'observe (qui est concret) et ce que je sais (qui est abstrait) ;
- je décris et résume les résultats.

Déduction :
- je regroupe les données entre elles, je les relie avec le but de l'expérience et complète avec mes connaissances ;
- j'explique ce que j'ai observé et dégage une nouvelle hypothèse ou de nouvelles relations entre les données.

Conclusion :
- je conclus en reprenant la problématique de départ.

CETTE DÉMARCHE SCIENTIFIQUE DOIT ÊTRE ÉGALEMENT APPLIQUÉE AUX DOCUMENTS :

Lecture du sujet

Toujours au brouillon, je respecte la démarche suivante :

Je cherche la problématique, le problème posé.

J'analyse :
- je cherche dans les documents si une solution est présente ;
- j'observe et dégage de chaque document les mots-clés pour obtenir les informations importantes, les chiffres clés ;

- je note mes idées au fur et à mesure que je lis le document ;
- je ne paraphrase pas (même pour les graphes) mais j'apporte des idées et des arguments ;
- je développe un raisonnement logique à partir de ces informations, de mes idées et de mes connaissances ;
- je décris ce qui se passe et j'explique l'enchaînement des processus.

Conclusion : je résume et apporte une solution au problème posé. Lorsque je le peux, j'intègre un schéma dans mes réponses, en rapport avec mon texte. Les schémas enrichissent le texte et évitent de trop longues explications.

Une grille d'évaluation

Argumentaire satisfaisant		Argumentaire non satisfaisant		Aucun argumentaire	
Les éléments scientifiques présents sont associés à des éléments culturels ; ils permettent de répondre à la problématique. La réponse est organisée sous forme d'un argumentaire correctement rédigé.	Intégrant des éléments scientifiques solides mais sans éléments culturels ou intégrant des éléments scientifiques incomplets mais avec des éléments culturels solides.	Des éléments culturels et des éléments scientifiques solides et bien choisis.	Des éléments culturels et des éléments scientifiques incomplets ou mal choisis.	Mais des éléments culturels ou des éléments scientifiques corrects.	Pas d'éléments culturels, pas d'éléments scientifiques.
5 points	**4 points**	**3 points**	**2 points**	**1 point**	**0 point**

En bref

Le par cœur n'est pas roi. C'est la totale compréhension du cours qui importe, puisqu'on vous demande de maîtriser un raisonnement. Saisissez l'enchaînement des processus. On attend de vous autant une description de ce qui se passe qu'une explication des enchaînements de cause à effet.

Reprenez vos devoirs de l'année en vous attardant bien sur les corrections de votre professeur. Mettez l'accent sur vos plus mauvais devoirs, en identifiant toutes vos fautes et lacunes.
Entraînez-vous à composer des sujets d'annales pour vous familiariser avec l'épreuve. À chaque fois que vous croisez une notion floue dans votre esprit, reprenez votre cours ou votre livre.

3. D'avril au bac : planifier les révisions

A. Un programme de révision :

Prenez un calendrier et établissez un planning de révision jusqu'au bac. Notez la date des différentes épreuves du bac et, en fonction du nombre de jours qu'il vous reste jusqu'aux épreuves, découpez-en des tranches horaires pour les différentes matières en gardant plus de temps pour les parties du programme qui vous ont semblé les plus dures à assimiler. Pour bien visualiser tout le programme, n'hésitez pas à utiliser vos manuels scolaires. Le sommaire, qui y est souvent détaillé, vous permet de pointer rapidement les points essentiels de chaque chapitre et d'en comprendre la logique.

Vous pouvez les alterner par tranche d'une heure et demie ou les regrouper par demi-journées de travail. À vous et à vous seul de juger. N'oubliez jamais de prendre une pause toutes les heures et demie. Au-delà, les neurones saturent !

Organiser le planning est toujours un objet de stress car vous vous rendrez compte de la quantité de travail à fournir en seulement quelques semaines ; mais il est révélateur des efforts à fournir au quotidien. Vous verrez, vous aurez sans doute du mal à le tenir et devrez sans doute parfois simplement survoler certains chapitres au programme.

Quoi qu'il arrive, arrangez-vous pour réviser par demi-journée un chapitre difficile d'une matière avec un coefficient important du bac avec une matière moins importante, ou réviser pendant 4 h une seule matière (philosophie ou histoire géographie). Ainsi, si vous prenez trop de temps pour la matière à gros coefficient, vous ferez l'impasse sur une notion d'une matière à faible coefficient.

Si vous êtes trop en retard, surtout pendant le mois de révision, n'hésitez pas à vous lever très tôt le matin (commencer à 6h30) et essayez de trouver un ami ou une personne de votre entourage qui vous encourage. Par exemple, avec un ami, vous pouvez très bien dès 6 heures, vous envoyer un texto de mise au travail. Essayez de réviser entre 6 à 8 h par jour.

JOURS	TEMPS
Lundi **à**	**1h30 à 2h :** philosophie *15 minutes de pause* **1h30 à 2h :** philosophie *1h00 : Déjeuner* **45 min :** langues *5 minutes de pause*
samedi **ou** **dimanche** (selon votre niveau)	**45 min :** histoire *5 minutes de pause* **1h30 à 2h00 :** histoire-géographie *15 minutes Goûter* **1h00 :** révision des difficultés

Travaillez toujours les matières les plus difficiles en fonction de votre rythme, si vous êtes du matin ou du soir ou si vous avez un coup de barre après le déjeuner (dans l'exemple, le cas est supposé). Si vous êtes fatigué, faites la sieste sans complexe, quitte à travailler plus tard.

B - Organisation du lieu de travail

Il convient de réviser toujours dans le même lieu et dans un endroit calme et silencieux.

Travail en bibliothèque, CDI, étude.

Pour vous encourager à réviser, n'hésitez pas à étudier dans des endroits où d'autres travaillent également. Entourez-vous d'étudiants motivés et non pas défaitistes. Ce peut-être aussi l'occasion qu'un camarade vous explique la partie du cours de chimie qui vous semble incompréhensible, contre une explication de votre part d'un chapitre de SVT. Si vous n'avez pas la possibilité de vous isoler chez vous, nous vous conseillons vivement de travailler en bibliothèque et de vous organiser en fonction des horaires d'ouverture de celle-ci (certaines ferment à 22 heures ou sont ouvertes le dimanche).

La chambre, le bureau ou l'endroit dans lequel travailler.

Que ce soit la chambre ou le bureau, il faut absolument réaménager un coin pour les révisions (un endroit bien à vous dans la maison ou l'appartement). Il faut donc que vous déterminiez, en fonction de vos besoins, l'endroit le plus adéquat pour travailler : le salon, la chambre…

- Tout d'abord, il convient de ranger les cours par pile selon les matières pour ne pas perdre de temps à les chercher.

- Ensuite, il faut épingler au mur l'emploi du temps et laisser de la place pour pouvoir accrocher éventuellement pendant plusieurs jours, des frises d'histoire, des formules chimiques afin de pouvoir les relire facilement tous les jours pour les assimiler…

- Si vous avez un ordinateur, un téléphone portable, des consoles de jeux… retirez-les de votre lieu de travail afin de ne jamais vous laisser distraire. Les révisions du bac constituent à elles seules une épreuve difficile, tout ancien bachelier vous le dira. La tentation est grande de faire autre chose que d'étudier des matières qui ne nous passionnent pas toujours. Sachez y résister en supprimant tous les objets et machines susceptibles de vous détourner du travail. Dites-vous bien que ce n'est que pour les quelques mois qui précèdent le bac. Personne, pas même les redoublants des classes de terminale, n'échappe à cette période de travail intense. Mais, rappelez-vous que le bac est la clé de sortie du lycée pour faire ensuite des choses que vous avez choisies.

- N'oubliez pas, pendant cette période de révision, de régulièrement ventiler la pièce car le cerveau utilise beaucoup d'oxygène pour travailler.

- Enfin, des scientifiques ont prouvé que les couleurs des murs, des tissus et de l'environnement jouent sur la concentration. Préférez toujours les couleurs parme aux couleurs trop vives. Elles fatiguent moins le cerveau et permettent de se régénérer.

C - Vivre sainement

Bien se nourrir permet d'être en forme et donc de bien travailler.

- Éviter de grignoter et imposez-vous quatre véritables pauses repas. Pour garder la forme : emmagasinez de la vitamine C (oranges, kiwis, poivrons, cassis) mais n'abusez pas trop des excitants qui augmentent le stress. Pensez à manger des féculents (pommes de terre, pâtes) pour tenir la distance. Optez pour les fruits et légumes riches en B8 et C pour rester zen (choux, épinards, salade, tomates… sans oublier les vitamines et minéraux du lait, la vitamine B3 de la viande, le magnésium du pain complet et du chocolat…

- Pensez à vous aérer la tête. Libérez-vous régulièrement une heure ou deux pour vous aérer l'esprit. Il ne s'agit pas de camper devant la télé mais de sortir prendre l'air ou mieux de faire du sport.

- Dormir fait aussi partie du programme de révisions. Trouvez votre dose idéale de sommeil. Le stress peut entraîner des insomnies passagères. Supprimez alors tous les excitants et les repas trop lourds le soir. Détendez-vous entre les révisions et le moment d'aller vous coucher. Éventuellement, prenez des plantes pour dormir (camomille, aubépine voire comprimés en naturopathie).

D - Travailler en fonction de sa personnalité

Il n'existe pas une méthode de travail. Il faut donc vous interroger sur vous-même pour trouver la méthode la plus adaptée. Il convient surtout de comprendre quel est votre type de mémoire.

Visuel(le) ou auditif(ve) ?

Dans le premier cas, préférez des schémas et prenez des notes en utilisant des couleurs et des flèches.

Dans le second, décrivez oralement schémas et cartes. Vous pouvez aussi vous enregistrer pour pouvoir réécouter et mieux assimiler.

Théoricien(ne) et praticien(ne) ?

Préférez-vous les règles générales ou les exercices ?
Adeptes de la théorie et de l'abstraction, multipliez les exercices pour bien appliquer la règle apprise.
Fans de pratique et du concret, essayez de retrouver la règle à partir de l'exemple.

Esprit synthétique ou analytique ?

Vous privilégiez en général la vue d'ensemble ou les détails ? Les premiers doivent approfondir leurs raisonnements en étayant leurs explications par des exemples. Les seconds doivent éviter de se noyer dans les détails et mettre en évidence les idées clés.

Du matin ou du soir ?
Adaptez votre emploi du temps à votre rythme physiologique.

Seul(e) ou en groupe ?
Travail solitaire et en groupe sont complémentaires. Mais en groupe, cela veut dire six maximum ! Choisissez des amis, amies aux habitudes et aux rythmes proches du votre.

Dans tous les cas, trouvez votre méthode de travail, positivez, ayez confiance en vous et évitez de vous comparer aux autres, qui réussissent, soi-disant, sans efforts inutiles.

Apprendre un cours

Quand on apprend quelque chose, la mémoire à court terme interagit avec la mémoire à long terme pour faciliter l'enregistrement de l'information. Tout le travail consiste à mettre autant que possible les deux en relation pour permettre aux nouvelles informations de mieux s'intégrer dans votre cerveau. Bref, ça marche un peu comme si on faisait une sauvegarde informatique. Pour que cela fonctionne bien, il faut essayer d'inhiber de manière efficace tout ce qui peut être signal interférent et qui n'a rien à voir avec ce que l'on souhaite assimiler : les bruits, les appels, MSN qui clignote, etc. Eventuellement, vous pouvez mettre des bouchons d'oreille pour mieux vous couper de tout dérangement.

E - Les révisions

Exercez-vous, dans toutes les matières à partir de sujets d'annabac.
Revoyez en détails les sujets et notions qui vous ont posé problème dans l'année.
Apprenez vos fiches, vos frises. Si vous n'avez pas rédigé de fiches pendant l'année, nous vous conseillons vivement de les composer très rapidement dans les matières principales et d'acheter dans le commerce des fiches toutes faites pour les matières plus secondaires.

F - Dernières recommandations face au devoir en sciences humaines

Voici les ultimes conseils avant le bac, avec quelques éléments concrets qui permettent d'évaluer une copie :

• Dans tous les cas, utilisez au mieux le temps imparti. Ne cédez pas à la tentation de partir dès le milieu de l'épreuve ! L'expérience montre que l'on ne peut pas faire un bon devoir en peu de temps.

• Battez-vous avec les sujets et surtout examinez-les pour faire les meilleurs choix en fonction de vos goûts et surtout de vos capacités. Ne vous lancez surtout pas dans le traitement d'un sujet si vous n'êtes pas sûr de vous. Surtout ne changez pas de sujet au bout d'une heure ou deux. C'est une très mauvaise chose ! Il vaut mieux prendre son temps au début (au moins une bonne demi-heure) et faire le bon choix.

• Quand le choix est fait, ne vous précipitez pas pour rédiger. Prenez votre temps pour travailler le sujet, c'est-à-dire le comprendre, qu'il s'agisse de la dissertation ou de l'explication de texte. Comprendre un sujet, c'est mettre en perspective ses présupposés, la manière dont il oriente notre réflexion. Le caractère interrogatif du libellé n'indique pas qu'il s'agit d'une question à laquelle il faut répondre. C'est un sujet, qu'il faut d'abord mettre en perspective dans l'introduction, afin de le problématiser (cette problématique va constituer la véritable boussole de votre devoir). Pour le texte, efforcez-vous d'abord de le comprendre, sans prendre parti.

• Votre devoir doit être ordonné : il doit partir d'un point, pour arriver à un autre point en progressant en permanence, non pas artificiellement, mais grâce à des arguments. Ces derniers doivent être rationnels et non s'en tenir à de vagues affirmations. Un devoir qui ne progresse pas, qui ne suit pas un chemin balisé est toujours un MAUVAIS devoir.

• Dites-vous bien aussi qu'en sciences humaines, en philosophie, tout particulièrement, bien qu'on vous demande votre avis, il ne s'agit en aucun cas d'apporter une réponse subjective et relativiste du type : moi je pense que c'est ainsi, et les autres ont le droit de penser autrement. Dites-vous bien que l'on vise TOUJOURS une perspective universelle. Il ne s'agit pas simplement de penser pour vous, mais également pour tous les hommes ! On doit donc toujours avoir le souci de la VÉRITÉ, même si avec d'autres critères on peut s'orienter dans une autre direction. Mais dans tous les cas notre réponse, si elle est argumentée, a une vraie valeur philosophique.

• Pour l'explication de texte, ne perdez jamais de vue le fait que, pour éviter la paraphrase, principal danger qui vous guette, vous devez en permanence interroger le texte en lui posant des questions. Ces questions, vous devez les faire figurer EN TOUTES LETTRES dans votre devoir afin de vous OBLIGER à y répondre. Dialoguez en permanence avec le texte, afin d'éviter de le subir. N'oubliez jamais qu'un texte est quelque chose de VIVANT, puisqu'une pensée s'y déploie, qu'il faut comprendre et critiquer. Les mauvais devoirs considèrent toujours le texte comme une chose MORTE et figée, car le plus souvent, ils ne le comprennent pas.

• N'hésitez pas à faire dialoguer le texte avec d'autres perspectives philosophiques, littéraires que vous avez abordées pendant l'année avec votre professeur. Vous montrerez ainsi que vous avez travaillé pendant l'année, ce qui est toujours un point positif.

• Pour la dissertation, il est IMPÉRATIF d'établir des RÉFÉRENCES qui doivent toujours venir à l'appui d'une argumentation, sans jamais se substituer à elle. C'est la même chose pour les exemples.

• À propos des exemples, sachez qu'il faut en donner (aussi bien dans la dissertation que dans l'explication de texte sauf si le texte en contient déjà) mais qu'un exemple ne prouve jamais quoi que ce soit. Il a toujours comme fonction d'ILLUSTRER un argument et jamais de se substituer à lui. Si le texte contient des exemples expliquez-les en priorité, dans la perspective de l'idée qu'ils illustrent. S'il n'en contient pas, donnez-en vous-mêmes, pour compléter votre explication.

• La conclusion a pour rôle de clore une démarche en prenant position très clairement et en assumant le point auquel vous êtes parvenu. Il ne faut pas répéter ce qui a déjà été dit, ni ouvrir une nouvelle perspective pour la dissertation (sauf en sciences économiques et sociales). Pour le texte, il faut indiquer sobrement son intérêt, c'est-à-dire ce qu'il apporte d'original et de novateur.

G - La veille des épreuves

Préparez votre convocation et une pièce d'identité (attention ! tout document avec votre photo n'est pas une pièce d'identité ; carte d'identité : permis de séjour, carte de résident, passeport, permis de conduire conviendront). Si par hasard vous aviez perdu votre pièce d'identité, ne manquez pas de faire votre déclaration de perte au commissariat qui vous délivrera un document que vous présenterez avec la convocation.

Si vous n'avez pas reçu votre convocation une semaine avant l'épreuve, effectuez une démarche auprès de votre établissement.

N'oubliez pas

Votre stylo et des cartouches compatibles avec celui-ci. N'hésitez pas à avoir plusieurs instruments d'écriture, le stylo bille rouge étant bien sûr interdit. Si vous écrivez en bleu encadrez en noir et réciproquement. Un effaceur ou du blanc correcteur pour éventuellement corriger vos fautes d'orthographe (attention à ne pas en abuser pour ne pas salir votre copie).

Pour l'épreuve de mathématiques : une règle suffisamment longue (30 cm), un compas (contrôlez-le en dessinant un cercle quelques jours avant ; la veille à 10 h du soir, il sera peut-être difficile d'en trouver un), une gomme. Une calculatrice avec des piles neuves. Vous n'avez pas le droit d'avoir deux calculatrices en même temps sur votre table, mais si vous en avez deux vous pouvez demander au surveillant de prendre celle qui est restée dans votre cartable. Ne faites rien sans demander l'autorisation au surveillant de la salle. Ne prenez que des calculatrices que vous maîtrisez, cela ne sert à rien d'emprunter une calculatrice performante mais que l'on ne maîtrise pas.

Pour l'épreuve de géographie : n'oubliez pas un crayon noir, une gomme, un taille-crayon, des feutres fins non « baveurs », des crayons de couleur, une règle, un compas, une agrafeuse (pour agrafer éventuellement la carte) .

Le jour

Après être entré dans la salle, le surveillant vous demandera de garder sur votre table le strict nécessaire. Tout le reste sera déposé le long du mur. Ce strict nécessaire comporte les outils d'écriture, les outils de dessin, une gomme, une calculatrice, votre convocation et une pièce d'identité.

LES CONSEILS DE DERNIÈRE MINUTE

Rentabiliser le temps entre les épreuves

Entre chaque épreuve mêlez détente et révisions de dernière minute... Pendant la semaine du bac, rien ne sert de vous fixer des objectifs trop ambitieux intenables. Au contraire, fixez-vous des objectifs précis et pensez à établir des priorités.

Revoir vos plans détaillés ou les points de méthodologie la veille au matin ou l'avant-veille de l'épreuve vous aidera à vous donner confiance et vous plongera mentalement dans l'épreuve. Même si le bac évalue un travail de fond réalisé tout au long de l'année, il est utile de revoir avant les épreuves les grandes lignes du programme dans chaque matière afin de prendre confiance en soi et de se rafraîchir les méninges.

Savoir rester motivé(e)

À la veille des épreuves, ne relâchez pas la pression. Pour ne pas être rongé(e) par l'angoisse ou le stress, restez positif(ve) et mesuré(e) si vous avez l'impression d'avoir raté l'épreuve précédente. Dites-vous bien que rien n'est encore joué et qu'il est difficile d'évaluer sa copie. Si vous êtes stressé(e), ne révisez pas la veille du bac et surtout pas le matin avant les épreuves. Vous risquez devant votre sujet de vouloir redire ce que vous avez lu la veille. Surtout, aérez-vous, faites du sport et essayez de vous décontracter pour pouvoir dormir la nuit avant les épreuves.

III. La méthodologie post-bac

Les Orientations

BTS ou DUT

En deux ans, avec la possibilité de préparer ensuite une licence pro ou de poursuivre en école d'ingénieur, de commerce… (tremplin vers des études longues).

Accès : admission sur dossier (notes de 1re et Terminale).

- **BTS :** encadrement proche de celui de Terminale ; examen final sanctionnant les deux années.
- **IUT :** contrôle continu des connaissances.

Les spécialités :

- **BTS :** transport, design de mode d'analyse bio, chaque BTS occupe un réseau précis.
- **DUT :** domaine plus vaste.

Et après ?

Deux tiers des titulaires poursuivent leurs études en Licences pro, en Écoles d'ingénieur ou en École de commerce.

Débouchés : l'insertion professionnelle des titulaires BTS ou DUT est plus favorable dans l'industrie, le commerce, la logistique.

Universités

Études longues (3 ou 5 ans minimum), 1er diplôme : la licence après trois ans.

Accès : avec le bac.

Les spécialités : une trentaine de voies.

Et après ?

Une licence permet d'accéder au **Master** ou de passer un **Concours** pour rejoindre une école (commerce, ingénieur…).

Débouchés : les filières générales forment de futurs enseignants, chercheurs, médecins…

Classes préparatoires

En deux ans, voie d'accès aux Grandes écoles (ENS, ingénieurs…)
Accès : sur dossier (notes de 1re et Terminale).

Les spécificités : préparent aux concours des écoles supérieures de commerce et d'ingénieur, des Écoles Normales Sup., des IEP…

Et après ?

- Prépas littéraires ➔ Écoles Normales Sup
- Prépas scientifiques ➔ Écoles d'ingénieurs
- Prépas commerciales ➔ Écoles de commerce

BACCALAUREAT

	Université			IUT	Lycée		Grandes Écoles	École	
1	PCEM 1	Licence 1	DEUST	DUT	BTS	Classe	Prépa		
2		Licence 2	DEUST	DUT	BTS	Classe	Prépa		
3		Licence 3	Licence pro						
4		Master 1							D.E. paramédical et social
5	DE sage-femme	Master 2				Diplôme de Grandes Écoles : ENS, Ingénieur, Commerce, Véto			
6	DE chirurgie dentaire	Thèse							
7		Thèse						Diplôme d'école : IEP	
8		Doctorat							
9	DE médecine								
10	DE médecine								
11	DE médecine								

BTS	:	Brevet de Technicien Supérieur
DUT	:	Diplôme Universitaire de Technologie
IEP	:	Institut d'Etudes Politiques
DE	:	Diplôme d'Etat
IUT	:	Institut Universitaire de Technologie
DEUST	:	Diplôme d'études universitaires scientifiques et technologiques
ENS	:	École Normale Supérieure
PCEM1	:	Premier cycle d'études médicales
PCEP1	:	Premier cycle d'études pharmaceutiques

Les Concours d'entrée aux écoles après le bac .

Les écoles de commerce.

Il convient de passer Le concours Accès, pour les écoles ESDES, ESSCA et IESEG et le concours Sesame pour les écoles : CeseMed ; CESEM Reims ; EBP International ; EPSCI ; ESCE ; IFI ; SUP Europe C.E.S.E.C. ; etc

Le concours se déroule en deux temps : les épreuves écrites et orales.
Les inscriptions s'effectuent en ligne sur le site web : www.concours-sesame.net et www.concours-acces.com

Sciences politiques

Pour en savoir plus sur http://admissions.sciences-po.fr/

L'admission se déroule :

- soit à **bac +0**, immédiatement après la fin des études secondaires (en France, le Bac) pour suivre des études de premier cycle qui durent trois ans ;
- soit par **voie internationale**, réservée aux lycéens ayant effectué leurs études secondaires à l'étranger ou obtenu un diplôme étranger équivalent au bac en France (Abibac) ou hors de France (par exemple : International Baccalauréat, A-Level, Abitur) ;
- soit à **bac +3**, à l'entrée en Master ;
- soit à **l'entrée de l'École doctorale.**

La méthodologie spécifique

1. Les Q.C.M.

Lors de certains concours, les épreuves consistent à répondre à des séries de questions à choix multiples.

Les consignes varient énormément d'un concours à l'autre. Portez toute votre attention à ce que l'on vous demande de chercher : une seule réponse vraie, plusieurs réponses vraies, une seule réponse fausse, plusieurs réponses fausses.
Il convient d'adopter une stratégie en fonction des critères de notation.

Ces derniers varient:
- soit une réponse fausse entraîne des points négatifs, dans ce cas, il convient de ne pas répondre à la question si vous avez des doutes ;

- soit une mauvaise réponse n'entraîne pas de perte de points, dans ce cas, si vous ne connaissez pas une réponse, il convient de répondre au hasard.

> Ne cherchez pas systématiquement de pièges dans la formulation ou le contenu des questions. En revanche, attention à la formulation et ne lisez pas trop vite afin de ne pas prendre un mot pour un autre.

Q.C.M. EN MATHS

Commencez par les questions QCM qui vous paraissent les plus simples.
Ne cherchez pas systématiquement à utiliser les données de l'énoncé : certaines données peuvent être inutiles.
Parmi toutes les propositions, plusieurs réponses peuvent être correctes selon leur unité ou multiples d'unités.
Enfin, lisez correctement l'énoncé avant de vous lancer dans les calculs.

2. La synthèse

Certains concours proposent comme épreuve, la synthèse de plusieurs documents et la rédaction d'un compte rendu sous forme de résumé.

Pour réaliser dans de bonnes conditions le travail de synthèse, une méthodologie précise, technique, est indispensable. La synthèse se déroule en étapes distinctes :

- la lecture ;
- la confrontation ;
- le plan de la synthèse ;
- la rédaction de la synthèse ;
- la présentation de la synthèse.

a. La lecture

Lecture cursive ou globale

Il convient, dans un premier temps de faire une lecture cursive. Repérer les titres, les intertitres dans l'ordre, le nom de l'œuvre, l'auteur…. **Cette lecture a pour but de dégager le thème du dossier.**

Pendant cette lecture, il convient également d'établir un ordre d'étude des textes du plus important au moins important. Notamment si le dossier contient plus de quatre extraits de textes, comme dans les concours d'entrée des écoles de commence, il convient de dresser un tableau avec l'ordre d'étude.

Pour ce faire, la source d'où est tiré le document est un bon indicateur. Les journaux nationaux ont des articles souvent plus complets et plus approfondis que ceux de la presse locale. Les essais constituent souvent de meilleures analyses que les romans.

Lecture analytique ou active

En fonction de l'ordre établi, il convient de relire chaque document l'un après l'autre en dégageant les idées principales. Cette lecture doit se faire un crayon à la main pour dégager les mots et idées essentiels.

Une idée principale peut être introduite par des formules telles que : principalement, surtout, il nous semble primordial de, il est important…

b. La confrontation

Pendant la lecture active, chaque idée sera inscrite dans un tableau dit de confrontation comme suit :

Document 5	Document 6	Document 1	Document 3	Document 2
Idée 1			Idée 1	
Idée 2	Idée 2			
Idée 3		Idée 3		Idée 3
	Idée 4	Idée 4	Idée 4	

Le premier document étudié sera selon vous le document le plus important. Vous repérerez les idées clés. Dans les documents suivants, vous allez forcément retrouver les mêmes idées, avec des nuances que vous indiquerez dans le tableau.

Le plan de la synthèse

Une fois le tableau rempli, vous pourrez aisément en tirer un plan, en introduisant une progression entre les différentes idées clés.

La synthèse doit comporter :

- Une introduction qui annonce le sujet et le plan. Elle ne doit pas être trop longue et doit éviter de traiter d'un point repris par la suite.
- Un développement qui reprend les divers documents en les présentant de façon logique. Chaque idée doit être reliée à la précédente par des éléments permettant l'enchainement d'une part et une lecture agréable et suivie d'autre part. Le numéro du document ou les auteurs ne doivent pas apparaitre dans le corps de la synthèse. Tous les documents doivent trouver leur place de façon liée et harmonieuse.
- Une conclusion qui reprend le thème et les éléments essentiels du sujet.
- Pour le concours Accès, la synthèse est rédigée en un nombre de mots limité (environ 400 mots avec une tolérance de 10%, c'est-à-dire de 360 à 440 mots).

La rédaction de la synthèse

Votre style doit être soigné et la structure de votre travail doit apparaitre par la présentation (en passant des lignes, des retraits pour les nouveaux paragraphes).
Evitez les formules impersonnelles (il faut, on a dit, il y a ...). **Les termes vagues** (avoir, dire, être, faire, mettre, prendre, évoluer, se trouver, devoir, gens...) et **familiers** sont à bannir .

Vous avez trop de mots ?

Remplacez un groupe nominal par un adjectif ou un nom, un infinitif.

Remplacez une proposition subordonnée relative par un adjectif *(exemple : qui nous désaltère → désaltérante).*

Remplacez une proposition subordonnée conjonctive par une préposition suivie d'un infinitif *(ex. : quand on imagine qui ➔ A imaginer).*

Remplacez une proposition subordonnée conjonctive par un gérondif *(ex. : Pendant qu'il partait ➔ en partant).*

Remplacez la voix passive en voix active

3. Les épreuves de culture générale

Ces épreuves ont pour but d'évaluer les capacités de compréhension, d'analyse, de synthèse, d'argumentation et d'écriture des candidats.
Selon les concours, les modalités et les sujets changent, mais il s'agit souvent de questions à partir d'un ou plusieurs textes.

Surtout, il convient de bien lire les consignes générales. Ces dernières permettent notamment de savoir si les réponses doivent être élaborées à partir du texte et rien que du texte (comme pour la synthèse) ou si les éléments de réponses peuvent être extérieurs au texte.

Les réponses devront être construites, argumentées et rédigées. Ce type d'épreuve vérifie la capacité d'un candidat à s'exprimer clairement.

Présenter un texte ou un sujet revient toujours à reprendre les éléments extérieurs au texte (source, date, thème). Il ne s'agit pas de développer les idées principales.

Un résumé peut être proposé. En général, l'exercice consiste à reformuler les idées clés en un nombre de mots ou de lignes donné. Tout comme dans la méthode de la synthèse, il convient de procéder à deux types de lecture. Dans un premier temps, lors de la lecture globale, il s'agit de repérer le thème en lisant les titres, les intertitres, la nature du texte…
Ensuite vous procéderez à une lecture rapide pour vous assurer du thème et dégager la structure de texte. Prêtez attention au premier paragraphe qui en général indique le plan du texte.
La lecture analytique permet de distinguer les idées essentielles des idées inessentielles.

> Encadrez les liens logiques et soulignez les mots et les idées essentielles.
> Utilisez un crayon à papier pour gommer en cas d'erreur.

Reformulez dans la marge chaque idée importante avec vos propres termes. Ces notes vous permettront de faire un bon résumé.

Elles seront reprises lors de la rédaction. Lors de la rédaction du résumé, il convient de garder le même ordre d'exposition des idées. Le résumé est une synthèse conforme du texte. Si une même idée est reprise plusieurs fois, il convient de la placer dans votre résumé à l'endroit le plus pertinent.

Si des chiffres figurent dans le texte, essayez de les traduire par des phrases explicatives. Lors de la rédaction, privilégiez les phrases courtes et veillez à les articuler. Le résumé doit être structuré et comporter des paragraphes. Le langage doit être simple et clair.

> Ne pas utiliser de termes familiers.
> Ni parenthèses, ni guillemets, ni points de suspension.
> Ne pas employer de figures de style.
> Ne pas utiliser d'abréviations.

Si une question comporte plusieurs consignes, il convient d'y répondre dans l'ordre en laissant une ligne entre chacune d'elles.

L'ordre des questions doit être respecté même s'il ne faut pas nécessairement les traiter dans l'ordre. **Si une question vous semble difficile**, laissez de la place sur votre copie pour répondre, vous y reviendrez par la suite.